A. N. SNARSKIJ

Suche und Erkundung von Erdöl- und Erdgaslagerstätten

Schriftenreihe des praktischen Geologen

Herausgegeben
im Auftrage der Staatlichen Geologischen Kommission
und der
Zentralen Vorratskommission für mineralische Rohstoffe
der Deutschen Demokratischen Republik

von

Prof. Dr. E. KAUTZSCH

Dr. F. STAMMBERGER

Dr. G. TISCHENDORF

Band 7

AKADEMIE-VERLAG · BERLIN
1963

ALEXANDER N. SNARSKIJ

Suche und Erkundung von Erdöl- und Erdgaslagerstätten

Vorwort und Redaktion der deutschen Übersetzung

von

GÜNTER DÖRNFELD

Mit 93 Abbildungen im Text und 72 Tabellen

AKADEMIE-VERLAG · BERLIN

1963

Titel des russischen Manuskriptes:
Поиски и разведка залежей нефти и газа

Erschienen im Akademie-Verlag GmbH, Berlin W 8, Leipziger Straße 3–4

Lizenznummer: 202 · 100/567/63
Kartengenehmigung: MdI der DDR Nr. 8235/63
Gesamtherstellung: IV/2/14 · VEB Werkdruck Gräfenhainichen · 2037
Bestellnummer: 2082/7 · ES 18 F 2, 20 F 3

Vorwort

Im vorliegenden Buch wird der Fragenkomplex behandelt, der mit der geologischen Einschätzung der Perspektiven einer Erdöl- und Erdgasführung von Gebieten und mit Fragen der vorbereitenden und detaillierten Suche und Erkundung von Erdöl- und Erdgaslagerstätten im Zusammenhang steht.

Das Buch wurde im wesentlichen unter Zugrundelegung der Erfahrungen verfaßt, die bei der Suche und Erkundung von Erdöl- und Erdgaslagerstätten in der UdSSR gewonnen wurden.

Das Buch ist für Geologen und zum Teil für Geophysiker gedacht, die auf dem Gebiet der Erdöl- und Erdgassuche und -erkundung tätig sind, und kann als Lehrbuch von Studierenden verwandt werden.

Inhaltsverzeichnis

Einleitung

Das moderne Leben kann man sich ohne Erdöl, Erdgas und ohne die daraus zu gewinnenden Produkte nicht vorstellen. Man sagt gewöhnlich, daß das vergangene Jahrhundert das Zeitalter des Dampfes war, das jetzige das Zeitalter der Elektrizität ist und daß das Jahrhundert der Elektrizität vom Zeitalter der Kernenergie abgelöst wird.

Die Erfindung des Verbrennungsmotors durch R. DIESEL am Ende des vergangenen Jahrhunderts war der Anfang einer stürmischen Entwicklung des Motorenbaus. Der Verbrennungsmotor wurde zum Hauptantriebsmittel unzähliger Kraftfahrzeuge, Flugzeuge, Traktoren, Combines, Schiffe der Binnen- und Hochseeflotte usw.

Es ist möglich, daß Wissenschaft und Technik einen kleinen Motor entwickeln werden, der mit Kernenergie gespeist wird; aber der mit Erdölprodukten arbeitende Motor wird noch viele Jahrzehnte über andere Motorenarten dominieren.

Die im Erdöl enthaltene Energie und die Vielzahl der aus dem Erdöl und dem Erdgas gewinnbaren Produkte, angefangen von der Druckerschwärze bis zu Medikamenten und Kunststoffen, machen Erdöl und Erdgas zu unentbehrlichen, äußerst wertvollen mineralischen Rohstoffen.

Es ist kein Zufall, daß das Erdöl Gegenstand des politischen und ökonomischen Kampfes vieler imperialistischer Länder ist.

Das Erdöl sowie die überwiegende Anzahl der Bodenschätze sind ungleichmäßig auf der Erde verteilt.

Zahlreiche Länder ohne entwickelte Industrie verfügen über unermeßliche Erdölvorräte. So besitzt z. B. das kleine Fürstentum Kuweit, an der Küste des Persischen Golfes, annähernd 20% der Weltvorräte, während die westeuropäischen Länder, die weniger als 15 Millionen t im Jahre fördern, in einem Jahr eine Erdölmenge verbrauchen, die allen erkundeten Vorräten der auf dem Territorium dieser Länder gelegenen Lagerstätten fast gleichkommt. Ein technisch derartig hochentwickeltes Land wie Belgien hat keine Erdöllagerstätten.

In Norwegen, in der Schweiz, in Finnland und anderen Ländern gibt es kein Erdöl.

Durch die ungleichmäßige Verteilung der Vorräte werden fast 40% der gesamten Erdölförderung der Welt durch Erdölleitungen gepumpt und aus einem Land ins andere befördert, was nicht ohne Einfluß auf die Wirtschaft dieser Länder bleibt.

So betrug beispielsweise der Gesamtverbrauch an Erdöl in Westdeutschland im Jahre 1959 21,6 Millionen t (ohne die Bunkervorräte der Tanker) bei einer Förderung von 5102758 t/Jahr.

Die ungenügende Versorgung vieler Länder mit Erdöl geht nicht auf das Fehlen von Erdöl auf dem Territorium dieser Länder oder auf die geringen Vorräte zurück, sondern oft auf den mangelhaften Stand der Erkundung der Bodenschätze. China galt z. B. bis zur Gründung der Volksrepublik als ein Land mit geringen Erdölvorräten. In ungewöhnlich kurzer Zeit haben die Erdölfachleute der Volksrepublik China mit brüderlicher Unterstützung der Sowjetunion überraschende Erfolge erzielt; sie erschlossen einige erdöl- und erdgasführende Provinzen mit zahlreichen großen Erdöl- und Erdgasfeldern.

In Europa zählte Frankreich bis vor kurzem zu den Ländern mit begrenzten Fördermöglichkeiten. Gegenwärtig werden in Frankreich große erdöl- und erdgasführende Felder erschlossen, und es besteht Grund zur Annahme, daß noch größere Lagerstätten entdeckt werden.

Die Konzentrierung des Bergbaus in Deutschland in den südlichen Gebieten, die über reiche erzführende Provinzen verfügen, und die Konzentrierung der Such- und Erkundungsarbeiten auf Erdöl und Erdgas in den westlichen Gebieten hatten zur Folge, daß das Territorium der DDR bezüglich der Einschätzung seiner Erdölführung nur unzureichend erforscht blieb. Dabei sind die ersten Ergebnisse von Such- und Erkundungsarbeiten und die allgemeine Einschätzung der Perspektiven sehr günstig, und die Sorge und Aufmerksamkeit, die Regierung und Partei den Fragen der Entwicklung der Erdölindustrie in der DDR widmen, sind nicht zufälliger Art. Wie schnell große erdölführende Felder erschlossen werden und welcher materielle Aufwand für die Erkundung und Entwicklung der Erdöl- und Erdgasförderung entsteht, hängt nicht nur von der Ergiebigkeit der Lagerstätten ab, sondern auch von den Fachleuten, die mit der Erkundung und der Förderung von Erdöl und Erdgas betraut sind. Hierfür werden Kader qualifizierter Erdölfachleute benötigt.

Die Routine beim Bohren und in der Förderung bestimmt den Erfolg und die Wirtschaftlichkeit der Arbeiten, aber die Qualifikation wird nicht nur durch die Routine in der Produktion, sondern durch technische und wissenschaftliche Kenntnisse bestimmt.

Man kann billig und schnell eine Bohrung niederbringen; bei ungenügender Untersuchung des durchteuften Schichtprofils können jedoch erdöl- und erdgasführende Schichten übersehen werden. Bei Verwendung von schlechter Tonspülung und bei mangelhaften Zementationen kann man sogar beim Antreffen von erdöl- und erdgasführenden Schichten zu negativen Ergebnissen kommen.

Von den technischen Kenntnissen der Erdölfachleute hängt die Fördermenge ab. Die spezifischen Lagerungsverhältnisse des Erdöls im Erdinnern bedingen, daß im Durchschnitt nur etwas mehr als die Hälfte der Vorräte der Lagerstätte gefördert werden kann.

Der Prozentsatz der gewonnenen Vorräte ist eine der Kennziffern der rationellen Förderung und hängt vom technischen Wissen und von der Produktionserfahrung der Erdölfachleute ab.

Das Bohrloch stellt die einzige Verbindung zu den tief lagernden erdöl- und erdgasführenden Schichten her.

Um mit der Niederbringung von Bohrungen mit dem Ziel der Erdöl- und Erdgasförderung zu beginnen, genügt es nicht, zu wissen, daß im Erdinnern Erdöl auftritt.

Das Bohren ist ein teures und kompliziertes Verfahren. Die Geldmittel, die für die Niederbringung von Bohrungen aufgewandt werden, erreichen hohe Beträge; sie können beispielsweise bei Erkundungsbohrungen die Jahresausgaben größerer Betriebe überschreiten. Die Produktion, die durch diese Bohrungen in Form von Erdöl und Erdgas erbracht werden kann, ist jedoch so ergiebig, daß sie im Falle des Gelingens die Ausgaben um ein Bedeutendes übersteigt.

Um in der Erdölpraxis die Ausdrücke „Gelingen" und „Nichtgelingen" auszuschalten und die vom Volk zur Verfügung gestellten Mittel mit dem größten Nutzen einzusetzen, muß man die Bohrungen so niederbringen, daß alle das geologische Ziel erreichen. Dazu müssen die Felder ermittelt werden, wo Erdöl- oder Erdgasvorkommen zu erwarten sind, und es muß geklärt werden, in welchen Schichten und in welcher Form Erdöl oder Erdgas lagern. Um diese Feststellungen treffen zu können, muß bekannt sein, wodurch sich beim Bohren die erdöl- und erdgasführenden Schichten von den anderen Schichten unterscheiden. Schließlich muß man die Erdölvorräte sowie die Erdöl- und Erdgasgewinnungsverfahren kennen und über andere technisch-ökonomische Probleme ausreichend orientiert sein. Ohne diese Kenntnisse treten Zeitverlust und unnötiger Aufwand an Mitteln für erfolgloses Bohren auf.

Das Buch ist, wie man aus seinem Titel ersehen kann, den Besonderheiten bei der Suche und Erkundung von Erdöl- und Erdgaslagerstätten gewidmet und vorwiegend für Geologen bestimmt, die mit Such- und Erkundungsarbeiten auf Erdöl- und Erdgaslagerstätten beschäftigt sind, jedoch keine spezielle Ausbildung als Erdölgeologen durchlaufen haben.

Da vorausgesetzt wird, daß der Leser mit der allgemeinen Geologie und den Grundfragen der Erdölgeologie vertraut ist, wurde nur das dargelegt, was mit der Suche und Erkundung von Erdöl- und Erdgaslagerstätten in unmittelbarem Zusammenhang steht.

Der Autor wertete umfangreiches Tatsachenmaterial aus, das in Veröffentlichungen in russischer, englischer und deutscher Sprache behandelt wurde, in das Literaturverzeichnis wurden jedoch nur einige Arbeiten aufgenommen.

Die Grundlage des Buches bildet eine Vorlesung, die vom Verfasser an der Bergakademie Freiberg gehalten wurde.

Der Autor spricht seinen tiefempfundenen Dank Herrn Berging.-Geol. Dr. F. Stammberger für die wertvollen Ratschläge und Hinweise aus, die er ihm während der Arbeit am Buch zuteil werden ließ, sowie Herrn Dipl.-Geologen Sallum und Herrn Dipl.-Geologen Dörnfeld für die Durchsicht der Übersetzung, die von Herrn J. Ch. Tekster besorgt wurde.

1. Allgemeine Fragen der Suche und Erkundung von Erdöl- und Erdgaslagerstätten

„Die Entdeckung ist die letzte Sprosse jener langen Leiter, die durch die Arbeiten vieler geschaffen wurde. . ."

Akademiemitglied
A. E. Fersman

1.1. Allgemeine Bemerkungen

Die Suche und Erkundung von Erdöl- und Erdgaslagerstätten ist ein komplizierter und kraftraubender Prozeß. Trotz der weiten Verbreitung von Erdöl und Erdgas nehmen die Lagerstätten nur begrenzte Teile der Erdkruste ein, und ihre Entdeckung ist sogar in offenkundig erdöl- und erdgasführenden Gebieten häufig mit erheblichem Aufwand an Zeit und materiellen Mitteln verbunden.

Das Endziel der Such- und Erkundungsarbeiten ist die Vorbereitung der entdeckten Lagerstätte für den rationellen Abbau. Wenn man berücksichtigt, daß der Wert des Erdöls und des Erdgases nicht nur durch den Aufwand für die Niederbringung von Produktionsbohrungen und durch die Ausgaben für die Erdölförderung, sondern auch durch die Aufwendungen für die Suche und Erkundung bestimmt wird, so kann man die Suche und Erkundung als Anfangsetappe des Lagerstättenabbaus ansehen. Die für die Entdeckung einer Lagerstätte erforderliche Zeit, der Erfolg der Arbeiten und die Höhe der verschiedenen Aufwendungen hängen von dem Lagerstättenreichtum und vom Stand der geologischen Erforschung eines Gebietes ab, d. h. von den Kenntnissen über die Gesetzmäßigkeiten in der Verteilung des Erdöls und Erdgases im Zusammenhang mit den allgemeinen Gesetzmäßigkeiten des geologischen Baues.

Suche und Erkundung sind nicht ausschließlich ein geologischer Vorgang. Den Erfolg der Arbeiten bestimmen der technische Stand und die ökonomische Struktur. Ein hoher Stand der wissenschaftlichen Erkenntnisse auf dem Gebiet der Erdöl- und Erdgasgeologie erhöht auch die Effektivität der Arbeiten, da er es gestattet, die Suche und Erkundung nicht auf Zufälligkeiten aufzubauen, sondern auf wissenschaftlicher Grundlage durchzuführen.

Im Anfangsstadium der Entwicklung der Erdölindustrie wurden Brunnen und danach Bohrlöcher in der Nähe von Erdölquellen oder von Ausbissen mit Erdöl getränkter Gesteine angesetzt. So wurden z. B. zahlreiche Erdöllagerstätten im Nordkaukasus, auf der Halbinsel Apscheron, in Turkmenien und an anderen Stellen entdeckt. Erdöl wurde manchmal zufällig bei der Niederbringung von Bohrungen auf Sole angetroffen. Auf diese Weise wurden auch Erdölvorkommen in Kentucky (USA) aufgefunden.

Gegenwärtig sind Gebiete, die eindeutige Anzeichen einer Erdölführung an der Erdoberfläche aufweisen, abgebohrt, und die Erkundungsarbeiten beginnen mit der Voruntersuchung und mit der Vorbereitung zur Erkundung. Diese erste Etappe der Arbeiten wird Suche genannt. Aufgabe der Sucharbeiten ist es, Felder zu ermitteln, in denen begründete Aussichten bestehen, Erdöl- und Erdgaslagerstätten anzutreffen und zu erschließen.

Wenn die Sucharbeiten von Erfolg gekrönt wurden, kann man an den zweiten Teil der Arbeiten, an die Erkundung von Lagerstätten, herangehen.

Aufgabe der Erkundung ist es, zu klären, ob in den Schichtenfolgen Erdöl- und Erdgasansammlungen in Mengen vorhanden sind, die für eine wirtschaftliche Förderung ausreichen.

Das Auffinden von Erdöl während der Sucharbeiten bedeutet nicht immer, daß die entdeckte Lagerstätte für den Abbau geeignet ist. In der UdSSR, der Volksrepublik China und in anderen Ländern wurden große Erdöllagerstätten aufgefunden, deren Abbau unrentabel ist, da beim heutigen Stand der Erdölfördertechnik die Ergiebigkeit der Produktionsbohrungen gering ist. Wenn noch Lagerstätten vorhanden sind, aus denen man billiges Erdöl fördern kann, so werden die weniger ergiebigen Lagerstätten vorübergehend konserviert. Mit ihrem Abbau wird erst nach der Entwicklung solcher Gewinnungsmethoden begonnen, bei denen die Förderung rentabel wird. Folglich muß während der Erkundung nicht nur eine Einschätzung der Erdöl- und Erdgasvorräte vorgenommen, sondern es müssen auch alle Angaben und Unterlagen gesammelt werden, die für die Aufstellung eines technischen Projektes für das Abbohren einer aufgefundenen Lagerstätte und zur Planung des Abbaus erforderlich sind.

Der Erfolg der Such- und Erkundungsarbeiten auf Erdöl und Erdgas wird heute mehr denn je vom Stand der wissenschaftlichen Erkenntnisse bestimmt. Betrachten wir einige Beispiele:

Der bekannte russische Erdölgeologe K. P. Kalizky, der zahlreiche Erdöllagerstätten im asiatischen Teil der UdSSR entdeckte, war der Ansicht, daß sich das Erdöl aus dem Seegras *Zostera* gebildet hat. Dieses Gras und ihm verwandte Seegräser treten auf der Erde erst in der Kreidezeit auf.

Nach dieser irrigen Ansicht von K. P. Kalizky wäre es völlig aussichtslos, Erdöllagerstätten unterhalb der Kreideablagerungen zu suchen.

Noch zu Lebzeiten von K. P. KALIZKY, dem für seine gute praktische und wissenschaftliche Arbeit gebührende Hochachtung entgegengebracht wurde, verwarfen die sowjetischen Geologen seine Anschauungen über die Entstehung des Erdöls und richteten sich bei der praktischen Arbeit nicht nach dieser Theorie.

In den letzten Jahren versuchen einige Wissenschaftler, die vergessene Hypothese über die anorganische Entstehung des Erdöls wiedererstehen zu lassen. Wenn sich die Erdölgeologen bei ihrer praktischen Arbeit von dieser Hypothese leiten ließen, so würden sich auf der ganzen Welt nicht 15000 Erdöl- und Erdgaslagerstätten im Abbau befinden, sondern nur ungefähr 30, da die Zahl der abbauwürdigen Erdöl- und Erdgaskonzentrationen, die an eruptive und metamorphe Gesteine gebunden sind, auf der ganzen Erde sehr gering ist.

Ausgehend von den Vorstellungen über die organische Entstehung des Erdöls, über die Gebundenheit der abbauwürdigen Erdöl- und Erdgasansammlungen an bestimmte Gesteine und Fallen in Sedimenten, wurden reiche Lagerstätten entdeckt.

Da die Lagerungsbedingungen der Erdöllagerstätten nicht gleich sind, sind auch die Such- und Erkundungsarbeiten ihrem Umfang nach unterschiedlich. Er hängt vom Grad der vorbereitenden geologischen und geophysikalischen Untersuchung des Erkundungsgebiets, von der Größe und der Form des Vorkommens und von einigen anderen Faktoren ab, die in den entsprechenden Abschnitten des Buches behandelt werden. So sind z. B. im Bereich der Halbinsel Apscheron in der UdSSR, wo zahlreiche Lagerstätten an Antiklinalstrukturen gebunden sind und die erdölführenden Schichten und Schichtenfolgen gut aushalten und sich über große Flächen verfolgen lassen, die Aufgaben der Lagerstättensuche wesentlich einfacher als im Maikoper Gebiet des Nordkaukasus, wo zahlreiche Lagerstätten an stratigraphische Fallen gebunden sind.

Die Anzahl der für die Erschließung einer Lagerstätte notwendigen Bohrungen hängt nicht nur vom Stand der Erforschung des Gebiets, sondern auch von den Arbeitsmethoden und der Erfahrung der Geologen ab, die die Arbeiten durchführen. Sehr günstig auf das Gelingen der Sucharbeiten wirken sich ausreichende einleitende geologische Untersuchungen aus.

So konnten z. B. in Kalifornien (USA) Lagerstätten — bei vorangegangenen geologischen Untersuchungen — mit im Durchschnitt 20 Bohrungen erschlossen werden. Bei anderen Lagerstätten waren ohne Voruntersuchungen dazu jedoch 200 bis 300 Bohrungen notwendig.

In den zwanziger Jahren unseres Jahrhunderts war in den USA folgende Anzahl von Bohrungen zur Entdeckung einer Lagerstätte notwendig:

1. ohne vorangegangene geologische Vorbereitung – 500 bis 1000 Bohrungen;
2. bei geologischer und geophysikalischer Begründung – 20 Bohrungen (in einigen Gebieten 3 bis 4 Bohrungen);
3. auf den Scheiteln von Salzstrukturen — 10 bis 20 Bohrungen;
4. bei der Suche von Lagerstätten an Salzstockflanken – 40 Bohrungen.

Seit dieser Zeit hat sich die Methodik der Suche von Lagerstätten bedeutend verbessert, die Kosten für das Auffinden einer Lagerstätte sind jedoch nicht geringer geworden, da die geologischen Schwierigkeiten und die Teufen der Bohrungen beträchtlich zugenommen haben. In den USA ist die Anzahl der mißlungenen bzw. trocken gebliebenen Bohrungen stark angestiegen.

So wurden z. B. in den USA in den letzten 100 Jahren 472152 Trockenbohrungen, davon mehr als 200000 Bohrungen (45%) in den Nachkriegsjahren bis 1958 niedergebracht. Zu den mißlungenen Bohrungen gehören nicht nur Suchbohrungen, sondern auch Erkundungs- und Produktionsbohrungen.

In der letzten Zeit werden in den USA jährlich mehr als 20000 „trokkene" Bohrungen niedergebracht, d. h. mehr als 40% aller Bohrungen, die im Laufe eines Jahres geteuft werden. Für diese Bohrungen werden jährlich etwa 1 Milliarde Dollar ausgegeben.

Erfolgreicher verlaufen die Sucharbeiten auf neue Erdöl- und Erdgaslagerstätten in der UdSSR, wo mehr als 50% der Suchbohrungen fündig werden.

Die Anzahl der Erkundungsbohrungen, die nach dem Auffinden eines abbauwürdigen Erdölvorkommens mit dem Ziel der Erkundung einer Lagerstätte geteuft werden, hängt von der Form der Lagerstätte, ihrer Größe sowie der Anzahl der erdölführenden Schichten ab; sie übersteigt jedoch selten 10 Bohrungen.

Noch weniger Bohrungen werden in der Sowjetunion für die Erkundung von Erdgaslagerstätten niedergebracht.

Von den sowjetischen Geologen wurde eine Methode ausgearbeitet, um die Erdgasvorkommen nach den Testergebnissen der Suchbohrungen, die auf Erdgas stießen, einzuschätzen.

Die Erkundung der Lagerstätte beginnt bereits mit dem Test der fündig gewordenen Suchbohrung.

1.2. Die Reihenfolge der Arbeiten bei der Suche und Erkundung von Erdöl- und Erdgaslagerstätten

Trotz der Mannigfaltigkeit der Lagerungsverhältnisse des Erdöls und Erdgases und der großen Anzahl von Methoden kann die Reihenfolge der Arbeiten festgelegt werden. Bedingt kann man vier Etappen der Suche und Erkundung unterscheiden.

1. Vorläufige oder rekognoszierende Suche

Das Hauptziel dieser Etappe ist die Feststellung der Gebiete, die für das Auffinden von Erdöl- und Erdgaslagerstätten geologisch günstig erscheinen. Es werden die Felder ausgewählt, in denen eingehende Sucharbeiten durchgeführt werden sollen. Wenn das Gebiet durch Bohrungen noch nicht untersucht wurde, werden tiefe Basisbohrungen niedergebracht, deren Aufgabe die Untersuchung des Profils der Sedimentgesteinsfolge bis zum Fundament oder bis zur technisch erreichbaren Teufe ist.

Bei der Suche nach anderen Bodenschätzen, z. B. nach Erz, sucht und findet man den Rohstoff als solchen. Der Erdölgeologe findet während der ersten Etappe in der Regel keine Erdöl- oder Erdgaslagerstätten. Bestenfalls kann er auf der Erdoberfläche Anzeichen von Erdöl in Form von Erdölquellen, von Gesteinen, die mit Erdöl getränkt sind, oder in Form von Erdgasaustritten feststellen. Diese Anzeichen zeugen jedoch nicht immer von dem Vorhandensein einer Lagerstätte in der Tiefe.

2. Detaillierte Suche

Nachdem auf Grund von vorbereitenden bzw. rekognoszierenden Arbeiten festgelegt wurde, daß dem Gebiet Beachtung zukommt und die günstigsten Felder ausgewählt wurden, beginnt man mit deren ausführlichen geologischen Untersuchungen. Die Hauptaufgabe dieser Etappe ist die Auswahl und die Vorbereitung der Felder für Suchbohrungen.

Die ersten beiden Etappen enthalten also Untersuchungen über die Möglichkeit des Vorkommens von Lagerstätten in der Tiefe, die Auswahl der Gebiete und Felder mit den größten Perspektiven und die Wahl des Ansatzpunktes für Suchbohrungen.

3. Die Suchbohrungen

Aufgabe der Suchbohrungen ist es, zu überprüfen, ob die Schlußfolgerungen über die Möglichkeit des Auftretens von erdöl- und erdgasführenden Schichten richtig sind.

Nachdem durch Bohrungen festgestellt wurde, daß im Erdinnern Erdöl auftritt, beginnt die nächste Etappe, d. h. die Erkundung der Lagerstätte.

4. Die Erkundungsbohrungen

Aufgabe der Erkundungsbohrungen ist es, die Wirtschaftlichkeit der entdeckten Lagerstätte einzuschätzen und das Vorkommen zur Ausbeutung vorzubereiten.

Der Umfang der Arbeiten während jeder Etappe sowie ihre Reihenfolge hängen von den vorhandenen geologischen Untersuchungen und von der Kompliziertheit des geologischen Baues ab. Jetzt, wo gute geologische Kartenblätter für umfangreiche Gebiete vorliegen und viele Gebiete hinreichend und vollständig untersucht wurden, kann bei der Erkundung anderer Bodenschätze die erste Etappe auf die Untersuchung der Geologie des Gebietes nach den vorhandenen Unterlagen früherer Arbeiten, auf die Begehung der interessantesten Gesteinsaufschlüsse, der Erdöl- und Erdgasaustritte und, falls notwendig, auf das Bohren von Basisbohrungen beschränkt werden. Für die Erdölgeologen sind die Untersuchungen der vergangenen Zeit häufig unbrauchbar, da sie nur selten die nötigen Angaben zur Einschätzung der Perspektiven von Erdöl- und Erdgas enthalten. Deshalb sind in der ersten Etappe der Suche nach Erdöl fast immer neue geologische Untersuchungen und rekognoszierende geophysikalische Arbeiten erforderlich.

Die detaillierte Suche wird in räumlich begrenzten Gebieten, die nach den Ergebnissen der ersten Arbeitsetappe die günstigsten Perspektiven aufweisen, durchgeführt. Die Arbeitsmethode hängt von den Aufschlußverhältnissen ab. Beim Vorhandensein von zahlreichen Gesteinsaufschlüssen und bei günstigen tektonischen Bedingungen kann man allein auf Grund der geologischen Kartierung gute Vorstellungen über den Bau des Erdinnern bekommen und die Ansatzpunkte für Suchbohrungen festlegen. Bei geringer Mächtigkeit des Lockergebirges können die interessierenden Bildungen durch bergmännische Aufschlüsse, Schürfe und Gräben, bei größerer Mächtigkeit durch Strukturkartierungsbohrungen geringer Teufe erschlossen werden. In Gebieten mit mächtigem Deckgebirge ist die übliche geologische Kartierung zwecklos. In solchen Gebieten ist die Durchführung geophysikalischer Untersuchungen zweckmäßiger.

Das Niederbringen von Suchbohrungen setzt den Einsatz umfangreicher Mittel voraus; deshalb muß die Vorbereitung hierzu sehr sorgfältig erfolgen.

In der Tabelle 1 ist schematisch der Ablauf der Arbeiten und Untersuchungen angeführt, die bei der Suche und Erkundung von Erdöl- und Erdgaslagerstätten durchzuführen sind. Dieses Schema wurde von I. O. Brod zusammengestellt. Es wird hier mit unbedeutenden Abänderungen gebracht und ist als Beispiel anzusehen.

Der konkrete Plan für die Sucharbeiten wird unter Berücksichtigung der Besonderheiten des geologischen Baues und der zur Verfügung stehenden Ausrüstung und Apparatur aufgestellt.

Die Erdöl- und Erdgaslagerstätte beschränkt sich auf einen kleinen Teil des gesamten Gebietes und ist häufig nur an einen geringen Teil des Gesteinsprofils gebunden. Deshalb beruht das allgemeine Prinzip der Suche und Erkundung auf der allmählichen Lokalisierung der Arbeiten.

Zu Beginn werden die Sucharbeiten in einem ausgedehnten Gebiet vorgenommen. Dann werden die Felder mit den größten Perspektiven ermittelt, und erst auf diesen werden die Bohrungen angesetzt.

Wie bereits erwähnt, gehören zur Hauptaufgabe der Suche und Erkundung die Entdeckung und die Vorbereitung von Erdöl- und Erdgaslagerstätten zum Abbau. Die Vorbereitung der Lagerstätte zum Abbau wird durch die erkundeten Erdöl- und Erdgasvorräte sowie durch die Untersuchung der für die Niederbringung von Produktionsbohrungen und für die Förderung notwendigen Fragen bestimmt. Letztlich ist der wichtigste Faktor die Einschätzung der Erdöl- und Erdgasvorräte, die sich im Erdinnern befinden und die für die Förderung heute oder in nächster Zukunft geeignet sind.

Die Vorräte werden nach dem Grad ihrer Eignung für eine volkswirtschaftliche Nutzung in Vorratsgruppen gegliedert. Nach ihrem Erforschungsgrad wird jede Vorratsgruppe in Vorratsklassen eingeteilt.

In der DDR werden die Erdöl- und Erdgasvorräte in vier Vorratsklassen eingeteilt: A, B, C_1 und C_2.

Zu den Vorräten der Klasse A rechnet man die Vorräte solcher Lagerstätten oder Lagerstättenteile, die durch Bohrungen mit industriellen Zuflüssen umgrenzt werden und ohne zusätzliche Erkundungsarbeiten gewonnen werden können.

Zu den Vorräten der Klasse B gehören minder erforschte Vorräte. Um die Vorräte der Klasse B in die Klasse A überzuführen, sind zusätzliche Erkundungsarbeiten erforderlich.

Die Vorräte der Klassen A und B sind die Grundlage für die Planung der Erdölförderung.

Die Praxis hat gezeigt, daß meist im Laufe eines Jahres nicht mehr als 10% der (A + B)-Vorräte gewonnen werden, nur selten 15–20%.

Ökonomische und theoretische Untersuchungen, die in der Sowjetunion durchgeführt wurden, haben gezeigt, daß eine geringe Jahresförderung wirtschaftlich günstiger ist als eine große Förderung, da nur in diesem Falle die Investitionen in der Erdölindustrie minimal sein können.

Zu den Vorräten der Klasse C_1 gehören die Vorräte solcher Lagerstätten, deren industrielle Einschätzung nach wenigstens einer fündigen Bohrung erfolgte. Zur Überführung solcher Erdölvorräte in eine höhere Klasse sind unbedingt Erkundungsarbeiten notwendig.

Die Kenntnis der Vorräte der Klasse C_1 ist für die Perspektivplanung der Erdöl- und Erdgasförderung notwendig.

Zu den Vorräten der Klasse C_2 gehören die vermuteten Vorräte in noch ungenügend erkundeten Erdöl- und Erdgaslagerstättenteilen.

Die Kenntnis der Vorräte der Klasse C_2 ist für die Perspektivplanung der Volkswirtschaft und für die Planung geologischer Erkundungsarbeiten notwendig.

Erdöl und Erdgas können aber auch in Gebieten verbreitet sein, in denen Erdöl und Erdgas nicht nur noch nicht gefördert werden, sondern auch noch nicht entdeckt worden sind, deren Höffigkeit jedoch auf Grund allgemeiner geologischer Erwägungen, regionaler geologischer und geophysikalischer Untersuchungen festgestellt wurde.

Die Einschätzung der Perspektiven einer eventuellen Erdöl- und Erdgasführung derartiger Gebiete stützt sich auf die Gegenüberstellung des geologischen Aufbaus und einiger anderer Faktoren mit denjenigen solcher Gebiete, in denen Erdöl und Erdgas nachgewiesen wurden.

In erster Annäherung kann man die Erdöl- und Erdgasvorräte solcher Gebiete berechnen. Derartige Vorräte werden prognostische Vorräte genannt.

Die Kenntnis der prognostischen Vorräte ist für die Auswahl der Richtung der geologischen Sucharbeiten wichtig.

Beim Studium der Entwicklungsgeschichte der Erdölindustrie kann man feststellen, daß zu Beginn die Suche und Erkundung auf Erdöl und

Erdgas in Gebieten durchgeführt wurde, die Anzeichen einer Erdölführung an der Erdoberfläche besaßen. Dann begann man mit der Suche und Erkundung in den Gebieten, wo offenbare Anzeichen von Erdöl oder Erdgas nur gering waren oder überhaupt fehlten, wo es jedoch günstige geologische Bedingungen für die Bildung von Lagerstätten (Erdölfallen, Erdölspeichergesteine usw.) gab. Nachdem diese Gebiete untersucht waren, ging man an die Untersuchung der Gebiete, wo die geologischen Verhältnisse noch komplizierter waren.

Eine derartige Reihenfolge ergab sich nicht in erster Linie durch die restlose Erkundung der Felder, die durch Erdöl- und Erdgasaustritte charakterisiert werden, sondern durch die Entwicklung der Bohrtechnik, der Erkundungstechnik, der Kenntnisse über die Lagerungsverhältnisse des Erdöls und Erdgases und durch das Anwachsen des Bedarfs an Erdöl. Diese genannte Reihenfolge der Such- und Erkundungsarbeiten ist für jene Länder kennzeichnend, die mit der Entwicklung der Erdölindustrie im vergangenen Jahrhundert und in den ersten Jahrzehnten dieses Jahrhunderts begannen.

Die Länder, die mit der Suche und Erkundung von Erdöl- und Erdgaslagerstätten erst vor relativ kurzer Zeit begonnen haben, können diese Reihenfolge durchbrechen, indem sie die Erfahrung der anderen Länder und die bekannten Gesetzmäßigkeiten der Verteilung von Erdöl und Erdgas nutzen.

Ohne Zweifel müssen in erster Linie die Gebiete untersucht werden, in denen die Erkundung am erfolgversprechendsten ist.

Gegenwärtig ist es nicht mehr erforderlich, die Reihenfolge der Arbeiten entsprechend der Tabelle 1 streng einzuhalten. In einigen Gebieten, in denen die Perspektiven der Erdöl- und Erdgasführung eindeutig sind, kann man nach entsprechender Vorbereitung der Felder zur Erkundung durch geophysikalische Methoden mit Suchbohrungen beginnen.

Es ist notwendig, vor Beginn der Such- und Erkundungsarbeiten die Wahrscheinlichkeit des Auffindens von abbauwürdigen Erdöl- und Erdgasansammlungen im zu untersuchenden Gebiet einzuschätzen.

Zur richtigen Lenkung der Arbeiten ist die Berechnung der prognostischen Vorräte sehr wichtig. Dies ermöglicht, die Richtung der Such- und Erkundungsarbeiten zu präzisieren. Erläutern wir dies an einem Beispiel. Nehmen wir an, daß auf dem Territorium der DDR noch keine Bohrung niedergebracht wurde. Wenn man das Gebiet der DDR nun Westdeutschland gegenüberstellt, so kann man zu Schlußfolgerungen über die Höffigkeit der Zechsteinablagerungen Thüringens und der Zone des Auftretens der Salzdome in der Deutsch-Polnischen Senke sowie über die Perspektiven der Antiklinalstrukturen und der anderen Erdölfallen innerhalb der mächtigen Schichtenfolge von sedimentären Ablagerungen der Deutsch-Polnischen Senke kommen. Die Höffigkeit der Zechsteinablagerungen und der Zonen des Auftretens von Salzdomen beruht darauf, daß man in Westdeutschland aus dem Zechstein Erdgas in großen und Erdöl in geringen Mengen gewinnt. Erdöl und Erdgas werden auch aus Salzstockstrukturen gewonnen. Die Höffigkeit der Antiklinalstrukturen und der anderen Fallen stützt sich auf allgemeingeologische Erwägungen. Auf den ersten Blick scheint es, daß man das Hauptaugenmerk auf die Suche und Erkundung von Lagerstätten im Zechstein Thüringens und in den Salzstockstrukturen richten sollte.

Wenn man jedoch eine Berechnung der prognostischen Vorräte an Erdöl vornimmt, so stellt sich heraus, daß die prognostischen Vorräte an Erdöl in diesen beiden Zonen im Vergleich mit den prognostischen Vorräten der Antiklinalstrukturen und der übrigen Fallen der Deutsch-Polnischen Senke sehr gering sein werden.

Da die Entdeckung und die Erkundung von Erdöl- und Erdgaslagerstätten in deren Förderung gipfeln, ist es wichtig, für die Förderung möglichst große Vorräte bereitzustellen. Folglich müssen die größte Beachtung nicht Thüringen und nicht die Zonen des Auftretens von Salzstöcken, sondern die Gebiete mit Antiklinalstrukturen und anderen Erdölfallen finden.

Vor Beginn der Sucharbeiten werden die prognostischen Vorräte oft nicht berechnet. Gegenwärtig gibt es noch keine allgemein anerkannte Methode zur Berechnung der prognostischen Vorräte, und die Richtung der Such- und Erkundungsarbeiten wählt man, indem man nicht von der Größe der prognostischen Vorräte, sondern von der Einschätzung der eventuellen Erdöl- und Erdgasführung an Hand von wissenschaftlichen Unterlagen ausgeht, welche die Bildungsbedingungen und den Erhaltungszustand der Erdöl- und Erdgaslagerstätten kennzeichnen.

Schema über die Reihenfolge der Untersuchungen und Arbeiten

Etappen	Aufgabenstellung	Topographische Arbeiten	Geologische Untersuchungen
Vorläufige oder rekognoszierende Suche	Feststellung von Erdöl- und Erdgasanzeichen an der Oberfläche. Ausscheidung der perspektivischen und vorrangigen Gebiete für die flächenhafte Aufnahme auf Grund einer Analyse der Besonderheiten des geologischen Aufbaus der Provinz. Festlegung des gesamten Komplexes und der Reihenfolge der nachfolgenden Arbeiten.	Es werden die vorhandenen topographischen Karten benutzt oder provisorisch topographische Aufnahmen in den Maßstäben 1 : 1000000, 1 : 500000 oder eine Luftbildaufnahme gemacht. Für die perspektivischen Gebiete wird eine topographische Aufnahme in den Maßstäben 1 : 200000 und 1 : 100000 vorgesehen.	Es werden durchgeführt: 1. eine Routenaufnahme des Gebietes entlang der hauptsächlichen Elemente des Erosionsnetzes, seltener entlang der Wasserscheiden; 2. Zusammenstellung bzw. Präzisierung des Normalprofils und Ausscheidung etwaiger Erdölmuttergesteine und erdölführender Schichten; 3. Feststellung bzw. Präzisierung der Grundzüge der Tektonik; 4. Zusammenstellung von strukturell-tektonischen, paläogeographischen und anderen Karten.
Detaillierte Suche	Auswahl der perspektivischen und vorrangigen Flächen für die Erkundung.	Es werden topographische Arbeiten durchgeführt oder fertige Aufnahmen der Gebiete in den Maßstäben 1 : 2000000, 1 : 100000 und 1 : 50000 benutzt. Vorgesehen wird die topographische Aufnahme der perspektivischen Flächen in den Maßstäben 1 : 50000, 1 : 25000 und 1 : 10000 für stark gestörte Abschnitte und Flächen.	Es wird eine geologische Aufnahme im Maßstab 1 : 200000 und 1 : 100000 durchgeführt und präzisiert. (Für stark gestörte Gebiete ist die Benutzung von Karten i. M. 1 : 50000 erwünscht.) Das Profil wird eingehend mit petrographischen, mikropaläontologischen und anderen Methoden studiert. Leithorizonte werden festgestellt. Es werden geologische Strukturkarten zusammengestellt und präzisiert. Die geomorphologischen Gesetzmäßigkeiten werden geklärt.
Suchbohrungen	Einschätzung der Ergebnisse der Voruntersuchungen. Durchführung von Suchbohrungen.	Vor oder gleichzeitig mit den übrigen Untersuchungen wird eine topographische Aufnahme für Plattformen in den Maßstäben 1 : 50000 und 1 : 25000 und für stark gestörte Gebiete im Maßstab 1 : 10000 durchgeführt.	In stark gestörten Gebieten wird eine instrumentelle geologische Aufnahme, für die Plattform eine instrumentelle Aufnahme der geologischen Strukturen durchgeführt. Es werden geologisch-strukturelle Karten und Strukturkarten auf der Grundlage der geologischen Aufnahme und der Bohrunterlagen zusammengestellt.
Erkundungsbohrungen	Konturierung und Test der einzelnen Schichten und andere Arbeiten, die mit der Vorbereitung des Feldes zur Förderung im Zusammenhang stehen.	Eintragung der Erkundungsbohrungen in die Kartenblätter.	Geologisch-technische Dokumentation der Tiefbohrungen. Es werden Strukturkarten präzisiert oder zusammengestellt. Selten werden zusätzliche geologische Untersuchungen an der Oberfläche vorgenommen.

Anmerkung zur Tabelle 1

Im Dezember 1960 wurde in der UdSSR folgendes Schema der geologischen Such- und Erkundungsarbeiten

1. *regionale* geologisch-geophysikalische Arbeiten und Bohrungen zur Bestimmung und Präzisierung der zur Orientierung der weiteren Such- und Erkundungsarbeiten;
2. *Sucharbeiten,* geologisch-geophysikalische Arbeiten und Bohrungen zur Vorbereitung der höffigen Strukturen ur
3. *vorbereitende Erkundung* für eine begründete Einschätzung der wirtschaftlichen Bedeutung der Lagerstätt
4. *detaillierte Erkundung* der Lagerstätten, die nach den Ergebnissen der vorbereitenden Erkundung für eine

he und Erkundung auf Erdöl und Erdgas durchzuführen sind

erliche Arbeiten und Untersuchungen			
Untersuchungen	Geochemische Untersuchungen	Bergmännische Arbeiten und Bohrarbeiten	Art der Bemusterung der Erdöl- und Erdgasanzeichen
nale Profile und e Aufnahme mit Punktnetz durch- rden vorwiegend und magnetische ngewandt. Bohr- den Basisbohrun-	Es werden bituminologische Untersuchungen der Gesteine und eine geochemische Untersuchung des Wassers vorgenommen. Es werden Gasaufnahmen auf langen Profilen durchgeführt, die die hauptsächlichen Strukturzonen durchqueren.	Es werden unbedeutende Schürfe an den natürlichen Erdöl- und Erdgasausbissen und in Gesteinsaufschlüssen im Verlaufe der Aufstellung des Normalprofils angelegt. In Flachlandgebieten, die nicht durch Bohrungen untersucht sind, setzt man manchmal tiefe Basisbohrungen an, um das Profil bis zum kristallinen Untergrund oder bis zur technisch möglichen Teufe zu untersuchen.	Es werden eine Bemusterung der natürlichen Erdöl- und Erdgasaustritte, eine bituminologische Bemusterung des Profils, eine geochemische Untersuchung der Wässer, Quellen sowie der Bohrlöcher vorgenommen.
Untersuchungen tzt. Für die per- Gebiete und ein- tte wird das Netz ilweise wird die undung (vertikale ng) angewandt. e Untersuchung rofile unter dem der Erdölgeologie.	Die Aufnahmen (Gas-, bakterielle und bituminologische Aufnahmen) werden detaillierter fortgesetzt.	Es werden künstliche Aufschlüsse, flache Schürfe und Gräben angelegt. Bei mächtigerem Lockergebirge werden Kartierungsbohrungen angesetzt. Unter Plattformverhältnissen werden tiefe stratigraphische Bohrungen (Basisbohrungen) niedergebracht.	Die oben aufgezählten Untersuchungen werden fortgesetzt.
geologischen Be- rden die Unter- Hilfe der verti- ondierung, Elek- seismischen Er- esetzt. Geophysi- uchung der Bohr-	Eingehende Gasaufnahmearbeiten, bakterielle Untersuchungen. Bituminologische Untersuchung des Profils in Aufschlüssen und Bohrungen. Untersuchung der Schichtwässer.	Es werden Schurfschächte und Gräben angelegt, flache oder tiefe Strukturbohrungen durchgeführt. Niederbringung von tiefen Suchbohrungen.	Die Untersuchungen an der Oberfläche werden fortgesetzt. Es wird eine Bemusterung der Erdöl- und Erdgasanzeichen in den Schurfschächten und den Flachbohrungen durchgeführt. Die erdöl- und erdgasführenden Schichten werden in den Suchbohrungen bemustert.
hang mit den Bohrens auftau- n sind eingehende e Untersuchungen	Die Untersuchung der Schichtwässer wird fortgesetzt.	Konturierungsbohrungen. Selten werden zusätzliche Kartierungs- und Strukturbohrungen niedergebracht.	In den Konturierungsbohrungen sowie in den Suchbohrungen, die auf größere Teufen angesetzt werden, werden die Schichten getestet.

Erdgas eingeführt:
ı Erdöl- und Erdgasvorräte und zur Ermittlung der höffigsten Gebiete der Erdöl- und Erdgasakkumulation

den Ansatz von Suchbohrungen (Erkundungsbohrungen) und zur Ermittlung der Vorräte der Klasse C_2;
Vorbereitung der Vorräte der Klasse C_1 und zum Teil der Klasse B;
Erschließung geeignet sind, und Vorbereitung von Vorräten der Klassen A, B und C_1.

2. Geologische Voraussetzungen zur Durchführung der Sucharbeiten auf Erdöl und Erdgas

2.1. Anzeichen für eine Erdölführung

Die weite oder, wie die Geologen sagen, regionale Verbreitung der Erdöl- und Erdgaslagerstätten dient als Hinweis dafür, daß Entstehungsbedingungen für Erdöl fast überall bestanden. Das hängt weitgehend von der weiten primären Verbreitung des organischen Materials ab, aus dem sich Erdöl und Erdgas bildeten.

Ungeachtet dessen, daß das Ausgangsmaterial für die Entstehung von Erdöl und Erdgas weit verbreitet ist, sind die Erdöl- und Erdgaslagerstätten dennoch an verhältnismäßig kleine Abschnitte der Erdkruste gebunden, und zwar:

1. Die Erdöl- und Erdgasvorkommen sind an bestimmte Arten sedimentärer Speichergesteine gebunden, die von undurchlässigen Gesteinen über- und unterlagert werden.
2. Die Erdöl- und Erdgasvorkommen sind an bestimmte Fallen gebunden. Folglich reichen für die Bildung von Erdöl- und Erdgaslagerstätten günstige Bedingungen für die Anreicherung und Umbildung von organischem Ausgangsstoff nicht aus, sondern es müssen vor allem Erdölfallen und speicherfähige Gesteine in diesen Fallen vorhanden sein.

Heutzutage sind die Fragen, die die Höffigkeit der Erdöl- und Erdgasführung der Gebiete bestimmen, hinreichend untersucht, so daß wir bestimmte, die Erdöl- und Erdgasführung kennzeichnende Kriterien feststellen können.

Die wichtigsten Kriterien für die Einschätzung der Perspektiven der Erdöl- und Erdgasführung sind: die stratigraphischen, lithologischen, tektonischen, geochemischen und hydrogeologischen Verhältnisse.

Wie die Theorie und Praxis der Erkundung und des Abbaus von Erdöl- und Erdgaslagerstätten zeigen, stehen alle bedeutenden Lagerstätten mit mächtigen Schichten von Sedimentgesteinen in Zusammenhang.

Die Bildung mächtiger Sedimentgesteinsfolgen ist durch das kontinuierliche Absinken des Sedimentationsbeckens während langer geologischer Zeiträume bedingt. Es sind jedoch nicht alle mächtigen Sedimentgesteinsfolgen höffig.

Wenn die Sedimentgesteine metamorph sind, weisen sie in der Regel nur geringe Perspektiven auf.

Erdölvorkommen wurden in zerklüfteten, metamorphosierten Sedimentgesteinen, in vulkanischen und Eruptivgesteinen angetroffen, aber die Bildung von Lagerstätten in ihnen ist stets mit der Migration des Erdöls aus den nichtmetamorphosierten, erdölführenden Sedimentgesteinen in Zusammenhang zu bringen. Das Auftreten von Erdöl- und Erdgaslagerstätten in metamorphosierten Sedimentgesteinen bildet einen Ausnahmefall. Es handelt sich dann um Lagerstättenreste, die niemals große gewinnbare Erdölvorräte enthalten.

Nach den Ergebnissen der Untersuchung von 236 der bedeutendsten Lagerstätten der Welt (mit Ausnahme der UdSSR und der Länder der Volksdemokratien) sind die Erdölvorräte an folgende Gesteine gebunden (s. Tabelle 2):

Tabelle 2

Lithologische Zusammensetzung des Erdölspeichergesteins	Erdölvorräte in Mill. t Stand: 1. 1. 1956	%
1. Sande und Sandsteine	20496	59,0
2. Kalke und Dolomite	13968	40,2
3. Klüftige, tonige Schiefer, metamorphe Gesteine und Eruptivgesteine	256	0,8

Wenn man von den 236 Lagerstätten die Vorkommen des Mittleren und Nahen Ostens ausschließt, wo die Erdölvorräte vorwiegend an Karbonatgesteine gebunden sind, so kommen auf den Anteil der sandigen Erdölspeichergesteine 76,7%, der Kalke und Dolomite 21,2% und der übrigen Gesteine 2,1%.

Das geologische Alter der Gesteine kann die Höffigkeit des Gebietes nicht bestimmen. Im Jahre 1951 schrieb der bekannte amerikanische Erdölgeologe W. L. Russel: „Bedeutende Erdöllagerstätten sind allen Ablagerungen der geologischen Formation ab Kambrium, mit Ausnahme der Trias, eigen."

Nach der Veröffentlichung der Arbeit von W. L. Russel wurden in der Volksrepublik China sehr große Erdöllagerstätten entdeckt, die an triassische Ablagerungen gebunden sind. Dies machte die Behauptung über die geringe Höffigkeit der Gesteine der Trias gegenstandslos.

Im Grunde genommen enthalten die Ablagerungen aller Altersstufen, angefangen vom Tertiär bis einschließlich Paläozoikum, große Erdölvorkommen, aber die Perspektiven der Gesteine verschiedenen Alters in den verschiedenen erdölführenden Provinzen sind unterschiedlich. So sind z. B. in den USA 47% aller auf dem Kontinent befindlichen Erdölvorräte an das Paläozoikum gebunden. Ungefähr 20% der Erdölvorräte der kapitalistischen Länder kommen auf die Kreideablagerungen des kleinen Fürstentums Kuweit.

In der Tabelle 3 sind die Erdölvorräte nach dem geologischen Alter der Gesteine angeführt.

Tabelle 3

Geologisches Alter der Gesteine	Nach G. Knebel, 1956	Nach A. I. Levorsen, 1. 1. 1948					
		Gesamtförderung		Abbauwürdige Vorräte		Gesamtvorräte (2 + 4)	
	1	2	3	4	5	6	7
	Vorräte %	Mrd. m³	%	Mrd. m³	%	Mrd. m³	%
Pliozän	3,5						
Miozän und Oligozän	28,7	5,12	58,1	6,432	58,0	11,522	58,0
Eozän und Paläozän	6,0						
Mesozoikum	52,7	2,112	23,9	3,344	40,0	5,456	26,9
Paläozoikum	9,1	1,584	18,0	1,328	12,0	2,912	15,0

Bei der Analyse der Tabelle muß in Betracht gezogen werden, daß sich das Verhältnis der Vorräte von 1948 bis 1956 hauptsächlich auf Grund der Entdeckung neuer Lagerstätten, die an mesozoische Ablagerungen gebunden sind, geändert hat.

Dies wird in der Hauptsache bedingt durch den Abschluß der Erkundung auf Strukturen tertiären Alters und durch die Suche von Vorkommen in den älteren Ablagerungen (USA) sowie durch die Verstärkung der Erkundung in den Ländern des Mittleren Ostens.

In der Abb. 1 ist die Erdölverteilung auf die Ablagerungen verschiedenen Alters parallel zur Verteilung anderer Brennstoffe (Steinkohle und Ölschiefer) angeführt.

Die geographische Verteilung der 236 größten Lagerstätten ist ebenfalls ungleichmäßig. Das ist aus den in der Tabelle 4 angeführten Angaben ersichtlich.

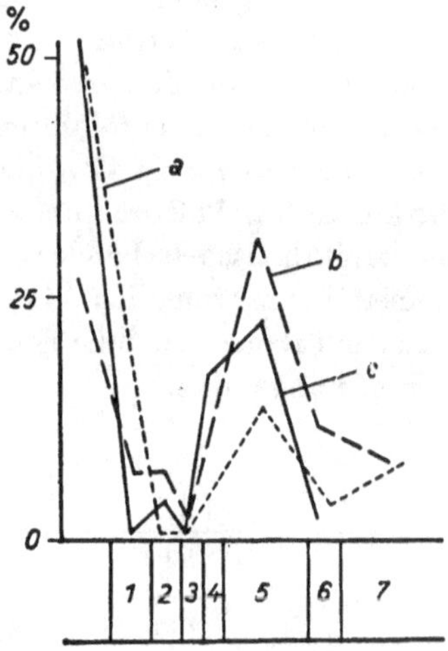

Abb. 1. Verteilung der Weltvorräte an Brennstoffen auf die Formationen (nach I. S. Mustafin)
a – Erdöl; b – Schiefer; c – Steinkohle
1 – Kreide; 2 – Jura; 3 – Trias; 4 – Perm; 5 – Karbon; 6 – Devon; 7 – Kambrium, Silur

Tabelle 4

Die geographische Verteilung der größten Erdöllagerstätten und ihre Verteilung nach den Vorratsmengen

(Nach G. Knebel, 1956)

Gebiete	Anzahl der Lagerstätten	Vorräte in Mill. t				Durchschnittswerte der Vorräte Mill. t
		13,7–68,5	68,5–137	137–1370	mehr als 1370	
Nordamerika	177	153	19	5	0	41,1
Südamerika	28	22	5	0	1	100,0
Europa	1	1	0	0	0	16,4
Afrika	1	1	0	0	0	27,4
Mittlerer Osten	21	2	6	8	5	917,9
Ferner Osten	8	6	1	1	0	71,2
Insgesamt:	236	185	31	14	6	

Die Verteilung der Erdölvorräte der bedeutendsten Lagerstätten der UdSSR wird in der Tabelle 5 angeführt.

Der gegenwärtige Abbau zeigt einen Unterschied in der Verteilung der Erdölförderung nach dem Alter der Gesteine. Auf den Plattformen werden ungefähr 50% des Erdöls aus den Ablagerungen des Paläozoikums, annähernd 35% aus mesozoischen Gesteinen und nur etwa 14% aus tertiären Ablagerungen gefördert.

Tabelle 5

Die Verteilung der größten Lagerstätten in der Sowjetunion nach den ursprünglichen industriellen Vorräten für das Jahr 1957

(Nach N. A. JEREMENKO)

Geologisches Alter der Gesteine	Anzahl der Lagerstätten	Vorräte in Mill. t	
		bis 50	mehr als 50
Tertiär	29	26	3
Mesozoikum	1	1	—
Paläozoikum	29	23	6

In gefalteten Gebieten kommen fast 90% der gesamten Förderung aus Gesteinen des Tertiärs, ungefähr 10% aus mesozoischen Ablagerungen und nur geringe Anteile aus Gesteinen des Paläozoikums. Ein derartiges Verhältnis der Förderung ist teilweise dadurch bedingt, daß sich in den meisten gefalteten Gebieten, in denen die Erdölförderung aus den tertiären Ablagerungen erfolgt, die älteren Gesteine in Tiefen befinden, die durch die heutige Bohrtechnik noch schwer zu erreichen sind.

Die stratigraphische Verteilung der Gesamtförderung an Erdöl wird in der Tabelle 6 angeführt.

Tabelle 6

Die Gesamtförderung an Erdöl aus den einzelnen geologischen Systemen (Stand: 1. 1. 1943)

(Nach W. A. USPENSKI & O. A. RADTSCHENKO, 1947)

System	Die gesamte Weltförderung		System	Die gesamte Weltförderung	
	in T t	%		in T t	%
Tertiär	29858552	53,6	Perm	226383	4,02
Kreide	900374	16,00	Karbon	835982	14,86
Jura	55705	0,99	Devon	209127	3,71
Trias	1465	0,03	Kambrium bis Silur	412346	7,33

Aus dieser Tabelle sowie aus der Tabelle 3 ist ersichtlich, daß die maximale Förderung auf die tertiären Ablagerungen kommt.

Folglich kann das Alter der Sedimentgesteine nicht als Anzeichen der Bewertung der Erdölführung des einen oder anderen Gebietes dienen.

Die Angaben der Tabelle 4 weisen darauf hin, daß Erdölvorkommen, wenn auch ungleichmäßig, auf der ganzen Erde verteilt sind. Das vorwiegende Auftreten von Erdöllagerstätten im Tertiär des einen Landes gibt keinen Anlaß zur Verneinung der Perspektiven der Erdölführung des anderen Landes, nur weil in diesem Land keine tertiären Ablagerungen auftreten. Erdölvorkommen können unter günstigen geologischen und geochemischen Bedingungen in Ablagerungen aufgefunden werden, die älter als das Tertiär sind.

Das zuverlässigste Anzeichen einer Erdöl- und Erdgasführung eines Gebietes ist das verschiedenartige Auftreten von Erdöl und Erdgas an der Erdoberfläche.

Die Erdöl- und Erdgasaustritte sind aber für eine Einschätzung der Perspektiven unzureichend. Die Möglichkeit ist nicht ausgeschlossen, daß diese Austritte mit bereits zerstörten Lagerstätten in Zusammenhang stehen und daß in der Tiefe keine abbauwürdigen Erdöl- und Erdgasansammlungen auftreten. Deshalb darf man sie nur in Zusammenhang mit der Möglichkeit des Auftretens mächtiger Sedimentfolgen und mit der Möglichkeit der Lagerung von erdöl- und erdgasführenden Schichten innerhalb dieser Sedimentfolgen einschätzen. Das Fehlen von Erdöl- und Erdgasanzeichen beim Auftreten von Speichergesteinen und großen Gesteinsmächtigkeiten zeugt noch nicht von einem Fehlen der Perspektiven, da zahlreiche Erdöl- und Erdgaslagerstätten nicht von Erdöl- und Erdgasaustritten begleitet werden. Ein wichtiger positiver Faktor für die Einschätzung der Perspektiven ist die Wahrscheinlichkeit des Auftretens von Erdölfallen, die für die Bildung von Lagerstätten günstig sind. Auf diese Frage kann man eine Antwort geben, wenn man den geologischen Aufbau des Gebietes untersucht und seine geologische Entwicklungsgeschichte studiert hat. Die Perspektiven eines Gebietes werden nicht nur durch direkte Erdöl- und Erdgasanzeichen charakterisiert. Es gibt eine Reihe indirekter Anzeichen, die nicht unmittelbar mit Erdöl- und Erdgaslagerstätten in Zusammenhang stehen, die sie aber meist begleiten. Das sind z. B. Schichtwässer von bestimmter chemischer Zusammensetzung, Färbung der Gesteine usw.

Diese Fragen werden ausführlich in den entsprechenden Abschnitten behandelt. Allgemein lassen sich folgende Hauptkriterien für eine Erdöl-Erdgasführung unterscheiden:

1. Günstiger geologischer Bau des Gebietes:
   Innensenken und Randsenken der Plattformen, Vortiefen und Innensenken gefalteter Gebiete.

An diese geologischen Einheiten sind günstige Erdölfallen und die bedeutendsten Erdöl- und Erdgasvorräte der Welt gebunden.

2. Das Auftreten von Sedimentgesteinen großer Mächtigkeit, die in Brackwasserbecken abgelagert wurden, und das Fehlen merklicher Anzeichen einer Metamorphose, besonders der Regionalmetamorphose.
3. Das Auftreten möglicher Speichergesteine, die durch undurchlässige Gesteine gegliedert sind, sowie das Vorhandensein von Erdölmuttergesteinsfolgen.
4. Direkte Erdöl- und Erdgasanzeichen an der Erdoberfläche.
5. Indirekte Anzeichen.

Am wesentlichsten sind die ersten drei Anzeichen. Wenn sie auftreten, kann das einzuschätzende Gebiet erdölführend sein. Wenn also in den Ablagerungen, die das uns interessierende Gebiet aufbauen, Gesteine auftreten, die als Erdölmuttergesteine angesehen werden können, und Speichergesteine vorhanden sind, die Erdöl und Erdgas enthalten können, sowie günstige Fallen zur Bildung und Erhaltung der Lagerstätten gegeben sind, so ist ein solches Gebiet für die Suche von Erdöl- und Erdgaslagerstätten von Interesse. Untersuchen wir, welche Anzeichen einer Erdölführung Aserbaidshan, eine der an Erdöl reichsten Republiken der UdSSR, besitzt, und insbesondere, über welche Anzeichen der Erdölführung die Halbinsel Apscheron verfügt, wenn man alle niedergebrachten Bohrungen und die in den vergangenen Jahrhunderten angelegten Brunnen außer acht läßt. Erstens werden auf dem gesamten Gebiet von Aserbaidshan, darunter auch auf der Halbinsel Apscheron, zahlreiche Erdöl- und Erdgasaustritte in Form von Erdölquellen, von Asphalt, von Erdgasbläsern usw. angetroffen. Außer diesen direkten Anzeichen der Erdölführung gibt es auch indirekte Anzeichen. Nehmen wir an, daß die direkten Erdölanzeichen nicht vorhanden seien. Dann tritt als Anzeichen der Erdölführung der Ausbiß der Gesteine auf, aus denen in den benachbarten Gebieten Erdöl gewonnen wird.

In Aserbaidshan enthalten diese Schichten in den Ausbissen bituminöse organische Substanz und sogar kleinere tropfenförmige Erdöleinschlüsse und Erdölbeläge auf den Klüften der Gesteine. Auf diese Weise könnten wir, selbst unter der Annahme des Fehlens von Erdölquellen und Erdgasbläsern an der Oberfläche, unter Berücksichtigung der Kenntnis, daß im Schichtprofil Sedimentgesteine auftreten, die in den Nachbarrepubliken erdölführend sind, Aussagen über die Perspektiven des Erdinnern von Aserbaidshan machen.

Auf der Halbinsel Apscheron lagern mächtige sandige Schichten. Damit ist ein weiteres günstiges Anzeichen gegeben: das Auftreten von Speichergesteinen. Auch die dritte Bedingung wird erfüllt durch das Auftreten günstiger Strukturen zur Erdöl- und Erdgasansammlung in Form von Durchspießungsfalten, Gewölben und Brachyantiklinalen.

Eine äußerst wichtige, die Perspektiven bestimmende Voraussetzung ist auf der Halbinsel Apscheron das Auftreten von mächtigen tonigen Schichten, die mit Sanden wechsellagern. Diese Vorraussetzung schafft günstige Bedingungen für die Erhaltung der Lagerstätten. Folglich gibt es auf der Halbinsel Apscheron und auf dem Gebiet von Aserbaidshan Anzeichen, um zu einer günstigen Einschätzung der Erdölführung zu gelangen, selbst wenn keine direkten Hinweise in Form von Erdöl- und Erdgasanzeichen an der Oberfläche vorhanden wären.

2.2. Erdöl- und Erdgasanzeichen an der Erdoberfläche

Erdöl und Erdgas waren dem Menschen lange vor der Zeit, als er begann, es mit Hilfe künstlicher Vertiefungen – Brunnen – zu gewinnen, bekannt. Der Mensch fand das Erdöl auf dem Wasser schwimmend, aus der Erde sickernd in Form von Quellen, verfestigt in Form von Asphalt oder von Erdwachs (Ozokerit) vor.

Diese Erdölanzeichen an der Erdoberfläche stehen oft mit abbauwürdigen Vorkommen in der Tiefe in Zusammenhang und sind Anzeichen von Lagerstätten. Die ersten Mitteilungen über das brennbare Naturgas gehören uralten Zeiten an. Viele Gasquellen wurden durch Blitze oder durch den Menschen entzündet und brannten Jahrtausende. Diese „ewigen Feuer" waren in Südosteuropa, Südwestasien und in der Provinz Szetschuan in China bekannt und galten als heilig. Eines dieser „ewigen Feuer", das an der Südküste von Kleinasien etwa einen Kilometer von Tschinali auf dem Berg Chimäre lag, wird von Herodot mit dem Hinweis erwähnt, daß es bereits 1500 vor unserer Zeitrechnung bekannt war. Die Quelle Chimäre in Lykien beschreiben Plinius d. Ä. und Seneca Lucius. An der Stelle des Gasaustritts bauten die Griechen einen Tempel, der dem „Gott des himmlischen und irdischen Feuers" gewidmet war. Zum letzten Mal wurde diese Quelle von E. Titze im Jahre 1885 beschrieben. Die Höhe der Flamme betrug einen Meter und die Breite 0,4 Meter. Die „Feuer" von Chimäre brannten nicht weniger als 2000 bis 3000 Jahre. Zahlreiche brennende Gasaustritte waren im Irak, Iran, in

Aserbaidshan, Indien, Albanien, Rumänien, Burma, auf der Insel Borneo und an anderen Stellen bekannt. Noch heute kann man in vielen Ländern der Welt Tempelruinen an Austrittsstellen brennbarer Gase sehen.

Das Erdöl, das auf Klüften an die Erdoberfläche sickert, geht oft nicht spurlos verloren. An den Erdölquellen bildet sich nach der Oxydation Asphalt. Das Erdgas hat oft unscheinbare Austritte, die man nur beim Gasaustritt in Wasserbecken erkennen kann.

2.2.1. Klassifikation der Erdöl- und Erdgasanzeichen

Die Formen und die Ausmaße der Erdölanzeichen an der Erdoberfläche sind sehr verschiedenartig, sie reichen von unbedeutenden Sickerstellen, Erdölbelägen an Schichtflächen des Gesteins und kaum wahrnehmbaren Erdgasbläschen bis zu großen Asphaltseen. H. HÖFER (1908) schlug vor, die Erdölansammlungen und ihre Anzeichen an der Oberfläche in primäre und sekundäre einzuteilen. K. P. KALIZKY (1921) teilte die natürlichen Erdöl- und Erdgasanzeichen in zwei Gruppen ein: Austritte des aus nicht zutage ausstreichenden Schichten aufsteigenden Erdöls und erdölführende asphaltierte Schichten, die zutage ausgehen.

I. M. GUBKIN (1937) teilte die Erdölanzeichen nach ihrem Charakter ein:

1. Heraussickerung von Erdöl
2. Asphaltablagerungen
3. Gasaustritte
4. Schlammvulkane
5. Ausbisse erdölgetränkter Gesteine
6. Ozokerit- und Manjakgänge

N. B. WASSOJEWITSCH (1930) teilte die natürlichen Erdölanzeichen nach ihren genetischen Merkmalen in primäre, sekundäre und kontaktmetamorphe ein (s. Tabelle 7).

W. L. SOKOLOW (1956) teilte die Erdöl- und Erdgasanzeichen ein in:

1. Erdölanzeichen in Form von Austritten flüssigen Erdöls, die bedingt werden durch die Filtration und das Aufsteigen von Erdöl in klüftigen und grobporösen Zonen;
2. Erdölanzeichen in Form von Kiren (erdölgetränkter Erde) und verkirten Gesteinen, die durch die Erdölfiltration durch verhältnismäßig enge Klüfte und Poren mit nachfolgender Verdickung und Oxydation desselben in diesen Poren und Klüften bedingt sind;

3. Erdölanzeichen in Form von Filmen und geringen Mengen an flüssigem Erdöl, die sich zusammen mit Wasser abscheiden und durch das Wegführen von Erdöl durch Wasser bedingt sind.

Die am häufigsten auftretenden Bedingungen für Erdöl- und Erdgasaustritte nach W. L. Sokolow zeigt Abb. 2.

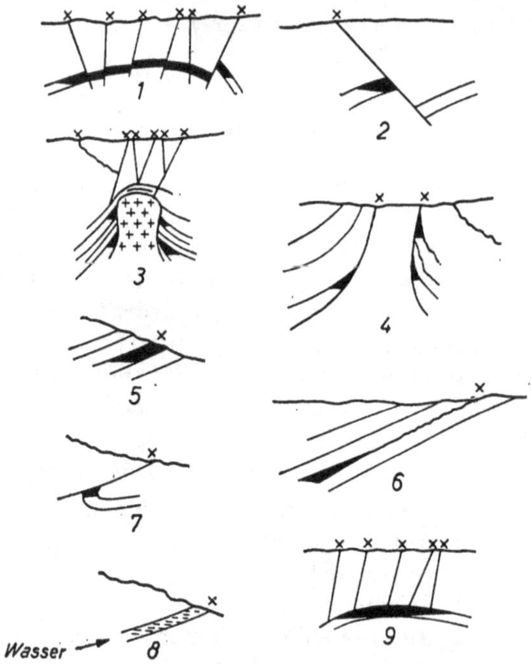

Abb. 2. Die häufigsten Voraussetzungen für Erdöl- und Erdgasaustritte (nach W. L. Sokolow)

1–4 – Austrittsstellen, an Verwerfungen und Diapire gebunden; 5–7 – Austrittsstellen, an ungleichförmige Lagerung gebunden; 8 – Wasseraustritt, Erdöl und Erdgas enthaltend; 9 – Austrittsstellen, an Klüfte und poröse Zonen gebunden; x – Erdöl- und Gasaustrittsstellen an der Erdoberfläche

N. A. Jeremenko & S. P. Maksimow teilten die Erdölanzeichen in drei Gruppen ein, indem sie diese Gruppen mit der von I. O. Brod & N. A. Jeremenko vorgeschlagenen Klassifikation der Migrationsprozesse koordinierten (s. Tabelle 8).

Unter Berücksichtigung des Umstandes, daß den Erdölanzeichen an der Erdoberfläche große Aufmerksamkeit zuteil wird, haben wir absichtlich die bekanntesten Klassifikationsschemata angeführt.

Tabelle 7

Klassifikationsschema für natürliche Erdölanzeichen (nach N. B. Wassojewitsch)

Primäre Erdölanzeichen (im weiten Sinne)		A. Erdölanzeichen in den Muttergesteinsfolgen
	1. Art	1. Dispers verteiltes Erdöl in Erdölmuttergesteinen
	2. Art	2. Erdöl in porösen Bildungen, Speichergesteinen von normal sedimentärer Herkunft (in Sanden, Dolomiten, Muschelkalken, in Aschen, in Spongiolithen usw.), *die in die Erdölmuttergesteinsfolge eingeschlossen sind*
	3. Art	3. Erdöl (oder seine natürlichen Derivate) in Zonen tektonischer Auflockerung der Muttergesteine, auf der Klüftung im Gestein usw.
Sekundäre Anzeichen		B. Erdölanzeichen außerhalb der Muttergesteinsfolgen
	1. Art	1. Erdöl (oder seine natürlichen Derivate), das auf dem einen oder anderen Weg aus der Muttergesteinsfolge in poröse Gesteine, in Speichergesteine anderer geologischer Bildungen migrierte. In die letzteren kann das Erdöl im Ergebnis der transgressiven Überlagerung der erdölführenden Schichten und Erdölmuttergesteine durch beliebige Schichten infolge tektonischer Ursachen oder vulkanischer Tätigkeit gelangen. Als Speichergesteine können verschiedene poröse Sediment- und Eruptivgesteine auftreten
	2. Art	2. Erdöl in Zonen starker Gesteinszerrüttung, in tektonischen Brekzien, in offenen Klüften, in Schlotbrekzien usw.
	3. Art	3. Erdöl in Form von Seen, Bächen, Lachen, Filmen auf dem Wasser usw. Ansammlung von Erdöl oder seiner Naturprodukte an der Erdoberfläche
	4. Art	4. Exotische Anzeichen von Erdöl, das verschiedene, manchmal komplizierte Migrationswege durchlaufen hat
Kontaktmetamorphe Erdölanzeichen		C. Erdölanzeichen, die durch die Kontakteinwirkung der Eruptivgesteine bedingt sind

Tabelle 8

Klassifikation der natürlichen Erdöl- und Erdgasanzeichen (nach N. A. JEREMENKO & S. P. MAKSIMOW)

Gruppe der Erdölanzeichen	Migrationsart nach dem Typ der Migrationswege	Migrationsart	
		Migration innerhalb des Speichers	Migration außerhalb des Speichers
A	Durch Poren, auf Schichtflächen und kleinen Klüften	I. Erdöl- und Erdgasanzeichen, die durch den Austritt gut durchlässiger Gesteine an die Oberfläche bedingt sind	II. Erdöl- und Erdgasanzeichen, die durch den Austritt wenig durchlässiger Gesteine an die Oberfläche bedingt sind
B	Auf Klüften und Störungsflächen	III. Erdöl- und Erdgasanzeichen, die durch den Zusammenhang mit der Oberfläche auf Klüften oder Brüchen gut durchlässiger Gesteine bedingt sind	IV. Erdöl- und Erdgasanzeichen, die durch den Zusammenhang mit der Oberfläche auf Klüften und Brüchen schlecht durchlässiger Gesteine bedingt sind
C	Komplizierte Umlagerungen an der Oberfläche	V. Erdöl- und Erdgasanzeichen, die durch Umlagerungen an der Erdoberfläche bedingt sind	

I. W. WYSOZKY (1954) hat speziell für die Erdgase die in Tabelle 9 aufgeführte Klassifikation vorgeschlagen.

2.2.2. Austritte von schwerem Erdöl

Die auffälligsten und gut erhaltenen Erdölaustritte bilden die schweren Asphalterdöle. Aus Klüften oder aus Aufschlüssen der Schichten an die Erdoberfläche heraussickernd, bleiben diese Erdöle infolge ihrer hohen Viskosität in der Nähe der Austrittsstelle. Das an die Erdoberfläche sickernde Asphalterdöl stellt fast immer eine schwere, harzartige Flüssigkeit dar. Indem es die leichten Bestandteile verliert und allmählich oxydiert und polymerisiert, wird es in brüchigen Asphalt umgewandelt.

Die Austritte des Asphalterdöls sind vorwiegend an Sande, Sandsteine und Konglomerate gebunden.

Die Austritte von Asphalterdöl bilden oft kleine Seen, deren Ufer aus fest gewordenem Erdöl bestehen, mit einem Zufluß von schwerem

Tabelle 9

Klassifikation der Gasaustritte

(nach I. W. Wysozky)

Typ des Herdes der Erdgasbildung (die Quelle i. d. Tiefe)	Art der Anzeichen		Hauptcharakter der Anzeichen
gasogen (aus Gas entstanden)	Magmatischer Vulkan		Periodische Eruption glühender Gase, die bei hoher Temperatur entstehen
	Gasstrahl	Fumarole	Periodische intensive Ausscheidungen heißer, chlorhaltiger Gase
		Solfatare	Ruhige Ausscheidung heißer, schwefelhaltiger Gase
		Soffionen	Ruhige Ausscheidung warmer Borgase
		Mofetten	Ruhige Ausscheidung kalter Kohlendioxydgase
	Gasaufstieg durch das Wasser in Form von Bläschen		Periodische oder ständige Ausscheidung von Gasbläschen (Methan, Kohlensäuregas)
	Gasabgabe einer großen Oberfläche		Geringe Gasanzeichen, die mit Hilfe spezieller Apparatur erfaßt werden
	Schlammvulkan		Periodische Eruptionen von Kohlenwasserstoffgas, vorwiegend Methan
gasakkumulativ (jede Gasansammlung, darunter auch die nicht abbauwürdigen, in Wasser gelösten usw.)	Schlammsprudel		Periodische intensive Ausscheidungen von Kohlenwasserstoffgas
	Salze		Ruhige Ausscheidung von Kohlenwasserstoffgas
	Grifon		Wie bei Salzen, nur schwächer
	Gasabgabe von einer großen Oberfläche		Geringe Gasanzeichen, die mit Hilfe spezieller Apparatur erfaßt werden
Zirkulationstyp	Gasstrahl		Ruhige Ausscheidung von Stickstoffgas
gemischter Typ	Wird durch den vorherrschenden Einfluß des Herdes der Erdgasbildung des einen oder anderen Typs bestimmt		

Asphalterdöl inmitten des Sees. Dieses schwere Asphalterdöl füllt den See, fließt zu den Ufern hin und bildet, sich verfestigend, allmählich einen Kegel.

Der vom Wind herangetragene Sand bleibt am Erdöl kleben und bildet erdöldurchtränkte Gesteinshügel mit Erdölquellen auf deren Scheitel. In der Dsungarei (Wüste in der Volksrepublik China) sind Erdölhügel schon von jeher bekannt.

In der letzten Zeit wurde in der Nähe dieser Hügel die große Erdöllagerstätte „Karamai" entdeckt.

Die Schüttung der Asphalterdölquellen ist sehr verschieden und beträgt von einigen Litern bis zu einigen hundert Litern täglich. Quellen von Asphalterdöl kommen in vielen Ländern der Welt vor. Sie sind auf der Halbinsel Apscheron bekannt, wo das aus den Erdölschichten herausgesickerte und mit Sand und Pflanzenresten vermischte schwere Erdöl die Benennung Kir (erdölgetränkte Erde) trägt. Zahlreich sind die Quellen von Asphalterdöl in den USA und in anderen Ländern.

Austritte von Asphalterdöl treten nicht nur auf der Landoberfläche, sondern auch auf dem See- und Meeresboden auf. Von Zeit zu Zeit tauchen vom Boden des Toten Meeres, eines der größten Salzseen der Welt, Asphaltstücke auf. Dieser Asphalt bildet sich aus Erdöl, das auf dem Meeresboden heraussickert. An den Ufern des Toten Meeres wurden viele „Harzquellen" nachgewiesen, die bereits in alten Sagen erwähnt werden. Auf der Halbinsel Apscheron gibt es eine in der ganzen Welt durch ihre Erdölreichtümer bekannte Bucht „Iljitsch". Diese Bucht war noch zu Beginn unseres Jahrhunderts vom Meer eingenommen. Ein Teil des Meeres wurde durch eine Mole abgetrennt und zugeschüttet. Beim Niederbringen von Bohrungen wurde in einer Teufe, die der Tiefe des Meeresbodens entsprach, in einer Reihe von Bohrungen Asphalt angetroffen.

Auf der Erdoberfläche nehmen die Quellen des schweren Erdöls durch ihre Kegel große Flächen ein; wenn einige Kegel auftreten und sie nahe beieinander liegen, so verschmelzen sie miteinander.

Auf der Insel Trinidad, die unweit der Nordostküste von Südamerika liegt, nimmt der Asphalt eine so große Fläche ein, daß auf einem beträchtlichen Raum die Oberfläche mehr aus Asphalt als aus Erde besteht.

In der UdSSR, auf der Insel Sachalin, gibt es einige Pech- bzw. Asphaltseen. Der größte von ihnen liegt im Bezirk Ochinsk am Fluß Berjakan und hat eine Fläche von 3 ha. Der See ist mit festem Asphalt bedeckt, dessen Mächtigkeit 0,5–1,5 m beträgt. Über diesen See kann man ungehindert laufen. Bei warmem Wetter weicht der Asphalt auf, und die Oberfläche des Sees wird unpassierbar.

Die glänzende Oberfläche der Asphaltseen zieht die Insekten, Vögel und andere Tiere an. Zutraulich lassen sie sich auf das halbflüssige Erdöl nieder oder nähern sich dem Rand des flüssigen Erdöls, bleiben hängen und gehen zugrunde. In der Nähe der Stadt Baku, beim Dorf Binagada, gibt es einen großen Asphaltsee. Bei der Asphaltförderung konnte im Asphalt eine so große Menge an Knochen längst ausgestorbener Vögel und anderer Tiere gefunden werden, daß dieser See unter Naturschutz gestellt wurde.

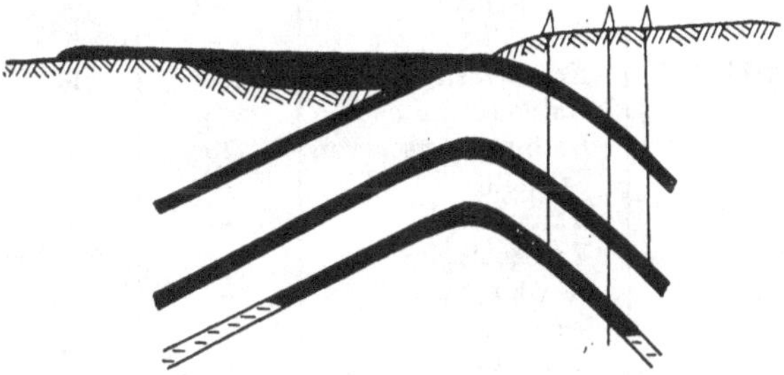

Abb. 3. Bildung eines Asphaltsees

Die größten Asphaltseen liegen in Venezuela – der See Bermudez – und auf der Insel Trinidad. Der Asphaltsee auf Trinidad liegt auf einem etwa 24 m hohen Hügel und hat eine Länge von annähernd 750 m und eine Breite von 94 m. An den Rändern des Sees ist der Asphalt so weit verfestigt, daß hier Feldgleise verlegt sind, die für den Abtransport des zu gewinnenden Asphalts dienen. Näher zum Zentrum des Sees wird der Asphalt weicher, und in der Mitte des Sees ist das Erdöl flüssig. Die Tiefe des Sees beträgt etwa 50 m, der Spiegel des Sees sinkt auf Grund der Förderung, da mehr Asphalt gefördert wird, als dem See aus den auf seinem Boden befindlichen Quellen an Erdöl zufließt. In früherer Zeit, vor Beginn des Abbaus, ergoß sich der Asphalt über den Rand des Sees und floß ins Meer ab; deshalb stößt man jetzt im Meer, in 6 bis 8 km Entfernung vom Ufer, auf Asphaltbarrieren. Die Austritte von schwerem Erdöl und die Asphaltseen entstanden durch aus Klüften bzw. Schichten heraussickerndes Erdöl. Abb. 3 zeigt ein Schema der Bildung eines Asphaltsees durch Zufluß von Erdöl aus der Schicht, die auf dem Boden des Sees austritt. Einige Schichten streichen nicht auf dem Boden des Sees aus, und in ihnen ist das Erdöl verblieben. Durch Bohrungen wurde in der Nähe des Asphaltsees auf Trinidad Erdöl erschlossen.

In der Tabelle 10 sind die Ausmaße der größten Asphaltvorkommen angeführt.

Tabelle 10

Die größten Asphaltvorkommen
(nach E. BLUMER)

Vorkommen	Gegend	Höhe oder Tiefe in m	Durchmesser in m	Fläche in km²
Wheeler	Oklahoma	1–2	–	–
Washakie	Wyoming	–	50	–
Tar Spring Creek	Kalifornien	1–3	60	–
Kirmaku-Berg	Halbinsel Apscheron	3	–	–
Kir-Hügel	Halbinsel Apscheron	30	–	–
Harzsee	Sachalin	–	–	1/30
La Brea	Kalifornien	–	–	1/20–1/10
San Timoteo	Venezuela	–	500–1000	–
Cerro-Azul	Mexiko	–	–	–
Bermudez	Venezuela	0,5	–	4
Asphaltsee	Trinidad	50	–	1/2

Salzwasser sowie Schwefelwasserstoffgas sind meist Begleiter der Austritte von schwerem Erdöl.

Es wäre falsch, anzunehmen, daß ausnahmslos alle Austritte von schwerem Erdöl unbedingt mit Erdölvorkommen in Zusammenhang stehen.

In Kanada lagern an den Ufern des Flusses Athabaska bituminöse Sande in einer Längenausdehnung von 100 km. Die Gesamtmächtigkeit der bituminösen Sande beträgt ungefähr 55 m und deren Fläche 21000–78000 km². Die Vorräte an Asphalterdöl werden auf 15–60 Milliarden t geschätzt. Derartig große Erdölvorräte besitzt nicht eine einzige Erdöllagerstätte der Welt.

Das Bitumen ist in den Sanden ungleichmäßig verteilt. In den höffigsten Abschnitten ist 5–20% schweres Bitumen enthalten. Der Durchschnittsgehalt beträgt 13%. Kennzeichnend ist, daß das Bitumen die Sandkörner verkittet. In den einzelnen Schichten, die eine Mächtigkeit von einigen dm bis 6 m haben, erreicht der Gehalt an Bitumen 50–80 Gewichtsprozent. In diesen Schichten ist nicht das Bitumen in den Sanden, sondern der Sand im Bitumen enthalten. Die Abschnitte, die reich an Bitumen sind, haben die Form von Linsen. Dieser bituminöse Sandstein ist aus feinkörnigem Quarzsand zusammengesetzt.

Jedes Sandkorn hat ein Wasserhäutchen. Als Bindemittel dient Bitumen. Im großen und ganzen handelt es sich um ein Gemisch von Sand und Bitumen. Die geologische Situation schließt jegliche Annahme über die Bildung solch kolossaler Bitumenvorräte durch eine Migration von unten her aus.

Die Bildung bituminöser, asphaltführender Sande kann man sich folgendermaßen vorstellen: An der Stelle der jetzigen Asphaltlagerstätte befand sich ein großes Wasserbecken, in das schweres Asphalterdöl aus den gestörten Lagerstätten floß, die hypsometrisch über diesem Becken lagen. Der Boden der Senke war uneben, und in seinen Vertiefungen stand Wasser. Durch Flüsse und Winde wurde Sand in die Senke getragen. Die Sandkörner umhüllten sich mit Erdöl und sanken auf den Boden des Beckens ab. Während der Verfestigung der Sande wurde das überschüssige Wasser ausgeschieden, und das Erdöl blieb als Bindemittel zurück, das die Sandkörner verkittete. An einzelnen flachen Stellen der Senke, wo kein Wasser auftrat und das Erdöl dickflüssig wurde, bildeten sich Asphaltlinsen mit einem relativ geringeren Sandgehalt.

Auf diese Weise kann man diese Lagerstätte von schwerem zähem Erdöl, das ein spezifisches Gewicht von 1,02 hat, unmöglich als porösen Sandstein ansehen, dessen Poren Erdöl enthalten; sie stellt vielmehr ein Gemisch von Bitumen und Sand dar. Das Bitumen wurde von außen zugeführt und kann die Erdölführung der Ablagerungen, die unter diesen Sanden lagern, nicht charakterisieren.

2.2.3. Austritte von leichtem Erdöl

Während das schwere Asphalterdöl auf der Erdoberfläche meist gut erhalten bleibt, bleibt das leichte Erdöl selten erhalten und ist an der Erdoberfläche bei weitem seltener. Dies wird durch seine Flüchtigkeit bedingt. Austritte von leichtem Erdöl kommen am häufigsten bei gemäßigtem Klima in Wassernähe vor, wo für das leichte Erdöl günstigste Bedingungen zur Erhaltung gegeben sind. In heißem Wüstenklima sind erhaltene Austritte von leichtem Erdöl selten. Manchmal kann man auf fließendem oder stagnierendem Wasser einen feinen, in der Sonne in den Regenbogenfarben schillernden Film beobachten. Das ist auf dem Wasser zerflossenes Erdöl. Wenn man flußaufwärts oder am Ufer des Sees entlanggeht und aufmerksam sucht, so kann man häufig die Quelle dieses Regenbogenfilms in Form eines Erdölaustritts feststellen. Das schwere Asphalterdöl bildet auf dem Wasser auch Ölfilme, aber in der Mitte dieser Flime stellt man stets auch das Erdöl selbst in Form eines Tröpfchens oder eines großen Fleckes fest. Beim Feststellen eines Filmes auf dem Wasser ist Vorsicht beim Einschätzen als Ölfilm geboten, da leicht Verwechslungen mit eisen- und manganhaltigen Filmen auftreten können, die aus Eisenoxyd und Manganoxyd entstehen und die in Sümpfen sowie allgemein auf stagnierenden Wässern beobachtet werden.

Einen Erdölfilm von einem Nichtölfilm zu unterscheiden, ist einfach. Um dies festzustellen, muß man mit einem Gegenstand auf den Film schlagen. Wenn sich der vom Schlag zerstörte Film in einzelne abgerundete Teile zerteilt, die leicht zu größeren zusammenfließen (verschmelzen), so ist dieser Film ein Ölfilm. Wenn die einzelnen Teile ungleichmäßige, kantige Umrisse aufweisen, so hat ein derartiger Film mit einem Ölfilm nichts gemein (s. Abb. 4).

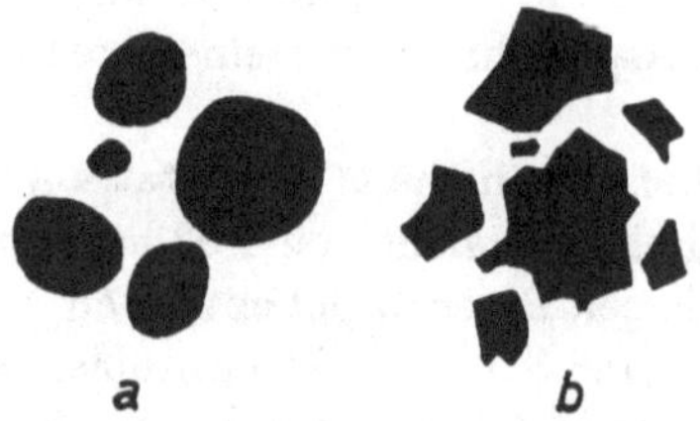

Abb. 4. Zerschlagene Öl- und Eisenhydroxydhäutchen
a – Öl; b – Hydroxyde

Nach der Verdunstung des leichten Erdöls bleibt in einigen Fällen ein fester, wachsartiger Rückstand von meist schwarzer und manchmal dunkelbrauner Farbe, der vorwiegend aus Paraffinen besteht. Derartige Bildungen treten jedoch selten auf. Die Austritte von leichtem Erdöl werden oft von Gas und Wasser begleitet, letzteres meist als Sole. Es muß darauf geachtet werden, daß die Quellen von leichtem paraffinhaltigem Erdöl mehr Gas enthalten als die Quellen von schwerem Erdöl. Die Austritte von schwerem Erdöl enthalten häufig überhaupt kein Gas. Erdgas, das zusammen mit leichtem Erdöl austritt, enthält manchmal Schwefelwasserstoff. Die Austritte von leichtem Erdöl stehen am häufigsten mit tonigen Gesteinen und seltener mit Sanden, Sandsteinen und Konglomeraten in Zusammenhang. Die Schüttung der Quellen leichten Erdöls ist von der der schweren Asphalterdöle sehr verschieden. Wie wir weiter unten sehen werden, ist die Quellschüttung bei der Einschätzung der Ergiebigkeit einer möglichen Lagerstätte nicht immer von Bedeutung, jedoch kommt der Quellschüttung neben den anderen geologischen Voraussetzungen ein bestimmtes Interesse zu. Zur Messung der Quellschüttung muß man das Erdöl aus der Vertiefung, in der es sich sammelt, ausschöpfen oder von der Wasseroberfläche abschöpfen, wenn das Erdöl auf dem Wasser schwimmt, und die Zeit bestimmen, die für die Ansammlung einer bestimmten Erdölmenge erforderlich ist. Bei Untersuchungen im Laboratorium ist es ratsam, nach Möglichkeit frisches Erdöl in einer Menge von 3–5 l zu verwenden. An der Austrittsstelle müssen die Farbe und der Geruch, wenn letzterer irgendwie kennzeichnend ist (Teer-, Benzin-, Schwefelwasserstoffgeruch usw.), bestimmt werden. Wenn gemeinsam mit dem Erdöl Salzwasser heraussickert, so muß auch eine Wasserprobe von mindestens 1 l genommen werden. Beim Heraussickern aus festen, anstehenden Gesteinen muß geklärt werden, ob das Erdöl in Klüften oder Poren lagert. Im Falle des Erdölaustritts aus lockeren, nichtanstehenden Gesteinen muß man versuchen, die erdölführenden Gesteine durch Schürfe und unter Umständen durch flache Bohrungen zu erschließen. Beim Auffinden von Ölfilmen auf Wasser muß die Stelle des Austritts im Wasserbecken oder im Flußlauf lokalisiert werden.

In der Tabelle 11 sind die Anzeichen von leichtem und schwerem Erdöl zusammengefaßt dargestellt.

2.2.4. Ausbisse erdölgetränkter Sande, Sandsteine und Kalke

Das wichtigste Anzeichen der Erdölführung für ein Gebiet ist das Auftreten von erdölgesättigten Schichten und Schichtenfolgen. Die Erdöl- und Erdgasvorkommen sind in jedem beliebigen erdöl- und erdgasführenden Gebiet an bestimmte Gesteinsfolgen gebunden, die als erdöl- und erdgasführend bezeichnet werden. Die in irgendeinem Teil des Gebietes festgestellte Anzahl und Mächtigkeit der erdölführenden Schichten, die zu einer Folge gehören, können nicht immer das Kriterium für die Einschätzung der wirtschaftlichen Bedeutung des Gebietes insgesamt sein. Ein und dieselbe Folge kann eine unterschiedliche Anzahl von Speichergesteinsschichten mit unterschiedlicher Mächtigkeit sogar auf verhältnismäßig geringe Entfernung enthalten.

Aus der Praxis der Erkundung und Förderung von Erdöl- und Erdgaslagerstätten ist kein Fall bekannt, bei dem die Erdöl- und Erdgasführung nur an eine Schicht oder nur an ein Feld gebunden ist. Überall, mit ganz seltenen Ausnahmen, haben wir es mit Gruppen erdölführender Schichten und mit mehreren erdöl- und erdgasführenden Lagern zu tun. In vielen

Tabelle 11

Anzeichen von leichtem und schwerem Erdöl auf der Erdoberfläche (nach E. Blumer)

	Quellen von paraffinhaltigem Erdöl (leichtes Erdöl)	Quellen von Asphalterdöl (schweres Erdöl)
Verbreitung	Auf der ganzen Erde verbreitet, jedoch vorzugsweise in Niederungen. In allen geologischen Formationen.	Auf der ganzen Erde verbreitet, jedoch vorzugsweise in Niederungen. In allen geologischen Formationen.
Größe	Immer klein und unauffällig, oft schwer zu finden.	Sehr auffällig im Landschaftsbild. Manchmal bilden sie große Asphaltseen.
Farbe	Braun. Auf dem Wasser bilden sie verschiedenfarbige Regenbogenfilme.	Schwarz, pechartig. Auf dem Wasser bilden sie dunkle Kreise und auf fließendem Wasser Streifen.
Rest	Feste Reste ohne Einflußnahme auf das Landschaftsbild.	Feste Reste in Form von auffälligen schwarzen Asphaltplatten, Kegeln, Hügeln und kleinen Erhöhungen.
Begleiter	Gas, Salzwasser und Schwefelwasserstoff.	Gas, Salzwasser, Schwefelwasserstoff.
Vorkommen (Fundort)	Am häufigsten in tonigen Gesteinen (Schiefer, Tonen, Mergel, Tonschiefern, Schiefertonen, sandigen Tonen, sandig-schiefrigen Tonen).	Am häufigsten in sandigen Gesteinen (Sanden, Sandsteinen, Konglomeraten) sowie in Kalken.

erdöl- und erdgasführenden Gebieten ist die wirtschaftliche Erdöl- und Erdgasführung nicht an eine, sondern an mehrere Schichtenfolgen gebunden. Beim Auftreten von Erdöl- und Erdgasaustritten an der Erdoberfläche muß der Geologe unbedingt feststellen, mit welchen Folgen oder Schichten diese Austritte in Zusammenhang stehen, da man nur in einem solchen Fall die Perspektiven der Erdgas- und Erdölführung richtig einschätzen und die Richtung für die Erkundungsarbeiten richtig wählen kann. In einer Reihe von Ländern stehen die Austritte von schwerem Asphalterdöl, wie bereits erwähnt, mit sandigen Gesteinen, Kalken und Konglomeraten in Zusammenhang, während die Austritte von leichtem Erdöl an tonige Gesteine gebunden sind. Ob die Gesteine Erdöl enthalten oder nicht, kann nicht allein an Hand des Aussickerns von Erdöl aus ihnen bestimmt werden.

Viele Schichten haben das gesamte Erdöl, das ausfließen konnte, verloren, und die restliche Erdölführung kann man nach der Gesteinsfarbe und auf Grund spezieller Untersuchungen bestimmen.

Die Ausscheidung von flüssigem Erdöl kann nicht ewig dauern, und das Fehlen von flüssigem Erdöl kann nicht als Kriterium für fehlende Erdölhöffigkeit angesehen werden. Die Schicht oder die Schichtenfolge, die an einer bestimmten Stelle des Gebietes völlig aufgeschlossen ist und alles Erdöl abgegeben hat, kann im Nachbargebiet wirtschaftliche Erdölführung aufweisen. So weist z. B. die obere Abteilung der produktiven Serie einer Lagerstätte der Halbinsel Apscheron in den Aufschlüssen sehr schwache Anzeichen von Erdöl auf, die nur an eine Schicht gebunden sind. Etwa 2 km westlich davon lagern im abgesenkten Teil der Schichtenfolge ergiebige eruptive Lagerstätten, die bereits Dutzende von Millionen t Erdöl abgaben.

Auch die unbedeutendsten Anzeichen der Erdölführung von Gesteinen, die günstige Voraussetzungen für die Bildung von Erdöl- und Erdgaslagerstätten bieten, können dem Geologen ungewöhnlich viel sagen. Die Ausbisse von Gesteinen, die mit Bitumina und Erdöl getränkt sind, kann man in zwei Gruppen einteilen. Zur ersten Gruppe gehören die Gesteine, in die das Erdöl während seiner Migration aus der Lagerstätte zur Oberfläche gelangte. Zur zweiten Gruppe gehören die erdölführenden Schichten, die infolge der Erosion an die Erdoberfläche gelangten. Die Einschätzung der Erdölführung der Gesteine dieser Gruppen ist unterschiedlich, aber die Art der Untersuchung des Erdölgehalts bleibt die gleiche.

Das schwere Asphalterdöl verleiht dem Gestein eine dunkle, bräunliche Färbung, und es scheint so, als zementiere das Asphalterdöl infolge der Viskosität die Sande und schütze sie vor der Zerstörung. Infolgedessen kann man die erdölführenden Sande manchmal nach dem geringeren Verwitterungsgrad im Vergleich zu den Schichten, die kein Erdöl enthalten, feststellen. Die Sande und Sandsteine, die mit leichterem Erdöl durchtränkt sind, haben hellere Farbtöne. Durch Einwirkung der Sonne, des Wassers und des Windes kann die Oberfläche der erdölführenden Gesteinsausbisse ihre Farbe wesentlich ändern. Die Gesteinsoberfläche ist häufig mit Kristallen oder Krusten von Salz oder von anderen im Gestein enthaltenen bzw. in den Schichtwässern gelösten Stoffen bedeckt. Die Kruste verdeckt die erdölführenden Schichten, und bei unaufmerksamer Betrachtung kann es vorkommen, daß man die erdölführenden Schichten übersieht. Die schwach gesättigten Schichten können ebenfalls übersehen werden. Um sich zu überzeugen, ob das Gestein eine restliche Erdölführung aufweist oder nicht, muß ein kleiner Aufschluß angelegt werden. Schon bei geringer Tiefe hat das Gestein die Färbung und manchmal auch den Geruch bewahrt. Westlich der Stadt Kisel (Ural) findet man große devonische Sandsteingewölbe. Die Sandsteine sind dicht und fest. Wenn man vom Geröll ein Stück abschlägt, so weist der frische Bruch einen charakteristischen Erdölgeruch auf. Kalke können auf dem frischen Bruch geringe Ölfilme aufweisen, und die Hohlräume sind teilweise mit Erdöl ausgefüllt.

Die Erdölführung dichter Gesteine kann man leicht am Geruch erkennen, wenn man ein Gesteinsstück mit dem Geologenhammer oder mit einem anderen Handstück anschlägt oder wenn man das Gestein erhitzt, was den Geruch noch wesentlich verstärkt.

Außer auf die Gesteine, die unverkennbare Erdölanzeichen aufweisen, muß auch auf jene Gesteine geachtet werden, bei denen derartige Anzeichen fehlen. In einem solchen Falle bestimmt man die Erdölführung der Gesteine durch Untersuchung auf ihren Bitumengehalt, richtiger, man untersucht die Gesteine auf Erdölspuren. Vor allem muß versucht werden, die Erdölführung nach dem Geruch beim Anschlagen und Erhitzen zu ermitteln. Bei Schlußfolgerung über die Erdölführung des Gesteins auf Grund des Erdölgeruchs ist Vorsicht geboten. Den schwachen Geruch nach Schwefelwasserstoff, der beim Anschlag von Kalken mit dem Hammer auftritt, hält man manchmal für Ölgeruch. Die erdölführenden Gesteine sind nicht oder nur schlecht mit Wasser benetzbar und können beim Eintauchen in Wasser einen irisierenden Film darauf bilden. Wenn man eine Gesteinsprobe in ein Gefäß mit Wasser bringt und das Wasser bis zum Sieden erhitzt, so taucht, vorausgesetzt, daß die Gesteinsprobe Erdöl in ausreichender Menge enthält, Erdöl in Form von kleinen Klümpchen an der Oberfläche auf.

Das Auftreten von Erdöl im Gestein wird meist mit verschiedenen Erdöllösungsmitteln bestimmt. Die einfachste Methode bildet der Benzinauszug. Die Verwitterungs- und Oxydationsprodukte des Erdöls lösen sich im Benzin auf und färben das Lösungsmittel. In das Reagenzglas wird etwas zerkleinertes Probenmaterial geschüttet (ungefähr ein Viertel des Reagenzglases), darauf wird bis zur Hälfte des Reagenzglases farbloses Benzin aufgefüllt. Das Reagenzglas wird intensiv geschüttelt. Wenn das Gestein Erdöl oder dessen Oxydationsprodukte enthält, verfärbt sich das Benzin. Dabei kann die Färbung blaß teefarben bis braun sein, was von der Gesteinsmenge, von der Menge an Erdöl in der Probe und von der Menge an im Erdöl enthaltenen Harzen abhängt. Sogar die kleinste im Erdöl enthaltene Menge Harz (mehr als 0,02%) verleiht dem Benzin eine intensive Färbung. Die Farbe kann nur Hinweis für das Auftreten von Erdöl im Gestein sein, kann aber in keinem Fall als Hinweis für den relativen Sättigungsgrad des Gesteins mit Erdöl dienen, da die Erdölsättigung des Gesteins an den Austritten sehr unbeständig ist. Der Benzinauszug kann auch nicht auf die Erdölsättigung hinweisen, weil die Erdöle eine unterschiedliche Färbung haben, die durch den unterschiedlichen Gehalt an Harzen bedingt ist. Der dunkelbraune Auszug kann durch das Auftreten von äußerst geringen Mengen an harzhaltigem Erdöl im Gestein bedingt sein und die helle Färbung durch den hohen Gehalt an leichtem, hellem Erdöl im Gestein. Zur Feststellung von schwachgefärbtem Erdöl im Gestein kann man Azeton (C_3H_6O) verwenden. Das Azeton vermischt sich mit Wasser und löst das Erdöl und die Harze auf. Wenn man das zerkleinerte Gestein mit Azeton behandelt hat, fügt man Wasser hinzu. Beim Auftreten von gelöstem Erdöl im Azeton wird das Erdöl vom Azeton abgeschieden, und die Flüssigkeit nimmt das Aussehen einer Emulsion an. Wenn Erdöl fehlt, bleibt die Flüssigkeit durchsichtig. Die Empfindlichkeit wird größer, wenn man an Stelle von Benzin Benzol oder eine Mischung von Alkohol und Benzol zu gleichen Teilen und Tetrachlorkohlenstoff (CCl_4) verwendet. Diese Reagenzien lösen nicht nur das Erdöl und seine Oxydations- und Polymerisationsprodukte, sondern auch die bituminösen Komponenten des Torfes und der Braunkohle. Beim Auftreten von kohligen Pflanzenresten im Gestein ist diese Probe unzuverlässig, da die Benzinfärbung nicht durch das Erdöl und seine Oxydationsprodukte bedingt zu sein braucht.

Das Auftreten von Erdöl im Gestein kann man auch durch Schwefelkohlenstoff (CS_2), Chloroform ($CHCl_2$) und durch Äther bestimmen. Die zerkleinerte Probe wird, wie bei dem Versuch mit Benzin, in das Reagenzglas gefüllt, mit Chloroform oder Äther übergossen und etwa 30 Minuten stehengelassen. Danach gießt man den filtrierten Auszug auf einen sauberen Teller und stellt ihn ins Freie (die Verdunstungsgase von Äther und Chloroform sind schädlich). Wenn in der Probe Erdöl enthalten war, so bleibt nach der Verdunstung auf dem Boden des Tellers ein dunkler Fleck zurück. Das Vorhandensein von schwerem bzw. leichtem Erdöl kann man bestimmen, indem man den gefilterten Auszug noch einige Male durch einen sauberen Filter durchläßt. Nach der Austrocknung des

Filters bildet sich auf ihm ein dunkler Kreis, wenn das Erdöl schwer und asphalthaltig, und ein grünlicher oder ein gelbbrauner Kreis, wenn das Erdöl leicht ist.

Unbedeutende Erdöleinschlüsse, Schlieren, Erdölhäutchen an Gesteinskörnern können durch die Lumineszenzanalyse festgestellt werden. Die Lumineszenzanalyse basiert auf der Eigenschaft der Bitumina, bei ihrer Bestrahlung mit ultraviolettem Licht zu lumineszieren. Die Lumineszenzanalyse gestattet, nicht nur das Vorhandensein von Bitumina im Gestein, sondern auch ihren quantitativen Gehalt und die qualitative Zusammensetzung wie auch den Charakter der Verteilung der Bitumina im Gestein zu bestimmen.

In Feldverhältnissen wird üblicherweise lediglich das Vorhandensein der Bitumina in den Gesteinen bestimmt. Ausführliche Untersuchungen führt man im Laboratorium durch.

Für eine Lumineszenzanalyse im Feld verwendet man ein zusammenlegbares, tragbares Gerät – das Sonnenluminoskop. Als Quelle der ultravioletten Strahlen dient dabei das Sonnenlicht. Die ultravioletten Strahlen werden von den anderen Teilen des Sonnenspektrums durch besondere, aus Nickelglas hergestellte Lichtfilter abgetrennt. Es werden aber auch andere Lichtfilter angewandt.

Unter Berücksichtigung der ungleichmäßigen Erdölsättigung und insbesondere der ungleichmäßigen Verteilung des Resterdöls muß man zur Vermeidung von Fehlern eine Durchschnittsprobe, die von einer möglichst großen Gesteinsmenge zu entnehmen ist, mit einem Lösungsmittel bearbeiten. Bei Gesteinen, die nach Farbe und Geruch relativ deutliche Anzeichen einer Erdölführung haben, ist eine Probe von 50 g ausreichend. Sind die Anzeichen der Erdölführung ungleichmäßig, so benötigt man außer der Analyse der gesättigten Gesteinsabschnitte eine Durchschnittsprobe. Man entnimmt hierzu aus unterschiedlichen Teilen des Aufschlusses einige Proben zu je 1 kg. Nachdem eine dieser Proben zerkleinert ist, wird das zerkleinerte Gestein gleichmäßig zu einer Schicht aufgeschüttet. Etwa der zehnte Teil dieser Schicht wird noch feiner zerkleinert und von ihm wiederum ungefähr der zehnte Teil entnommen usw. Ähnlich verfährt man auch mit den anderen Proben. Die einzelnen abgeteilten Proben werden gemischt und mit einem Lösungsmittel behandelt.

Bei der Untersuchung der Anzeichen der Erdölführung und des Bitumengehalts muß man zwischen den Anzeichen des Erdöls und den Anzeichen der Bitumina unterscheiden. Oft wird ein eingedicktes, schmiereartiges Erdöl als Bitumen bezeichnet, aber der Fachausdruck Bitumen hat drei Bedeutungen: eine genetische, eine analytische und eine technische.

Bei der analytischen Auslegung dieses Fachausdrucks bezeichnet man als Bitumen Stoffe, die in organischen Lösungsmitteln löslich und die aus den verschiedensten Gesteinen und rezenten Ablagerungen extrahierbar sind.

Die Elementarzusammensetzung der Bitumina, darunter auch der im Gestein zerstreuten, unterscheidet sich von der elementaren Zusammensetzung der Erdöle.

Ausgehend davon, wurde von sowjetischen Forschern vorgeschlagen, die zerstreuten Bitumina Bitumogene zu nennen.

Ein kennzeichnendes Merkmal der Bitumogene ist ihre syngenetische Beziehung zur organischen Substanz des Gesteins, in dem die Bitumogene lagern. Die Bitumogene kann man nicht immer als Kohlenwasserstoffverbindungen bezeichnen, da sie außer dem Kohlenstoff und dem Wasserstoff noch andere Elemente enthalten, die ihnen eine spezifische Zusammensetzung und einen besonderen chemischen Aufbau verleihen. Außer den bituminösen Stoffen der Erdölreihe gehören zu den Bitumogenen insbesondere die bituminösen Komponenten des Torfes, der Kohle usw.

Folglich stellen die Bitumina der Erdölreihe nur einen Teil – manchmal nur einen unbedeutenden – der im Gestein eingeschlossenen organischen Stoffe dar. Daher kann man auch nicht den gesamten zerstreuten organischen Stoff der Gesteine zu den Bitumina zählen. Die elementare Zusammensetzung der dispersen Bitumina unterscheidet sich von der elementaren Zusammensetzung der Erdöle durch einen erhöhten Gehalt an Nichtkohlenwasserstoffverbindungen.

Die Lösungsmittel extrahieren aus dem Gestein Bitumina unterschiedlicher Entstehung, wie z. B. die Bitumina des Erdöls, des Torfes, der Sapropele.

Ausgehend von den Vorstellungen über die organische Entstehung des Erdöls, besteht das Material, aus dem sich das Erdöl und das Erdgas gebildet haben, aus ungefähr den gleichen organischen Substanzen, die z. B. für die Sapropelkohlen als Ausgangsstoff dienten.

Unterschiedliche geologische und physikalisch-chemische Anreicherungsverhältnisse und Umwandlungen der organischen Substanz führten zur Bildung von Brennstoffen, die zu unterschiedlichen Klassen der Kaustobiolithe gehören. Nicht alle tierische und pflanzliche Substanz, die in ein Sediment eingebettet wurde, hat sich in Erdöl und Erdgas umgebildet, wie sich z. B. auch nicht alles in Kohle umgewandelt hat.

Wenn man der Ansicht ist, daß sich das Erdöl aus zerstreutem organischem Stoff gebildet und dieser sich nicht vollkommen in Erdöl umgewandelt hat, und wenn man annimmt, daß nicht alle Kohlenwasserstoffverbindungen bei der Erdölmigration infolge der physikalischen Bedingungen und des chemischen Aufbaus der an der Zusammensetzung des Erdöls beteiligten Kohlenwasserstoffe migrieren können, dann werden die Kohlenwasserstoffverbindungen, die am Ort der Einbettung und Umwandlung zurückgeblieben sind, aber sich in der Zusammensetzung und im chemischen Aufbau vom Erdöl wesentlich unterscheiden, dem Erdöl genetisch verwandt sein.

Diese organischen Substanzen werden in einer Reihe von Fällen den Bitumina der Sapropel-Humus-Reihe näher stehen als dem Erdöl. Das, was in den Muttergesteinsfolgen zurückbleibt, ist im Bestand und im chemischen Aufbau genetisch verwandt mit den zerstreuten Bitumina.

Nachstehendes Schema der Klassifikation der Bitumina kann angeführt werden:

Tabelle 12

Schema der Klassifikation der Bitumina

I. Klasse: Erdölbitumina

A. Bitumina der Erdölmuttergesteinsfolgen

B. 1. Bitumina, die an der Zusammensetzung des Erdöls beteiligt sind

2. Bitumina, die das Produkt der diagenetischen Umwandlung und der Zerstörung des Erdöls sind

3. Bitumina, die das Produkt der Polymerisation des Erdgases sind

II. Klasse: Sapropel-Humus-Bitumina

III. Klasse: Bitumina der Liptobiolithe

Einen Erdölgeologen interessieren unter Feldbedingungen in erster Linie Bitumina, die ihrer Entstehung nach mit Erdölmuttergesteinen zusammenhängen oder aus Erdöl entstanden sind.

Zu den aus Erdöl entstandenen Bitumina gehören z. B. die Erdölasphalte, die sich aus Produkten der Polymerisation und Verwitterung der Erdöle bilden, und Ozokerit, das hauptsächlich aus festen Kohlenwasserstoffen der Paraffinreihe besteht.

Zu den Bitumina der Erdölreihe gehört das eingedickte, schmiereartige Erdöl, das in einzelnen Einschlüssen im Gestein anzutreffen ist. Neben diesen Bitumina, die mit dem Erdöl offenbar zusammenhängen, werden Bitumina in Form von Einschlüssen in Kavernen und Kluftausfüllungen sowie dispers verteilt angetroffen, deren Zusammenhang mit dem Erdöl nicht ganz klar ist. In einer besonderen Gruppe werden die Bitumina zusammengefaßt, die zu den Asphaltiten gehören und in Form von Gängen lagern oder Klüfte ausfüllen. Zu ihnen gehören: Manjak, Gilsonit, Grakamit, Asphaltit u. a.

Unter Feldbedingungen gelingt es nicht immer, zu bestimmen, welches Bitumen gefunden wurde, aber in allen Fällen ist es erforderlich, das geologische Milieu der Lagerung des Bitumens genau zu erforschen.

Außer den löslichen Bitumina gibt es solche, die sich in organischen Lösungsmitteln nicht oder nur in unbedeutenden Mengen auflösen, die aber beim Erhitzen lösliche Bitumina absondern.

Der Zusammenhang dieser Bitumina, man nennt sie auch häufig Pyrobitumina, und der Gesteine, die sie enthalten, mit den Erdölen ist nicht vollständig geklärt, aber beim Auffinden solcher Bitumina müssen die Schichten bemustert werden.

Dazu gehören: Kerite, Antraxolite und einige andere. M. W. Abramowitsch führt nachstehende Zusammenfassung der Untersuchungsverfahren von erdölführenden, bituminösen und pyrobituminösen Gesteinen an (s. Tabelle 13).

2.2.5. Vorgetäuschte Erdölaustritte

Bei einer Untersuchung der Erdölaustritte muß man große Sorgfalt anwenden, um Fehler zu vermeiden, da Anzeichen angetroffen werden können, die rein äußerlich den Anzeichen des Erdöls ähneln, aber mit ihnen nichts gemein haben. Auch werden Spuren einer Erdölführung angetroffen, die mit Erdöllagerstätten in der Tiefe in keinem Zusammenhang stehen.

Als erdölführende Gesteine wurden manchmal Gesteine angesehen, die durch Eisensulfid, verwittertes braunes Eisenerz usw. dunkel gefärbt waren. Mit dem Benzinauszug ist der Fehler leicht festzustellen. In Australien wurden Exkremente von Säugetieren, die lockere Sandsteine durchtränkten, als Erdöl angesehen. Durch Erhitzung einer solchen Probe und das Behandeln mit einem Lösungsmittel läßt sich der Fehler, wie auch im ersten Falle, feststellen.

Für Anzeichen einer Erdölführung können Gesteinsfunde gehalten werden, die mit Harz und Teer durchtränkt sind, die wiederum das Produkt einer trockenen Holzdestillation sind. Im Abschnitt 2.2.3. sind die falschen Filme auf dem Wasser beschrieben.

Manchmal findet man auch Anzeichen von echtem Erdöl; aber diese Anzeichen sind dennoch vorgetäuscht, da sie nicht mit Lagerstätten im Zusammenhang stehen.

Tabelle 13

Übersicht der Untersuchungsverfahren von erdölführenden, bituminösen und pyrobituminösen Gesteinen (nach M. W. ABRAMOWITSCH)

A. Erdölführende und bituminöse Gesteine

<table>
<tr><td>1. Geruch</td><td>Kennzeichnender Geruch beim Anschlag mit dem Hammer. Geruch im kalten oder im erhitzten Zustand.</td><td rowspan="4">Diese Proben liefern kein eindeutiges Ergebnis und weisen auf die Notwendigkeit der Probe Nr. 5 (a oder b) hin. Bei positivem Ergebnis wird die Entscheidung über die Erdölführung des gegebenen Gesteins erhärtet.</td></tr>
<tr><td>2. Benetzung mit Wasser</td><td>Das Gestein ist mit Wasser nicht benetzbar. Das Wasser rollt in Tropfen ab und haftet nicht.</td></tr>
<tr><td>3. Auftreten eines Films auf Wasser</td><td>Beim Eintauchen einer Gesteinsprobe in Wasser zeigen sich an der Oberfläche irisierende Filme; die Filme können sich erst nach dem Kochen von zerkleinertem Gestein im Wasser oder in einer schwachen Salzsäurelösung zeigen. Beim Bearbeiten zerkleinerter Karbonatgesteine mit dieser Lösung ist manchmal ein Überziehen der Kohlensäurebläschen mit erdölähnlichen Filmen zu beobachten.</td></tr>
<tr><td>4. Fleck auf dem Papier</td><td>Drückt man eine Gesteinsprobe auf Papier, so zeigt sich ein Fettfleck.</td></tr>
<tr><td>5. Probe mit Lösungsmitteln</td><td>a) Färbung von Benzin oder anderen Lösungsmitteln: gelb, braun, graubraun oder schwarz.
b) Auflösung in Azeton und Bildung einer Emulsion nach Zugabe von Wasser.
c) Alkohol/Benzol, Chloroform, Schwefelkohlenstoff, Tetrachlorkohlenstoff extrahieren lösliche Bitumina, die das Lösungsmittel färben.</td><td>a) Offensichtliches Anzeichen einer Erdölführung. Ist dieses Merkmal und das Anzeichen Nr. 1 vorhanden, sind andere Proben überflüssig.
b) Diese Probe wird durchgeführt, wenn Geruch (Anzeichen Nr. 1) auftritt; sie weist auf die Existenz eines schwach gefärbten Erdöls im Gestein hin.
c) Probe wird bei stark verwitterten Gesteinen angewandt. Fehlen andere Anzeichen einer Erdölführung, so bringt die Probe keine eindeutigen Ergebnisse und kann nur auf das Vorhandensein von dispersen Bitumina im Gestein hinweisen.</td></tr>
<tr><td>6. Erwärmung im Reagenzglas</td><td>Kennzeichnender Geruch, Aufflammen des sich absondernden Gases, Bildung eines Destillats flüssiger Bitumina im kalten Teil des Reagenzglases.</td><td>Fehlen andere Anzeichen, so bietet die Probe keine eindeutigen Ergebnisse. Sie weist auf die Notwendigkeit hin, weitere Anzeichen in den gegebenen Schichten zu suchen.</td></tr>
</table>

Fortsetzung Tabelle 13

B. Pyrobituminöse Gesteine

1. Geruch beim Anschlagen mit dem Hammer	Kennzeichnender Geruch (nach Bitumen, verbranntem Horn, verbranntem Gummi, schwefligem Anhydrit, Ammoniumchlorit u. a.).	Bei positiven Ergebnissen erübrigen sich die Proben Nr. 3 und Nr. 4.
2. Erhitzen an offener Flamme	Glimmen, Aufflammen, Brennen.	
3. Glühen im Stück (mit Oxydationsflamme) mit dem Lötrohr	Die gleichen Erscheinungen. Dunkler Ring um die erhitzte Stelle.	Bei positiven Ergebnissen erübrigt sich die Probe Nr. 4.
4. Glühen des zerkleinerten Gesteins im Reagenzglas	Kennzeichnender Geruch, Aufflammen des sich aus dem Reagenzglas absondernden Gases, Bildung von Destillaten flüssiger Bitumina im kalten Teil des Reagenzglases.	
5. Probe mit Lösungsmitteln	Alkohol/Benzol, Chloroform, Schwefelkohlenstoff, Tetrachlorkohlenstoff lösen bei der Extraktion eine unbedeutende Menge disperser, löslicher Bitumina aus dem Gestein, die sich nach der Verdunstung des Lösungsmittels absondern. Diese Bitumina können wachsartigen oder erdölartigen Charakter aufweisen.	Diese Probe wird dann gemacht, wenn eindeutige Ergebnisse bei der Probe Nr. 2 vorliegen.

Auf einem Fluß wurden intensive Anzeichen in Form von Erdölstreifen entdeckt. Das Auftreten von Erdöl auf dem Wasser konnte durch keinerlei Verschmutzung des Wassers durch Schiffe oder Betriebe erklärt werden, da der Fluß erstens nicht schiffbar war und es zweitens an diesem Fluß keine Betriebe gab, die Erdölprodukte verbrauchten. Die Austrittsstelle wurde gefunden. Bei einer Untersuchung des Flußbettes an der Austrittsstelle des Erdöls wurde ein versenktes Motorboot entdeckt, in dem ein Behälter mit Erdöl enthalten war. Das aus dem Behälter aussickernde Erdöl schuf eben die Erdölanzeichen.

In der Volksrepublik China, auf einer der Inseln des Flusses Van-pu, unweit von Schanghai, wurden mit Erdöl getränkte Sande angetroffen. Im Weichbild der Stadt Schanghai gibt es eine große Anzahl von Brunnen und Bohrungen, aus denen brennbares Gas ausströmt und verbraucht wird. Das Gas setzt sich zum großen Teil aus Methan zusammen und enthält ebenfalls schwere Kohlenwasserstoffe. Vermutungen wurden ausgesprochen, daß sich im Bereich der Insel ein Erdölaustritt befände. Die chemische Untersuchung des gesammelten Erdöls ergab, daß es sich um vom Wasser herangeführtes Erdöl und Schmierfette handelt.

Ähnliche „Erdölerscheinungen" hat man an den Ufern von Australien beobachtet.

Erdölerscheinungen wurden im Zusammenhang mit dem Auslaufen von Erdöl aus Behältern beobachtet. In Kalifornien wurde am Gebirge von Long Beach das Aussickern von Erdöl weit entfernt von der Leckstelle einer beschädigten Ölleitung beobachtet. In Baku wurde beim Abteufen eines Schluckbrunnens auf dem Gelände eines erdölverarbeitenden Werkes ein helles Öl entdeckt. Ein helles, durchsichtiges „Erdöl“ wurde in Surachany zu Beginn des Aufschlusses dieser Lagerstätte gefördert. Das Auffinden von hellem Erdöl stellte zunächst nichts Außergewöhnliches dar. Eine Analyse zeigte jedoch, daß es sich um die Benzinfraktionen des Erdöls handelt. Im vorigen Jahrhundert, als das Benzin noch keine Verwendung gefunden hatte und man es bei der Verarbeitung zu Leuchtpetroleum erhielt, wurden große Benzinmengen weggeschüttet. Das Benzin versickerte in das Gestein und schwamm auf dem Grundwasser. Nach Jahrzehnten wurde das Benzin entdeckt und fälschlich für den Austritt von weißem Erdöl gehalten. In den meisten Fällen kann man durch eine Analyse des „Erdöls“ oder durch die Untersuchung des geologischen Aufbaus bestimmen, ob solche Funde auf einen möglichen Zusammenhang mit Lagerstätten hinweisen oder nicht.

Es werden auch komplizierte Fälle angetroffen. In Baku wurde beim Ausheben der Baugrube für das Fundament des Hotels „Intourist“ ein Heraussickern von Erdöl bemerkt. Das Hotel wurde im Nordwestteil des periklinalen Endes der Bibi-Eibat-Antiklinale gebaut. Der Austritt des Erdöls war nicht an Lockermassen, sondern an anstehende Gesteine gebunden. Abgesehen davon, daß das Erdöl weit von der Faltenachse und außerhalb der Konturen der Erdölführung aller zur Zeit bekannten erdölführenden Schichten angetroffen wurde, konnte es nur auf Störungsflächen vorgedrungen sein. Die Geologen waren nicht in der Lage, positive oder negative Schlußfolgerungen zu treffen. Bei einer Untersuchung des Erdöls stellte sich heraus, daß es hauptsächlich aus Petroleumfraktionen zusammengesetzt war. Durch Befragen von alten Leuten konnte festgestellt werden, daß hier einst ein Petroleumlager gestanden hatte. Infolge von Leckage reicherte sich das Petroleum über dem Grundwasser an.

Nicht ohne Interesse ist, zu erwähnen, daß unabhängig von diesem Fund nach einigen Jahren durch Bohrungen, die unweit vom Hotel „Intourist“ angesetzt wurden, eine erdölführende Schicht erschlossen wurde.

2.2.6. Gasaustritte — Gasquellen

An der Erdoberfläche trifft man eine große Anzahl von Gasaustritten an, aber sie liefern nicht alle brennbare Gase. Nicht alle brennbaren Gase hängen mit Erdöl- und Erdgaslagerstätten zusammen. Der Erdölgeologe muß bei Feldarbeiten seine Aufmerksamkeit auf das geologische Milieu der Austritte beliebiger Gase, sowohl der brennbaren wie auch der nichtbrennbaren, lenken und sie untersuchen, da ihre Untersuchung gestattet, über das Vorhandensein oder Fehlen von Perspektiven einer Erdöl- und Erdgasführung Folgerungen zu ziehen.

Nach den Bedingungen, unter denen Gas in der Natur angetroffen wird, kann man die Gase in vier Gruppen einteilen:

1. freie Gase (atmosphärische Gase);
2. Gase, die im Erdinnern eingeschlossen sind (Gase der Lithosphäre);
3. Gase, die im flüssigen Medium eingeschlossen sind (Gase der Hydrosphäre);
4. Gase der organischen Welt (Austauschprozesse).

In Tabelle 14 ist eine Klassifikation der natürlichen Gase der zweiten und dritten Gruppe angeführt.

Nach der Brennbarkeit werden die Naturgase in brennbare und nichtbrennbare unterteilt. Das größte Interesse des Erdölgeologen wecken die brennbaren Gase. Ihrer Entstehung nach können die Austritte brennbarer Gase in Zusammenhang stehen:

1. mit gasführenden Schichten;
2. mit erdölführenden Schichten;
3. mit fossilen Kohlen;
4. mit der Zersetzung von organischen Substanzen im Boden;
5. mit Austritten von Tiefengas.

Das Gas der Erdöl- und Erdgaslagerstätten wird durch einen hohen Gehalt an Methan, Propan und durch schwere Kohlenwasserstoffverbindungen gekennzeichnet. Im Gas einer Gaslagerstätte sind an schweren Verbindungen nur unbedeutende Mengen enthalten, während im Gas einer Erdöllagerstätte ihre Menge einige Prozent betragen kann.

Neben den gasförmigen Kohlenwasserstoffen enthalten die brennbaren Gase manchmal bedeutende Mengen anderer gasförmiger Elemente und Verbindungen. Dies erschwert eine exakte Unterteilung der Gase nach ihrer Zusammensetzung.

Tabelle 14

Klassifikation der Naturgase der Lithosphäre und Hydrosphäre nach ihren Vorkommen (nach I. W. Wysozky)

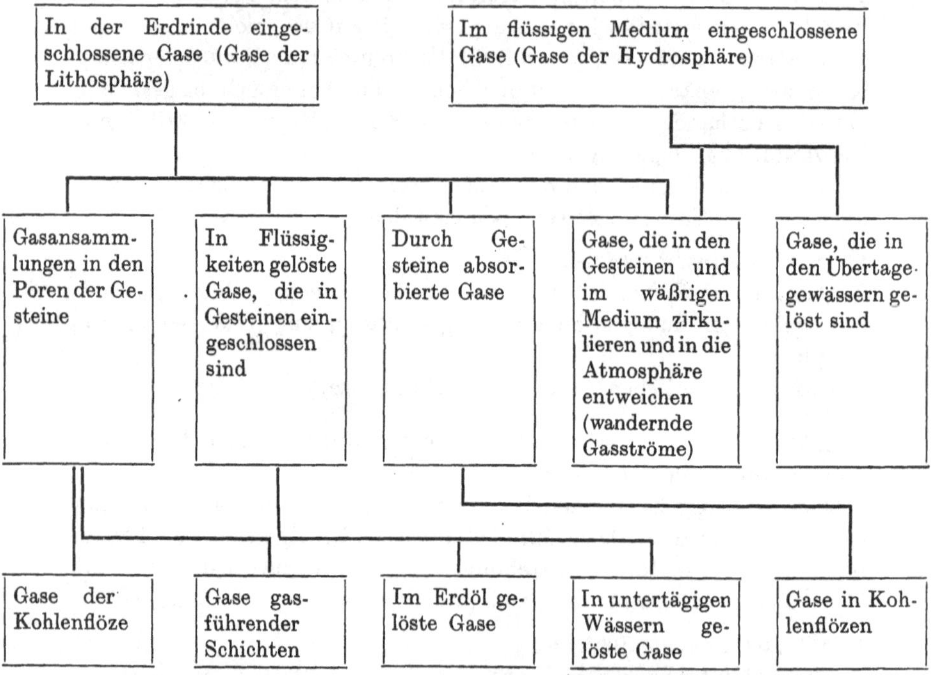

I. W. Wysozky unterteilt die Kohlenwasserstoffgase in drei chemische Hauptgruppen:

1. Kohlenwasserstoffgase;
2. Kohlenwasserstoff-Kohlendioxyd-Gase;
3. Kohlenwasserstoff-Stickstoff-Gase:
   a) Kohlenwasserstoff-Stickstoff-Gase, arm an Helium;
   b) Kohlenwasserstoff-Stickstoff-Gase, heliumführend.

Wie bereits erwähnt wurde, enthält das Gas der Gaslagerstätten bei hohem Methangehalt (85–99,7%) geringe Mengen an Äthan, Propan und schweren Homologen. In den Gasen von Erdöllagerstätten beträgt der Methangehalt 30 bis 95%. Der Rest entfällt vorwiegend auf den Anteil anderer gasförmiger Kohlenwasserstoffe. Die Gase von Kohlenlagerstätten enthalten Methan, sie enthalten aber kein Äthan, Propan usw. Kohlenwasserstoff-Kohlendioxyd-Gase und Kohlenwasserstoff-Stickstoff-Gase enthalten häufig außer großen Mengen an Methan (bis zu 84%) bedeutende Mengen schwerer gasförmiger Kohlenwasserstoffe. Häufig sind die Kohlenwasserstoff-Stickstoff-Gase an Erdöllagerstätten gebunden. So wurde z. B. in der Krasnokomsker Lagerstätte (UdSSR) ein Gas angetroffen, das sich zusammensetzte aus Methan (19,4%), schweren gasförmigen Kohlenwasserstoffen (48,6%), Stickstoff (21,2%), Kohlendioxyd (0,4%) und Schwefelwasserstoff (0,4%).

Die genaue Zusammensetzung des Gases kann man nur in einem Laboratorium durch eine Analyse in speziellen Apparaturen ermitteln. Bei den während der Feldarbeit gegebenen Möglichkeiten kann man brennbare Gase unterteilen in solche mit Schwefelwasserstoff und solche ohne Schwefelwasserstoff. Der Schwefelwasserstoff im Gas läßt sich nach dem spezifischen Geruch sehr leicht bestimmen.

Gasaustritte unterscheiden sich von Erdölaustritten, obwohl gemeinsame Erdöl- und Erdgasaustritte sehr häufig zu beobachten sind. Das Gas ist beweglicher als das Erdöl und fähig, durch Poren und Klüfte von solch geringen Abmessungen auszuströmen, durch die das Erdöl nicht auszufließen vermag. Es genügt, wenn Wasser eine unbedeutende Verbindung mit der Oberfläche bahnt, und das Gas wird zusammen mit dem Wasser aus der Lagerstätte entweichen. Der Schichtdruck übertrifft in den Erdöl- und Erdgaslagerstätten häufig den hydrostatischen Druck; dies führt zur Öffnung von Verwerfungs- und Kluftflächen, auf denen das Gas der Zone des geringeren Druckes der Oberfläche zustrebt.

Möglicherweise werden deshalb Gasaustritte bedeutend häufiger als Erdölaustritte angetroffen, aber die Gasaustritte sind bedeutend schwerer zu erkennen. Tritt ein Gasstrahl unmittelbar an die Luft aus, so findet man schwache Gasaustritte nur zufällig. Wenn das Gas schwere Kohlenwasserstoffe enthält, so kondensieren sich diese zum Teil an der Erdoberfläche, und bei hellgefärbtem Gestein tritt die Gasaustrittsstelle durch dunklere Färbung hervor.

Im Winter kann man die Gasaustrittsstellen manchmal am Dunklerwerden des Schnees bemerken. Im Sommer, an ruhigen windlosen Tagen, kann man bei bedeutenden Gasaustritten über der Austrittsstelle ein leichtes Kräuseln, eine sichtbare Luftschwingung, beobachten.

Am besten erkennbar sind die Gasaustritte dann, wenn sie mit Wasseraustritten zusammenhängen oder an Gewässer gebunden sind.

Ihrer Stärke nach können die Gasaustritte unterschiedlich sein, von vereinzelten Gasbläschen, die an die Oberfläche des Wassers steigen, bis zu Gasfontänen.

Austretende Gase, die mit Erdöl- und Erdgaslagerstätten in Zusammenhang stehen, unterteilt man in trockene und nasse Gase. Das trockene Gas besteht aus Methan mit unbedeutendem Gehalt an schweren Kohlenwasserstoffen. Das nasse Gas enthält außer Methan auch Äthan, Propan u. a. Der Gehalt an schweren Kohlenwasserstoffen im nassen Gas kann einige Prozent betragen. Das nasse Gas ist am spezifischen Erdölgeruch leicht zu erkennen. Wenn ein Gas keinen Erdölgeruch aufweist, muß man beim Zuordnen zum Erdölgas vorsichtig sein. Dieses Gas kann, ungeachtet der Brennbarkeit, Sumpfgas (Methan) sein.

Gasführende Gesteine sind, zum Unterschied von den erdölführenden, nur schwer und häufig überhaupt nicht zu bestimmen, da beim Ausstreichen einer gasführenden Schicht in ihr keine sichtbaren Gasanzeichen zurückbleiben.

Beim Auffinden einer Gasquelle muß man vor allem feststellen, ob das Gas brennt und ob ein Geruch wahrnehmbar ist. Die Untersuchung der Brennbarkeit des Gases ist sehr vorsichtig durchzuführen. Man soll niemals eine Gasquelle anzünden, da dies zur Explosion führen kann.

Zur Bestimmung der Brennbarkeit des Gases muß man über den Gasaustritt einen metallenen Krug oder eine leere Konservendose mit dem Boden nach oben halten. Man entferne sich rasch von der Austrittsstelle und halte ein brennendes Zündholz unter den Behälter. Brennt das Gas, so erfolgt ein Aufflammen. Bei bedeutenden Gasaustritten, bei Gasaustritten in Bodensenken und Schluchten darf man, um Explosionen zu vermeiden, in der Nähe der Austrittsstelle keine Versuche durchführen.

Wenn die Möglichkeit besteht, ist die Fördermenge der Gasquelle zu bestimmen. Wenn das Gas in Bläschen aus dem Wasser aufsteigt, kann man die ausströmende Gasmenge annähernd bestimmen, indem man die Anzahl der aufsteigenden Gasbläschen pro Minute ermittelt. Die Fördermenge an Gas bestimmt man in Kubikmeter pro 24 Stunden. Nehmen wir an, daß sich in der Quelle pro Minute 11 Gasbläschen von annähernd 4 cm Durchmesser absondern.

Das Volumen des Gasbläschens beträgt: $\frac{4}{3} \pi r^3$, also

$$\frac{4}{3} \cdot 3{,}14 \cdot 8 = 33{,}5 \text{ cm}^3.$$

In einer Minute sondern sich ab:

$$33{,}5 \cdot 11 = 368{,}5 \text{ cm}^3,$$

in 24 Stunden also:

$$368{,}5 \cdot 60 \cdot 24 = 530640 \text{ cm}^3,$$

folglich etwa 0,5 m^3 Gas in 24 Stunden.

Sondert sich das Gas aus der Quelle ungleichmäßig ab, so ist zur Berechnung die Durchschnittszahl der Gasbläschen anzunehmen, die aus einigen Beobachtungen bestimmt wird.

Häufig steigen vom Boden des Wasserbeckens mehrere Gasströme auf. Bei der Fördermengenbestimmung wird zuerst die Fördermenge der einzelnen Austritte bestimmt; dann werden die Fördermengen addiert. Die Fördermenge schwacher Gasquellen bestimmt man nicht durch Auszählung der Gasbläschen, sondern durch eine Messung des Gasvolumens mittels einer Meßflasche. Hierfür deckt man den Gasaustritt mit einem Trichter zu, der mit einem Gummischlauch (s. Abb. 5) versehen ist, und führt den Schlauch in eine mit Wasser gefüllte Flasche. Das Volumen der Flasche wird bis zu einer bestimmten Markierung im voraus bestimmt. Sobald das Gas in die Flasche eindringt, verdrängt es das Wasser. Wenn wir die Zeit, während der sich die Flasche mit Gas füllt, ermitteln, so können wir die Fördermenge des Gases pro 24 Stunden berechnen.

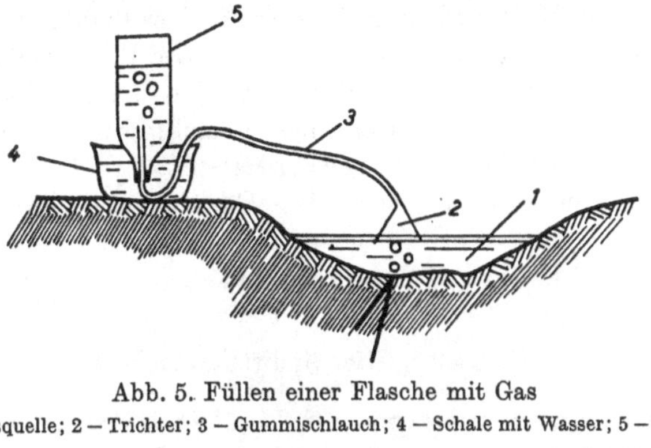

Abb. 5. Füllen einer Flasche mit Gas
1 – Gasquelle; 2 – Trichter; 3 – Gummischlauch; 4 – Schale mit Wasser; 5 – Flasche

Die Entnahme von Gas für die Untersuchungen im Laboratorium erfolgt ebenfalls mittels Meßflasche. Dabei muß man darauf achten, daß keine Luft in die Flasche eindringt. Bei Gasaustritten an die Luft überdeckt man den Gasstrahl mit dem Trichter und verschmiert die Ränder gut mit Ton.

Tritt das Gas aus einem engen Erdriß, so führt man ein Röhrchen von geringem Durchmesser in den Erdriß ein und verschmiert die übrigen

Stellen mit Ton so, daß das austretende Gas ohne Luftzutritt in das Röhrchen eindringen kann.

Das Gefäß, mit dem die Gasprobe entnommen wird, füllt man möglichst mit abgekochtem Wasser, da ungekochtes Wasser gelöste Luft enthält. Wenn der Gasaustritt aus stagnierendem Wasser erfolgt und das Wasser klar ist, so kann das Gefäß mit Wasser aus diesem Wasserbecken gefüllt werden.

Meist entnimmt man mindestens zwei Gasproben von je 1,5 bis 2 Liter Gas von jeder zu untersuchenden Stelle. Die Flasche wird mit einem Etikett versehen mit Ortsangabe des Gasaustritts, der Zeit der Probenahme und dem Namen des Probenehmers.

Bevor das Rohrende in die mit Wasser gefüllte Flasche eingeführt wird, muß das Rohr mit Gas durchblasen werden. Beim Einführen des Rohres in die Flasche ist es mit Gas zu füllen. Das Füllen der Flasche mit Gas ist so durchzuführen, daß im Flaschenhals 5 cm Wasser zurückbleiben.

Nachdem die Flasche mit Gas gefüllt ist, zieht man das Rohr heraus und schließt die Flasche, ohne sie aus dem Wasser zu heben, dicht mit einem Pfropfen. Das in der Flasche zurückgebliebene Wasser dient als Wasserverschluß. Die verschlossene Flasche wird, ohne sie umzukippen, aus dem Wasser gehoben, der Hals und der Pfropfen werden trockengerieben, und der Hals wird einige Male in flüssiges Paraffin eingetaucht. Bei der Aufbewahrung und beim Transport wird die Flasche mit dem Hals nach unten gehalten. Das Etikett wird so aufgeklebt, daß man beim Lesen des Etiketts die Flasche nicht umzukippen braucht, da sonst der hermetische Verschluß nicht gewährleistet ist.

Eine allgemeine Charakteristik der Gasaustritte gibt Tabelle 15 (Seite 51).

2.3. Erdöl- und Erdgasbegleiter (indirekte Anzeichen)

Außer den direkten Anzeichen für Erdöl und Erdgas, die im Abschnitt 2 betrachtet wurden, gibt es noch andere Lagerstättenanzeichen.

Diese Anzeichen können auf das mögliche Vorhandensein von Erdöl- und Erdgaslagerstätten hinweisen, obwohl bei diesen Anzeichen oft kein einziger Tropfen Erdöl oder kein einziges Bläschen Erdgas vorkommen. Diese besondere Art von Anzeichen hängt mit Erdöllagerstätten eng zusammen und begleitet Erdöl und Erdgas fast immer. Zu diesen Begleitern gehören die Schlammvulkane, die plötzlich als Inseln m Meer auftauchen, Salzwässer u. a.

Tabelle 15
Charakteristik der Gasaustritte
(nach I. O. BROD & E. F. FROLOW)

Anzeichen	Charakteristik
Vorkommen	Über die gesamte Erde verbreitet, hauptsächlich an Gebiete der Vorgebirge und Ebenen gebunden, die verdeckte Faltenstrukturen im Erdinnern einschließen.
Größe	Von großen Gasausbrüchen, die zur Entstehung von Schlammvulkanen führen, bis zu Mikroaustritten, die nur von der Gasaufnahme erfaßt werden können.
Farbe	Farblos. Sind Dämpfe schwerer Kohlenwasserstoffe vorhanden, so bilden sie schwach irisierende Filme an der Oberfläche.
Rest	Üblicherweise lassen sie keinerlei Spuren zurück.
Begleiter	Üblicherweise Salzwasser, manchmal Schwefelwasserstoff und Stickstoff.
Fundstelle	Am häufigsten in Zusammenhang mit tonigen Gesteinen (Schiefern und Mergeln).

2.3.1. Die Schlammvulkane

In Aserbaidshan, auf den Halbinseln Kertsch und Mamai, in Grusinien, in Turkmenien (UdSSR), auf Neuseeland, auf der Insel Java, in Birma, in der Volksrepublik China, in Rumänien, in Italien, auf dem Territorium einiger Staaten der USA, auf der Insel Trinidad, in Venezuela usw. kennt man eigenartige geologische Erscheinungen, die die Bezeichnung Schlammvulkane erhalten haben. Während der periodischen Ausbrüche solcher Vulkane wird das zerbrochene Gestein, die Schlammvulkanbrekzie, die in Abhängigkeit vom Wassergehalt fast trockene Massen oder flüssigen Schlamm darstellt, zur Oberfläche ausgetragen.

Die Schlammvulkanbrekzie fließt wie die Lava der feuerspeienden Vulkane aus, staut sich und bildet Anhöhen, die manchmal einige hundert Meter Höhe erreichen. Zusammen mit der Brekzie wird auch Gas ausgebracht, häufig mit Wasser und Erdöl in Form von Schlieren und Häutchen. Das aus dem Erdinnern entweichende Gas kann sich entzünden; dann ergibt sich ein Bild, das dem Ausbruch eines echten Vulkans ähnelt.

Die Wässer der Schlammvulkane sind in der Regel schwach mineralisiert, sulfatlos, alkalisch und selten chlorkalziumhaltig.

Im Wasser wird ein erhöhter Gehalt an Jod, Brom und Bor vermerkt. Das Gas setzt sich in der Hauptsache aus Methan zusammen (bis zu 98%), mit einem geringen Gehalt an schweren Kohlenwasserstoffen (unter 1%). Im Gas wird Kohlendioxyd (bis zu 18%) angetroffen. Die Gase einiger Schlammvulkane enthalten einige Prozent Stickstoff und Bruchteile eines Prozents an Helium und Argon.

Einige Forscher verweisen auf den Unterschied in der Zusammensetzung der Gase der Schlammvulkane, die an Kreideablagerungen, und derer, die an Tertiärablagerungen gebunden sind.

Die Gase der Schlammvulkane, die an Kreideablagerungen gebunden sind, enthalten mehr Stickstoff und seltene Gase.

In der Regel treten die Schlammvulkane bei Diapirfalten, an Stellen der plötzlichen Verbiegung antiklinaler Linien und an Bruchzonen auf.

Das Auftreten des Schlammvulkanismus hängt indirekt mit der Gas- und Erdölführung zusammen, worauf folgendes hinweist:

1. die geographische Verbreitung der Schlammvulkane;
2. der stratigraphische und petrographische Zusammenhang der Schlammvulkanbrekzie mit Gesteinen, die Erdöl- und Erdgaslagerstätten enthalten.
3. Das geochemische Milieu ist analog dem geochemischen Milieu der Erdöl- und Erdgaslagerstätten.

Der Zusammenhang der Schlammvulkane mit Diapirfalten, die ergiebige erdölführende Strukturen darstellen, und die anderen aufgezählten Besonderheiten des Auftretens des Schlammvulkanismus machen die Schlammvulkane zu Anzeichen für Erdöl- und Erdgaslagerstätten.

Die Schlammvulkane stellen Entlüftungsöffnungen dar, aus denen das Gas von Zeit zu Zeit ausbricht. Die Herkunft des Gases ist umstritten. Einige Forscher sind der Ansicht, daß das Gas aus den Erdölmuttergesteinsfolgen stammt, andere vermuten wieder, daß das Gas aus noch größeren Tiefen heraufsteigt.

Wie dem auch sei – das Gas der Schlammvulkane stammt nicht aus den erdöl- und erdgasführenden Schichten. Aller Wahrscheinlichkeit nach ist das Gas der Erdöl- und Erdgaslagerstätten auf gleiche Weise entstanden, was auch den Zusammenhang der Schlammvulkane und der Erdöllagerstätten erklärt.

Außer den Schlammvulkanen, die als Vulkankegel aufragen und aus Schlammvulkanbrekzien zusammengesetzt sind, gibt es auch Schlammvulkane, die ihre Tätigkeit eingestellt haben, erodiert und durch jüngere Ablagerungen teilweise überdeckt wurden.

Abb. 6. Gipfel des Schlammvulkans Saachtarmin

Im Vordergrund eine Grifonöffnung, aus der Wasser, Schlamm und Gasabscheidungen gefördert werden

Abb. 7. „Salse“: Vulkanähnlicher Kegel, aufgebaut durch erdgasführendes Schlammwasser

Paclele mici bei Buzeu, Rumänien (Foto Kelterborn). Aus der Zeitschrift „Der Naturforscher“, Jg. 12 (1935), S. 200, Hugo Bermühler-Verlag, Berlin-Lichterfelde

Abb. 8. Schlammvulkan

Ein solcher „fossiler“ Schlammvulkan wurde in Bibi-Eibat (Baku) gefunden. Abb. 6, 7 und 8 zeigen Photographien einiger Schlammvulkane. Schlammvulkane bilden sich nicht nur an der Erdoberfläche, sondern steigen auch vom Meeresboden auf und bilden unbeständige Inseln. Diese Inseln sind klein und flach, werden vom Wellenschlag unterspült und verschwinden schließlich unter der Wasseroberfläche, bis sie durch einen neuen Ausbruch wieder auftauchen.

Im Kaspischen Meer, in der Nähe der Halbinsel Apscheron und auch südlich davon, sind solche Inseln mehrfach entstanden. Am 7. Mai 1861 hat sich die Insel Kumani, die 3,5 m hoch, 87 m lang und 66 m breit ist, gebildet. Durch die Wellen des Kaspischen Meeres wurde die Insel allmählich unterspült. Am 10. Oktober 1924 begann unweit des Nordostteils der Halbinsel Apscheron im Meer ein Ausbruch, und es tauchte die neue Insel Busowninskaja Sopka auf. Das war schon ihr zweites Auftreten. Bereits 1915 entstand an dieser Stelle ebenfalls für kurze Zeit eine Insel. Solche Inseln entstanden auch längs des östlichen Küstengebiets des Kaspischen Meeres in der Nähe von Krasnowodsk. Mehrfach sind Inseln im Meer in der Nähe der Taman-Halbinsel entstanden. Im November 1910 erhob sich in der Nähe der südwestlichen Küste der Insel Trinidad, 3 km von der Küste entfernt, eine Insel mit einer Gesamtfläche von

10000 m². Sie wurde aber sehr schnell unterspült. Schlammvulkaninseln entstanden auch an anderen Stellen.

Die Abb. 9 zeigt die Schlammvulkaninsel Banka-Liwakowa, die etwa 90 km südwestlich von Krasnowodsk liegt. Die Zeichnung wurde nach einer Photographie angefertigt, die 1937 einige Tage nach dem Ausbruch des Unterwasserschlammvulkans aufgenommen wurde.

Abb. 9. Schlammvulkan-Insel Banka-Liwakowa

Aber nicht immer werden Schlammvulkaninseln schnell zerstört. Die Inseln des Kaspischen Meeres Duwanny, Bulla, Glinjany, Loss und Obliwnoi haben sich erhalten. Alle diese Inseln sind Schlammvulkane, die sich am Meeresgrund gebildet haben, und ihre Entstehung unterscheidet sich durch nichts von der Entstehung der Schlammvulkane auf dem Festland.

Die Unterwasserschlammvulkane sind an Durchspießungsantiklinalen gebunden und auf tektonischen Linien angeordnet. In allen Fällen, in denen der Kegel eines Unterwasserschlammvulkans eine solche Höhe erreicht, daß sein Gipfel aus dem Wasser herausragt, entsteht eine neue Insel. Häufig entstehen Inseln an Stellen, die von Seeleuten nur selten aufgesucht werden, und daher bleiben auch viele Inseln den Geologen unbekannt.

Die Inseln bieten dem Geologen Hinweise für die Streichrichtung der Falten; die in der Schlammvulkanbrekzie enthaltenen erdölgetränkten Gesteine geben Hinweise auf das Vorhandensein von Erdölmuttergesteinen oder von Erdölspeichergesteinen. Die Unterwasserschlammvulkane, die neuen Inseln, dienen als Anzeichen für Erdöl- und Erdgaslagerstätten.

Zur gleichen Gruppe von Begleitern kann man auch die sogenannten Bänke und die „Erdölsteine" zählen, die auf dem Meeresgrund angetroffen werden und submarine Anhöhen darstellen. Sie sind entweder Reste zerspülter Schlammvulkankegel oder Vulkane, deren Ausbrüche für die Entstehung von Inseln nicht genug Material geliefert haben.

In einigen Fällen stellen diese Anhöhen und „Steine" Scheitel zerspülter Antiklinalfalten dar. Im Kaspischen Meer können als Beispiele die „Steine" „Dwa Brata", „Newtjanye Kamni", „Banka 1906", „Banka Makarowa" usw. angeführt werden.

Auf den „Newtjanye-Kamni"-„Erdölsteinen" befindet sich heute das größte Erdölgewinnungszentrum auf dem Meer.

2.3.2. Die geochemischen Kennwerte einer Erdölführung

Schlammvulkane sind keine Allgemeinerscheinungen erdölführender Gebiete. Zu den Erscheinungen, die das Erdöl und Erdgas ständig begleiten, gehören einige geochemische Anzeichen bzw. Kennzeichen.

Unter der Bezeichnung „geochemische Anzeichen" verstehen wir die chemischen Besonderheiten der Gase, Wässer und Gesteine, die durch gemeinsame Entstehung oder Lagerung mit dem Erdöl und Erdgas bedingt sind. Diese Kennzeichen dienen als Anzeichen für eine Lagerstätte oder dafür, daß günstige Bedingungen für das Auftreten von Erdöl- und Erdgaslagerstätten gegeben sind.

Es wäre vielleicht richtiger, diese Anzeichen als physikalisch-chemische Anzeichen zu bezeichnen, aber der Fachausdruck „geochemische Anzeichen" hat breite Verwendung gefunden, obwohl diese Bezeichnung nicht allumfassend ist.

Die geochemischen Anzeichen können, im weiten Sinne dieses Ausdrucks, in direkte und indirekte Anzeichen unterteilt werden. Zu den direkten Anzeichen gehört das Auftreten von gasförmigen Kohlenwasserstoffen und von festen und flüssigen Bitumina in den Gasen, im Wasser, im Gestein und im Boden. Zu den indirekten Anzeichen gehören solche physikalisch-chemischen Besonderheiten der Gase, Wässer, Gesteine und Böden, die sich durch physikalisch-chemische Einwirkung des Erdölgases und des Erdöls gebildet haben.

Die indirekten geochemischen Anzeichen einer Erdöl- und Gasführung unterteilt man in zwei Kategorien. Zu den Anzeichen der ersten Kategorie oder der ersten Art gehören die Anzeichen, die auf das Vorhandensein von Lagerstätten indirekt hinweisen. Zu den Anzeichen der zweiten Kategorie gehören die, die auf Bedingungen hinweisen, die für die Erhaltung von Erdöl- und Erdgaslagerstätten günstig sind. In den nachfolgenden Abschnitten werden nur die Hauptgruppen der indirekten Anzeichen von Erdöl- und Erdgas kurz betrachtet.

2.3.3. Salzwässer und andere Vorkommen von Salz

Es gibt keine erdöl- und erdgasführende Provinz, in der Salz nicht als Salzwasser oder in anderen Formen auftritt. In der Provinz Szetschuan der Volksrepublik China wurde wohl die erste Erdölförderung der Welt durchgeführt, die Erdöl in geringen Mengen aus Bohrungen gewinnt, die auf Salzwasser niedergebracht werden. Die erste Bohrung in den USA, die einen wirtschaftlichen Erdölzufluß lieferte, wurde in Pennsylvanien niedergebracht und war auf Salz und nicht auf Erdöl angesetzt worden.

In den Erdöl- und Erdgaslagerstätten lagert das Salzwasser unterhalb und oberhalb des Erdöls, umsäumt das Erdöl und das Erdgas, durchtränkt zum Teil die erdöl- und erdgasführenden Schichten usw.

Beim Aufsteigen auf Verwerfungsflächen zur Oberfläche bilden die Wässer Solquellen. Je nach der gelösten Salzmenge ist das Wasser dieser Quellen schwach bis stark salzig. In den Solquellen wird häufig eine Ausscheidung von brennbaren Gasen beobachtet. Salzwässer sind fast unveränderliche Begleiter der Gasaustritte. Auch die Schlammvulkanbrekzie enthält Salzwasser. In den meisten Fällen sind die Solquellen nur unbedeutend. Ist im Erdinnern in ariden Gebieten Salzwasser vorhanden, so steigt, wenn das Wasser aus dem oberen Teil des Bodens verdunstet, das Salzwasser zur Oberfläche auf. Nach dem Verdunsten des Salzwassers bleibt auf der Erdoberfläche eine flimmernde Salzkruste zurück, die an schmelzendes Eis erinnert. Es bilden sich dann die Solontschak-Böden.

Das Salz wird nicht nur im Wasser gelöst angetroffen, sondern auch in Form von Salzmassiven/Salzdomen. Manchmal lagert das Salz in Form von Schichten in Wechsellagerung mit anderen Gesteinen. So lagert z. B. das Salz in Rumänien und im sowjetischen Teil der Karpaten in salzführenden Tonen. Man muß nicht annehmen, daß dort, wo man eine Solquelle oder einen Salzdom angetroffen hat, Erdöl und Erdgas vorhanden sind. Eine solche Annahme wäre falsch. Diese Erscheinung ist ein verläßliches Anzeichen für die Erdölführung eines großen Territoriums und nicht einer kleinen Fläche in der Nähe der Quelle. Die geologischen Bedingungen, die in den früheren geologischen Epochen zur Ansammlung des Salzes beigetragen und die Anlage der Salzdome begünstigt haben, waren für die Ansammlung organischer Stoffe, aus denen das Erdöl und das Erdgas entstanden sind, und für die Bildung von Erdöl- und Erdgaslagerstätten günstig. Die Ablagerung von Salz und die Entstehung von Salzstrukturen bilden häufig den Abschluß des Zeitraums der Entstehung von Erdöl- und Erdgaslagerstätten.

Die Schichtenwässer, die mit dem Erdöl zusammen lagern, sind nicht nur durch den Gehalt an Natriumchlorid, sondern auch durch eine spezifische chemische Zusammensetzung gekennzeichnet, die sie z. B. vom Salzwasser der Meere und Ozeane unterscheidet.

Die Wässer der Meere und Ozeane enthalten Sulfatanionen und Brom, sie enthalten aber keine Hydrokarbonatanionen und kein Jod[1]).

Das Wasser der Gewässer und die üblichen Untertagewässer enthalten Sulfat- und Hydrokarbonatanionen, sie enthalten aber weder Jod noch Brom.

Die Wässer der Erdölschichten und der wasserführenden Schichten, die in unmittelbarer Nähe der erdöl- und erdgasführenden Schichten lagern, sind gekennzeichnet durch den Gehalt an Hydrokarbonatanionen, Brom, Jod und häufig Bor, bei sehr geringem Gehalt bis zu vollständigem Fehlen von Sulfatanionen.

Die Wässer der erdöl- und erdgasführenden Folgen enthalten Naphthensäuren. Dieses Anzeichen ist ein direkter Beweis für die Verbindung solcher Wässer mit Erdöl.

Die Salzwässer, die mit Erdöl in Zusammenhang stehen, verändern bei ihrer Migration zur Oberfläche die Mineralisation und das spezifische Gewicht des Grundwassers.

Untersuchungen haben gezeigt, daß der Unterschied im spezifischen Gewicht des Grundwassers in der Nähe und in weiterer Entfernung von erdöl- und erdgasführenden Schichten feststellbar ist.

Einige Forscher vertreten folgende Ansicht: Wenn sich in der Tiefe Erdöl- und Erdgaslager befinden, trägt der durch die Schichtenfolge der Gesteine ununterbrochen zur Erdoberfläche ansteigende Gasstrom zum beschleunigten Verdunsten des Wassers und zur Anreicherung des Wassers mit Salzen bei.

---

[1] Das Meerwasser enthält Jod, aber die Menge ist äußerst gering ($5{,}0 \times 10^{-6}$ Gewichtsprozente). Wenn man folglich die Verbreitung des Salzes und den Bestand der Salzwässer erforscht, kann man nicht nur über die Perspektive eines großen Territoriums wichtige Folgerungen ziehen, sondern man kann auch Abschnitte aussondern, die besonders aufmerksam untersucht werden müssen.

2.3.4. Jod- und bromhaltige Quellen

Wie bereits gesagt, sind die Salzwässer der Erdöllagerstätten durch den Gehalt an Jod und Brom gekennzeichnet. Oft ist die Jodmenge nur unbedeutend und wiederum manchmal so groß, daß das Wasser zum Rohstoff für die Gewinnung von Jod und Brom wird. Aus den Wässern einiger Erdöllagerstätten Aserbaidshans, Dagestans, des Uralvorlandes usw. gewinnt man Jod und Brom.

Wenn das jod- und bromhaltige Wasser zur Erdoberfläche durchsickert, bilden sich jod- und bromhaltige Quellen. Solche Quellen gibt es in der UdSSR, in Rumänien, Bayern, Kolumbien und an anderen Stellen.

Jod und Brom wurden in den Wässern der Schlammvulkane und in der Schlammvulkanbrekzie angetroffen. Das Vorhandensein von Jod in den Schichtwässern bringt man mit der organischen Entstehung des Erdöls in Zusammenhang, da gewisse Seetange und lebende Organismen in erhöhten Mengen Jod enthalten. Wenn man die organische Entstehung des Erdöls anerkennt, wird das Vorhandensein von Jod im Wasser der erdölführenden Schichtenfolgen verständlich. Sowohl das Jod wie auch das Brom sind nur Begleiter des Erdöls und keine zuverlässigen Anzeichen von Erdöl- und Erdgaslagerstätten, da diese Elemente im Wasser auch nichterdölführender Provinzen angetroffen werden.

2.3.5. Schwefelquellen, Schwefelwasserstoff und Schwefel

Die Schichtwässer der Erdöllagerstätten, das Erdöl und das Erdölgas haben oft einen deutlichen Geruch nach Schwefelwasserstoff. Wasser kann bei einer Temperatur von 20 °C etwa 3 Volumina Schwefelwasserstoff auflösen. Schwefel geht in den Bestand aller Erdöle ein, aber seine Menge ist nur sehr gering und überschreitet selten 5%. Schwefel wurde im Erdöl sowohl in freier Form wie auch in gebundenem Zustand, in Form von schwefelhaltigen Verbindungen, vorgefunden. In den Erdölen findet man Schwefelwasserstoff, Merkaptane, Sulfide, Bisulfide, Tiophane und einige andere Verbindungen. Die Herkunft des Schwefelwasserstoffs und der anderen schwefelhaltigen Verbindungen ist nicht ganz klar. Ein Teil der Forscher bringt z. B. das Vorkommen des Schwefelwasserstoffs mit dem freien Schwefel in Verbindung, aber einen einwandfreien Beweis hat man hierfür nicht.

Das Auftreten von Schwefelwasserstoff in den Erdölwässern wird mit der Lebenstätigkeit der Schwefelbakterien in Zusammenhang gebracht. Die Möglichkeit ist nicht ausgeschlossen, daß der Schwefelwasserstoff durch das Erdöl aus den Schichtwässern absorbiert wird. Wie dem auch sei, die Paragenese der schwefelwasserstoffhaltigen Wässer mit dem Erdgas, den Erdölen, den flüssigen und festen Bitumina steht fest. Dieser Umstand verleiht dem Schwefelwasserstoff und den anderen Erscheinungsformen des Schwefels den Charakter von Suchanzeichen.

Wenn die schwefelwasserstoffhaltigen Wässer zur Oberfläche durchsickern, bilden sie schwefelhaltige Quellen. Schwefelquellen sind bedeutend häufiger als Solquellen. Außer am Geruch kann man die Schwefelwasserstoffquellen an dem kennzeichnenden schwarz-grauen Anflug am Boden der Quelle und des Wasserabflusses erkennen; das Quellwasser ist häufig durch disperses schwefliges Eisen dunkel gefärbt. Zahlreiche schwefelhaltige Quellen stehen mit Erdöllagern in Zusammenhang. Solche Quellen sind aus Aserbaidshan, aus dem Nordkaukasus, aus der Ukraine, aus Rumänien usw. bekannt.

Der Schwefelwasserstoff tritt nicht nur in gelöster Form an die Erdoberfläche, sondern auch in Form von Beimengungen im Erdgas und hauptsächlich in den übrigen Kohlenwasserstoffen. Es gibt Gasaustritte, die große Mengen an Schwefelwasserstoff enthalten. Austritte von Schwefelwasserstoffgas sind in Transkaukasien, in Mittelasien, in den USA und an anderen Stellen bekannt.

Außer Schwefelwasserstoff trifft man, in Vergesellschaftung mit ihm, auch Schwefelkies-, Schwefel- und Gipslager an.

Schwefelkies wird in der Schlotbrekzie der Schlammvulkane und in den Sanden der Erdölspeichergesteine angetroffen. Auf der Ebene Schor-Su in Usbekistan (UdSSR) lagert in erdölführenden Ablagerungen auch Schwefel. Das Erdöl und auch die Schichtwässer von Schor-Su enthalten Schwefelwasserstoff. Schwefel wird auch in der Schlotbrekzie der Schlammvulkane angetroffen. Gemeinsam mit Schwefel findet man ebenfalls häufig Gips. In den Gipshüten (Kaprock), die über zahlreichen Salzdomen zu beobachten sind, wurde Schwefel angetroffen, manchmal sogar in wirtschaftlichen Mengen. Die Bildung des Schwefels wird von vielen Forschern durch die Reduktion von Sulfaten in Verbindung mit den Kohlenwasserstoffen und der Absonderung des freien (elementaren) Schwefels erklärt.

Die Umwandlung von Gips und Anhydrit in Kalzit und Aragonit mit Schwefeleinschlüssen ist in den erdölführenden Bezirken eine relativ häufige Erscheinung.

So gehen z. B. in einem Erdölfeld im Irak die gipsführenden Gesteine, die an den Flanken einer Antiklinale lagern, am Scheitel der Falte in Kalksteine mit Aragonit über.

Es unterliegt keinem Zweifel, daß sich der Schwefelwasserstoff und der Schwefel auf verschiedenen Wegen bilden können. Ebenso unterliegt es keinem Zweifel, daß die Bildung eines Teiles des Schwefelwasserstoffs und des Schwefels mit den Erdöl- und Erdgaslagerstätten im Zusammenhang steht.

2.3.6. Kohlensäurequellen

Die kohlensauren Quellen und die Kohlensäureaustritte hängen nur selten mit Erdöl- und Erdgaslagern zusammen. Im Kaukasus ist die Kohlensäure Bestandteil von Mineralheilwässern, die in Hochgebirgsbezirken angetroffen werden, wo es weder Erdöl noch Erdgas gibt. Kohlendioxydgas wird aber auch in Erdgasaustritten angetroffen. Häufig wird das Kohlendioxydgas von brennbaren Gasen begleitet, wobei der Kohlendioxydgehalt mitunter 35% erreicht. Im Gas einiger Erdöllagerstätten wurden gewisse Mengen Kohlendioxydgas gefunden, wobei beobachtet wurde, daß das Erdölgas um so mehr Kohlendioxydgas enthält, je älter die Erdöllagerstätte ist. Möglicherweise ist diese Erscheinung damit zu erklären, daß das Kohlendioxydgas schwerer als die übrigen Gase ist und sich deshalb aus den Lagerstätten schwerer entfernt.

Am wahrscheinlichsten dürfte sein, daß das im Wasser leicht lösliche Kohlendioxyd mit abnehmendem Schichtdruck, bedingt durch den Lagerstättenabbau, aus dem Wasser entweicht.

2.4. Geologische Einschätzung der direkten und indirekten Erdöl- und Erdgasanzeichen

Beim Einschätzen der Anzeichen von Erdöl- und Erdgaslagern und der Erdöl- und Erdgasbegleiter ist die Frage, in welchem Maße die Anzeichen als Hinweis für das Vorhandensein von wirtschaftlichen Erdöl- und Erdgaslagerstätten im Erdinnern dienen, am schwierigsten zu beantworten.

Die Austritte von Erdöl und Erdgas und die Ausbisse von erdölführenden Gesteinen weisen darauf hin, daß in der Tiefe wirtschaftliche Ansammlungen von Erdöl und Erdgas vorhanden sein können. Wenn man sich bei der Wahl des Ansatzpunktes für Bohrungen nur von den Erdöl- und Erdgasaustritten leiten läßt, können Fehler unterlaufen. Es sind Beispiele bekannt, wo Bohrungen an ergiebigen Erdölaustritten angesetzt wurden und keine positiven Ergebnisse lieferten, so z. B. in Kalifornien, Aserbaidshan und in anderen erdölführenden Provinzen.

Eine Erkundung auf Erdöl hat in der Nähe von ergiebigen Gasaustritten im Bezirk Kala auf der Halbinsel Apscheron im Verlauf von fast 30 Jahren keine Ergebnisse gezeitigt. Ein reiches Erdöl- und Erdgaslager wurde seitlich von den Gasaustritten entdeckt. Zugleich ist man jedoch in manchen Fällen bei an den Erdöl- und Erdgasaustritten angesetzten Bohrungen auf große Lager gestoßen.

Ein Beispiel für eine solche Entdeckung ist die Erdöl- und Erdgaslagerstätte von Bibi-Eibat.

Erdöl- und Erdgaslager hängen nicht immer mit einem Erdöl- oder Erdgasaustritt an der Oberfläche zusammen. Es gibt Beispiele der Entdeckung von Erdöllagern, wo an der Erdoberfläche Erdöl- und Erdgasanzeichen und wo Anzeichen von Strukturen fehlten, die für die Bildung von Lagerstätten günstig sind.

So wurde z. B. in Gusowsk-Gorodki (UdSSR) bei der Niederbringung einer Bohrung auf Kalisalz Erdöl angetroffen. In Krasnokamsk (UdSSR) wurde bei der Niederbringung einer Wasserbohrung eine Erdöllagerstätte entdeckt. Bei der Niederbringung von Bohrungen in Gebieten ohne jegliche Erdöl- oder Erdgasanzeichen wurden die Erdölbezirke Nowo-Grosnensk (UdSSR), Mid-Continent (Texas) und andere in den USA entdeckt.

Folglich können Lagerstätten Anzeichen in Form von Erdöl- und Erdgasaustritten haben; es gibt aber auch bedeutende Lagerstätten, die keinerlei Anzeichen an der Oberfläche aufweisen.

Ergiebige Erdölquellen an der Erdoberfläche können sowohl auf eine bedeutende Lagerstätte in der Tiefe als auch auf ein bereits erschöpftes Lager hinweisen, das durch bequeme Wege mit der Oberfläche kommuniziert, auf denen das zurückgebliebene Erdöl ergiebig ausfließt. Ohne eine geologische Erforschung des Gebietes, allein von den Anzeichen ausgehend, kann man nur über die Perspektiven großer Gebiete Aussagen machen; jedoch eine Lagerstätte danach richtig einzuschätzen, ist nicht möglich. Eine Einschätzung von bestimmten, nicht allzu großen Flächen ohne eine geologische und geophysikalische Erforschung und manchmal auch ohne einleitende Erkundungsbohrungen kann zu Fehlern führen.

Die Erdölgeologen haben sich fast nie bei der positiven Einschätzung dieser oder jener großen Region geirrt. Es kam jedoch vor, daß die Erkundung von Fehlobjekten in Angriff genommen wurde, und zwar dann, wenn die Erkundung ohne ausreichende Vorbereitung begonnen wurde.

2.4.1. Einschätzung der Erdölaustritte

Am bedeutendsten sind die Austritte von schweren Asphalterdölen mit einem spezifischen Gewicht von über 0,900. Die Austritte eines solchen Erdöls werden nur langsam zerstört, seine Quellen sind scheinbar immer ergiebig. Wenn eine erdölführende Schicht zutage ausstreicht, so ist sie meist mit Asphalt durchtränkt. Dies gibt Grund zur Annahme, daß, obwohl die erdölführende Schicht frei liegt, ein Teil des Lagers erhalten geblieben sein kann. Nicht nur die Verstopfung der Schichtporen durch eingedicktes Erdöl kann Ursache für die Bewahrung eines Teils des Lagers vor der Zerstörung sein. Das Ausfließen des Erdöls kann auch durch tektonische Störungen unterbrochen werden, wenn die Störung die aufgebrochenen Teile der Schicht trennt und die Isolierung des mit Erdöl gesättigten Teils der Schicht herbeiführt (s. Abb. 10).

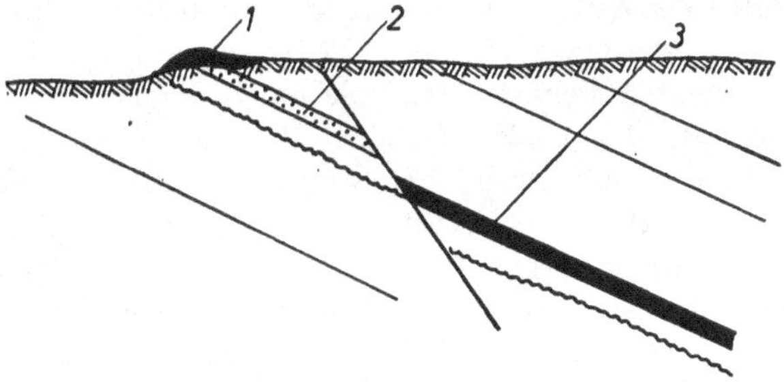

Abb. 10. Erdöllager, das durch die Verwerfung erhalten geblieben ist
1 – Asphalt; 2 – ausgelaufener Schichtteil; 3 – gesättigter Schichtteil

Manchmal gewährleistet die Reibungsbrekzie eine vollkommene Isolation, die den versetzten Teil des Lagers vor einer vollständigen Erschöpfung schützt. Das Erdöl kann in den Schichten, die zutage ausgehen, infolge der linsenförmigen Lagerung der Speichergesteine und infolge ihrer schlechten Permeabilität erhalten bleiben.

Ungeachtet des Zutagetretens einer erdölführenden Schicht können unter günstigen Verhältnissen in ihr bedeutende Erdölmengen erhalten bleiben. Auf der Insel Trinidad hat sich ein Erdöllager zum Teil erhalten, ungeachtet dessen, daß sich 5–10 Millionen t Erdöl in Asphalt umgewandelt haben. Ein noch interessanteres Beispiel bieten die Bikagadinsker und Leninsker erdölführenden Bezirke der Halbinsel Apscheron, wo in der Nähe der Erdölaustritte Brunnen angelegt wurden, aus denen man früher Erdöl gewonnen hat.

Bohrungen, die diese Schichten in größeren Tiefen erschlossen haben, trafen auf ergiebige Erdöllager. Diese Erscheinung beruht meist auf der Änderung der physikalischen Eigenschaften des Erdöls und, im besonderen, auf der Änderung der Viskosität bei Annäherung an die Erdoberfläche. Das Erdöl oxydiert nicht nur, wenn es an die Erdoberfläche gelangt. Nach Angaben von D. W. Shabrew hat die Oxydationszone eine Mächtigkeit von etwa 200 m. Für die Fortbewegung eines viskosen, oxydierten Erdöls in einer porösen und permeablen Schicht sind große Kräfte erforderlich. Infolgedessen kann das Erdöl in der Tiefe sogar dann in wirtschaftlichen Mengen lagern, wenn die erdölführende Schicht zutage ausstreicht.

Zutage ausstreichende Schichten, die Anzeichen eines leichten Erdöls in Form einer restlichen Erdölsättigung aufweisen, aus denen aber das Erdöl nicht aussickert, bilden in den meisten Fällen ein negatives Anzeichen. Dies weist auf die Erschöpfung einer Schicht hin. In diesem Falle muß festgestellt werden, ob es Bedingungen gibt, die einen Teil des Lagers erhalten konnten. Zu solchen Bedingungen gehören die Tektonik und die lithologisch-faziellen Besonderheiten des Speichergesteins. In der Synklinalzone der Karpaten lagern die Krosnensker Schichten, die durch eine Wechsellagerung von tonigen Gesteinen und feinkörnigen, schwachpermeablen Sandsteinen vertreten werden. Diese Ablagerungen sind intensiv verfaltet und teilweise erodiert. Abgesehen davon, daß in einer Reihe von Falten die erdölführenden Schichten zutage ausstreichen und an der Oberfläche keinerlei Anzeichen von Erdöl aufweisen, sind diese in der Tiefe durch Bohrungen erschlossenen Schichten mit einem leichten Erdöl gesättigt. Die Schichtenergie reicht nicht aus, um das Erdöl aus dem mit Erdöl gesättigten Teil der Schicht durch ein schwachpermeables Speichergestein über eine Entfernung von 1000 bis 2000 m zur Erdoberfläche zu drücken, sie reicht aber aus, um das Erdöl zu den Bohrlöchern strömen zu lassen.

Bei der Einschätzung der Erdölaustritte muß der Frage besondere Beachtung geschenkt werden, ob die Austritte an die Schichten als solche oder an Störungsflächen gebunden sind. Wenn die Austritte von Erdöl mit freigelegten Schichten im Zusammenhang stehen, wird die Perspektivität in der Endkonsequenz dadurch bestimmt, inwieweit diese oder jene Schicht zerstört ist und ob Voraussetzungen zur Erhaltung eines Teils der Lagerstätte vorhanden sind.

Anders verhält es sich, wenn die Austritte mit dem Nachschub des Erdöls längs von Störungsflächen zusammenhängen.

Solche Austritte sprechen für ein Vorhandensein von Erdöl, und es muß die Frage gelöst werden, welche Schichten als Speichergesteine auftreten und wie ihre stratigraphische Lage ist. Dies kann manchmal auf dem Wege umfangreicher geologischer Verallgemeinerungen erfolgen, z. B. an Hand von Profilen aus benachbarten Gebieten.

Im Nordwestteil der Dsungarei-Senke streichen erdölführende Schichten zutage aus. Das aussickernde Erdöl bildete „Erdölhügel", in mächtigen Gängen tritt Asphalt an die Oberfläche, und all diese Erscheinungen sind an eine räumlich relativ engbegrenzte Fläche gebunden. Abgesehen davon, daß große Erdölmengen der Lagerstätte verlorengingen, wurden hier einige Erdölfelder entdeckt, insbesondere das Feld Koramai, aus dem man über eine Million m^3 jährlich fördern kann.

Im Süden der Insel Trinidad gibt es außer zahlreichen Erdölaustritten und Schlammvulkanen drei Asphaltgänge. Aus den Erdöllagerstätten, die in der Nähe der Erdölaustritte und der Asphaltgänge entdeckt wurden, hat man im Verlauf von einigen Jahren bis zu 3,5 Millionen m^3 Erdöl jährlich gewonnen.

In allen Fällen zeugen die Erdölaustritte, Asphaltgänge usw. von der Zerstörung des Lagers. Das Erdöl lagert aber fast nie nur in einer Schicht. Sehr häufig sind mehrere Schichten erdölführend, die man dann als erdölführende Folge bezeichnet. Von Bedeutung ist, welcher Teil der erdölführenden Folge freigelegt wurde. Wenn alle Schichten, die als Speichergesteine für Erdöl in Frage kommen, ausstreichen, so können nur in Ausnahmefällen wirtschaftliche Lagerstätten erwartet werden.

In solchen Fällen kann das Erdöl nur in auskeilenden Schichten und in einzelnen, tektonisch isolierten Blöcken lagern.

Wenn bei günstigem Strukturbau nicht die gesamte erdölführende Folge freigelegt ist, so sind die Ausbisse der erdölführenden Schichten ein gutes Anzeichen. Schichten, die nicht zutage ausgehen, können große Erdöllager enthalten.

2.4.2. Einschätzung der Gasaustritte

Austritte von Erdölgas sind in allen Fällen ein gutes Anzeichen, da sich das Gas nur absondern kann, wenn gashaltiges Erdöl vorhanden ist, mit anderen Worten, wenn unzerstörte Erdöl-, Gas- oder Gaskondensatlager in der Tiefe vorhanden sind.

Gasaustritte, die an Erdöllager gebunden sind, bilden sich deshalb, weil das Gas mobiler ist und den Weg zur Oberfläche leichter als das Erdöl findet.

In der Regel enthält das Gas, das mit Erdöllagerstätten im Zusammenhang steht, neben Methan auch schwere Kohlenwasserstoffverbindungen, aber offensichtlich gibt es von dieser Regel seltene Abweichungen.

Im Bezirk von Dag-Ogni (Dagestan) enthält das Erdgas schwere Kohlenwasserstoffe, aber bei der Niederbringung von Bohrungen wurde kein Erdöl gefunden. Es besteht die Möglichkeit, daß das schwere Kohlenwasserstoffe enthaltende Gas mit Erdöl zusammenhängt, das diffus in den Schichten verteilt ist.

Bei der Einschätzung von Gasaustritten soll man diese Austritte immer im Zusammenhang mit dem geologischen Bau sehen. In Abhängigkeit von den Wegen zur Oberfläche können Gasaustritte über dem Lager und auch bedeutend seitlich von ihm angeordnet sein.

In Abb. 11 ist das Schema einer erdölführenden Struktur angeführt, die von Lockermassen überdeckt ist. An der Oberfläche sind zwei Gasaustritte vorhanden. Die in der Nähe der Gasaustritte angesetzten Bohrungen trafen auf den wasserführenden Teil der Schicht, und nur die Bohrungen, die nördlich von den Austritten niedergebracht wurden, erschlossen ein Erdöllager. Ein ähnlicher Fall lag bei der Erkundung der Lagerstätte Kala vor, wie bereits oben erwähnt wurde.

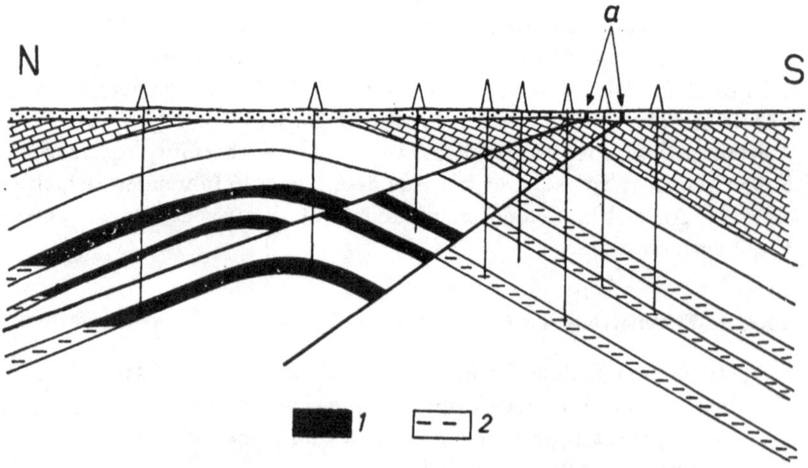

Abb. 11. Während das Gas längs der Störungsflächen aufstieg, bildete es Austritte seitlich vom Erdöllager

1 – Erdöl; 2 – Wasser; a – Gasaustritte

Ein Gasaustritt kann sowohl auf ein Erdöl- wie auch auf ein Erdgaslager hinweisen. Das Vorhandensein oder das Fehlen von schweren Kohlenwasserstoffen im Gas sind keine sicheren Kriterien. Bisher gibt es keine direkten Methoden des Aufsuchens von Erdöl- und Erdgaslagern. Die Erfolge der geochemischen Methoden machen jedoch in Verbindung mit der Geophysik die Entwicklung solcher Methoden wahrscheinlich.

2.4.3. Allgemeine Einschätzung der Erdöl- und Erdgasanzeichen

Wir haben die Bedeutung einiger Anzeichen bei der Einschätzung der Möglichkeit der Existenz oder Nichtexistenz von Lagern in der Tiefe kurz betrachtet. Auf die Frage, in welchem Maße die Erdöl- und Erdgasanzeichen als Hinweis für das Vorhandensein von Lagern dienen, kann man antworten, daß es keine festen Regeln gibt, die für beliebige geologische Verhältnisse brauchbar wären. Unbedeutende Austritte können auf große Erdöl- und Erdgaslager und große Austritte auf ein zerstörtes Lager hinweisen.

Ein Erdöl- und Erdgasaustritt bedeutet ein langsames Zerstören des Lagers, ein Ausfließen des Inhalts. Wenn sich Gas vom Erdöl absondert, dann kann sich in der Tiefe ein Erdöl- und Erdgaslager befinden. Sehr große Erdölaustritte hängen selten mit vollkommen zerstörten Lagern zusammen. Fast in allen Fällen weisen die Austritte eines leichten Erdöls auf ein Erdöllager hin. Gasaustritte sind schwerer als Erdölaustritte aufzufinden, aber ein Gasaustritt ist in der Regel ein Anzeichen für ein erhaltenes Lager. Von den Erdöllagern getrennte Erdgaslager werden verhältnismäßig selten angetroffen. In einer Provinz, in der Gas gefunden wurde, gibt es fast immer auch wirtschaftliche Erdölmengen.

Bedeutend schwerer ist es, die Begleiter des Erdöls und des Erdgases, die als Minerale, Gesteine und Salze auftreten und genetisch mit dem Erdöl und Erdgas im Zusammenhang stehen, einzuschätzen, da das Erdöl und Erdgas in gewissen Sedimenten (in den Erdölmuttergesteinen) entsteht, während es in anderen Ablagerungen Lagerstätten bildet. Eben deshalb sind solche Begleiter als syngenetische Bildungen, im weiten Sinne dieses Begriffs, Begleiter des Erdöls allgemein und nicht nur Begleiter des Erdöls und des Erdgases, die Lagerstätten gebildet haben.

Salzführende Gesteine, Halogen- und Schwefelverbindungen werden nicht nur im Zusammenhang mit Erdöl- und Erdgaslagerstätten und mit den erdöl- und bitumenführenden Gesteinen angetroffen.

Der beständigste Begleiter des Erdöls und des Erdgases ist das Lagerstättenwasser mit einer chemisch spezifischen Zusammensetzung. Das Wasser kann eine unterschiedliche Salzkonzentration haben, jedoch überwiegt Natriumchlorid; Jod und Brom sind vorhanden, aber Sulfate fehlen fast vollständig. Sehr häufig sind in dem mit dem Erdöl zusammenhängenden Quellwasser Naphthensäuren enthalten.

Einzelne geologische Provinzen können spezifische Anzeichen haben, die nur von örtlicher Bedeutung sind. Zu diesen Anzeichen kann im Nordkaukasus, in Dagestan und in Aserbaidshan die Absonderung von Schwefelwasserstoff gezählt werden.

Im Bezirk Baku sind die Gesteine mit Erdöl durchtränkt, und die in der Nähe der erdölführenden Gesteine lagernden Gesteine haben nach der Behandlung mit Benzin hellgraue oder bläulich-graue Farben, während erdölfreie Gesteine und Gesteine, die von den erdölhaltigen Gesteinen in einer gewissen Entfernung lagern, eine dunkelbraune Farbe aufweisen. Diese Erscheinung wird mit der Reduzierung des dunkelbraunen Eisenoxyds in Verbindung gebracht, das in den Sanden und Tonen enthalten ist.

In Südtexas und in Louisiana gelten als Anzeichen Solquellen, Absonderungen von Schwefelwasserstoff und ,,Paraffinschlamm". Dieser Schlamm enthält kein Paraffin, seiner chemischen Zusammensetzung nach ist er der Glukose verwandt. Der Schlamm wird an Stellen angetroffen, wo Methan entweicht, und seine Bildung wird mit der Lebenstätigkeit der Methanbakterien in Zusammenhang gebracht. Ähnliche Bildungen wurden auf der Insel Kuba, in Rumänien und an anderen Stellen beobachtet.

Auf diese Weise können die direkten Anzeichen für Erdöl, sowohl für das Vorhandensein von erdöl- und erdgasführenden Folgen als auch für das Vorhandensein von Erdöl- und Erdgaslagern, als Hinweis dienen. Die indirekten Anzeichen des Erdöls und des Erdgases können auf das Vorhandensein von erdöl- und erdgasführenden Folgen, auf vorhandene Migrationswege (Störungsflächen, Klüfte usw.) und auf das Vorhandensein von zerstreutes Erdöl enthaltenden Gesteinen hinweisen.

3. Allgemeingeologische Voraussetzungen für Such- und Erkundungsarbeiten

Das Auftreten von Erdöl- und Erdgasanzeichen reicht aus, um mit Such- und Erkundungsarbeiten zu beginnen, aber nicht in allen erdöl- und erdgasführenden Provinzen oder in allen ihren Teilen sind solche augenscheinlichen Anzeichen vorhanden.

Wirtschaftliche Ansammlungen von Erdöl und Erdgas können sich nur dort bilden, wo besondere geologische Verhältnisse vorliegen und wo sich Vorgänge abspielten, die zur Bildung des Erdöls und des Erdgases beitrugen und die Bildung von Lagern förderten. Diese Bedingungen werden als allgemeingeologische Voraussetzungen bezeichnet.

Im Abschnitt 1.1. wurde bereits kurz erwähnt, durch welche geologischen Besonderheiten die erdöl- und erdgasführenden Provinzen gekennzeichnet sind.

Für Erdöl und Erdgas wie auch für beliebige nutzbare Bodenschätze, die mit Sedimentgesteinen zusammenhängen, sind faziell-stratigraphische, petrographische, strukturell-tektonische, hydrogeologische und geomorphologische Voraussetzungen der Bildung und Zerstörung der Lager bestimmend.

Die faziell-stratigraphischen Voraussetzungen sind in gleichem Maße sowohl bei der Bildung von Erdölmuttergesteinen als auch bei der Bildung von Lagerstätten ausschlaggebend, da eine Ansammlung der für Erdöl und Erdgas erforderlichen organischen Ausgangssubstanz sowie auch deren Umwandlung in Erdöl und Erdgas und die Bildung von speicherfähigen Gesteinen nur unter bestimmten Bedingungen der Sedimentation möglich sind.

Die lithologischen Voraussetzungen umfassen vor allem das Vorhandensein von Speichergesteinen im Schichtprofil.

Die strukturell-tektonischen Voraussetzungen bestimmen in größerem Maße als die faziell-stratigraphischen und lithologischen Voraussetzungen die Anlage von Fallen, die die Bildung von Lagerstätten begünstigen.

Die hydrogeologischen Voraussetzungen dienen nicht nur als Anzeichen beim Aufsuchen von Erdöl- und Erdgaslagerstätten, sondern bestimmen auch ihre Bildung und Zerstörung. Sie beeinflussen wesentlich auch die

Lagerstättenenergie, die das Erdöl zu den Bohrlochsohlen drückt. Leider werden die hydrogeologischen Kennwerte einer Erdöl- und Erdgasführung, die nicht allein auf den hydrochemischen Besonderheiten der Schichtenwässer, sondern auch auf der Hydrodynamik beruhen, zu wenig erforscht und nur unzureichend genutzt. Das Regime der Lagerstättenwässer großer Provinzen und einzelner Becken bildet eine der Grundlagen, die die Anlage und Zerstörung von Lagerstätten bestimmen.

Die geomorphologischen Voraussetzungen sind mit die wesentlichsten, die den Arbeitskomplex bestimmen, der zur Vorbereitung von Gebieten für Erkundungsarbeiten notwendig ist. Zwischen den strukturell-lithologischen Besonderheiten der Erdschichten und dem Relief bestehen häufig bestimmte Zusammenhänge. Die strukturellen Grundzüge eines Gebietes kommen häufig durch die Morphologie zum Ausdruck, was bei den ersten Untersuchungen und bei der Projektierung von Strukturkartierungen wesentliche Bedeutung hat.

Ein wesentliches, die Perspektive bestimmendes Moment ist die Frage des Anschnitts der Fallen wie auch der Metamorphosegrad der Sedimentgesteine.

Alle diese Voraussetzungen beeinflussen sowohl die Bedingungen der Bildung und der Erhaltung von Lagern als auch die Methodik der Such- und Erkundungsarbeiten. Wenn man die Fragen der Entstehung von Erdöl und Erdgas außer acht läßt, so kann, allgemein gesagt, die Entstehung von Lagerstätten als Unterbrechung der Migration des Erdöls und des Erdgases von den Muttergesteinen in Zonen geringeren Drucks angesehen werden. Die Unterbindung der Erdölwanderung zur Oberfläche ist eine wesentliche Voraussetzung zur Bildung von Lagern. Die Ursachen, die eine weitere Bewegung des Erdöls verhindern, können folgende sein: die Veränderung der Permeabilität infolge einer Änderung der lithologischen Zusammensetzung (Übergang von permeablen zu undurchlässigen Gesteinen), das Auskeilen permeabler Schichten, die Abschirmung durch tektonische Störungen und das Auftreten von Antiklinalstrukturen auf dem Wege der Erdöl- und Erdgaswanderung. Alle diese Ursachen bedingen die Bildung von Fallen für Erdöl und Erdgas.

Die Fallen teilt man gewöhnlich in drei Hauptgruppen ein: in strukturelle, stratigraphische und lithologische.

In Anbetracht der großen Mannigfaltigkeit der Fallenformen, an die die Lager gebunden sind, ist oft eine weitere Unterteilung in Untergruppen notwendig. Innerhalb einer Provinz, sogar innerhalb einer Lagerstätte werden oft die verschiedensten Fallentypen angetroffen.

3.1 Klassifikation der Erdöl- und Erdgaslager

Die Verbreitung von Erdöl und Erdgas innerhalb eines Lagers ist bestimmten Gesetzmäßigkeiten unterworfen und wird im einzelnen durch den Bau der Fallen bestimmt. Die Kenntnis der Gesetzmäßigkeiten in der Verteilung von Erdöl und Erdgas in den Lagern ist für eine zielstrebige und ökonomische Erkundung notwendig. Die Suche und Erkundung von Lagerstätten in lithologischen Fallen ist anders durchzuführen als die Suche und Erkundung von Lagerstätten in Antiklinalstrukturen oder an Salzdomen. Zu Beginn der Sucharbeiten sollte bereits die Erkenntnis vorliegen, welche Fallen in einem konkreten Untersuchungsgebiet auftreten können.

Die Klassifizierung der Fallen und der mit diesen verbundenen Lager soll die Aufmerksamkeit auf die Frage nach der Suche von bestimmten Fallenformen in diesem oder jenem Bezirk richten.

Aus den Klassifikationen von zahlreichen Verfassern führen wir auf den folgenden Seiten die von I. O. Brod vorgeschlagene (s. Tabellen 16a–e) an:

Tabelle 16a

Lagerstätten in Faltungsgebieten, deren Erdöl- und Erdgaslager mit Brachyantiklinalen in Zusammenhang stehen

Lagerstätten	Gruppen und Untergruppen		
	kennzeichnende	anzutreffende	selten oder überhaupt nicht anzutreffende
1. Lagerstätten normaler brachyantiklinaler Falten	1. Schichtlager im Scheitel 2. Schichtlager, die tektonisch abgeschirmt sind 3. Schichtlager, die lithologisch abgeschirmt sind 4. Lithologisch von allen Seiten begrenzte Lager	1. Massige Lager in Strukturvorsprüngen 2. Schichtlager, die stratigraphisch abgeschirmt sind	1. Massige Lager in organogenen Massiven (Riffen) 2. Massige Lager in fossilen Erosionsresten
2. Lagerstätten brachyantiklinaler Falten, die im Bereich des erdölführenden Profilteils durch Diapire, Salztektonik und durch Intrusionen eruptiver Gesteine kompliziert sind	1. Schichtlager, die tektonisch abgeschirmt sind 2. Schichtlager, die lithologisch abgeschirmt sind 3. Schicht-Scheitel-Lager, gegliedert in Blöcke 4. Lithologisch von allen Seiten begrenzte Lager	1. Ungestörte Schicht- und Scheitellager 2. Massige Lager in Strukturvorsprüngen 3. Stratigraphisch abgeschirmte Schichtlager	1. Massige Lager in organogenen Massiven 2. Massige Lager in fossilen Erosionsresten
3. Lagerstätten in angeschnittenen und später überdeckten Falten	1. Schicht-Scheitel-Lager 2. Abgeschirmte Schichtlager	1. Lithologisch von allen Seiten begrenzte Lager	1. Massige Lager

Tabelle 16 b

Lagerstätten in gefalteten Gebieten, die mit Monoklinalen und ihnen eigenen Erdöllagern in Zusammenhang stehen

Lagerstätten	Gruppen und Untergruppen von Erdöl- und Erdgaslagern		
	kennzeichnende	anzutreffende	deren Auffinden vollkommen ausgeschlossen oder als eine seltene Ausnahme möglich ist
1. Lagerstätten in Monoklinalen im Zusammenhang mit Brüchen und anderen strukturellen Komplikationen	1. Tektonisch abgeschirmte Schichtlager	1. Lithologisch abgeschirmte Schichtlager 2. Von allen Seiten lithologisch abgeschirmte Lager	1. Schicht-Scheitel-Lager 2. Stratigraphisch abgeschirmte Schichtlager 3. Massige Lager
2. Lagerstätten in Monoklinalen im Zusammenhang mit auskeilenden Schichten und stratigraphischen Diskordanzen	1. Lithologisch abgeschirmte Schichtlager 2. Stratigraphisch abgeschirmte Schichtlager 3. Von allen Seiten lithologisch begrenzte Lager	1. Tektonisch abgeschirmte Schichtlager	1. Schicht-Scheitel-Lager 2. Massige Lager

Tabelle 16 c

Lagerstätten der Tafelgebiete, die mit domartigen und brachyantiklinalen Gewölben und ihnen eigenen Erdöl- und Erdgaslagern in Zusammenhang stehen

Lagerstätten	Gruppen und Untergruppen von Erdöl- und Erdgaslagern		
	kennzeichnende	anzutreffende	deren Auffinden vollkommen ausgeschlossen oder als eine seltene Ausnahme möglich ist
1. Wiederaufgelebte und begrabene Gewölbe	1. Massige Lager in Strukturvorsprüngen 2. Ungestörte Schicht- und Scheitellager 3. Lithologisch abgeschirmte Schichtlager	1. Stratigraphisch abgeschirmte Schichtlager 2. Massige Lager in fossilen Erosionsresten 3. Von allen Seiten lithologisch begrenzte Lager	1. In Blöcke gegliederte Schicht- und Scheitellager 2. Tektonisch abgeschirmte Schichtlager 3. Massige Lager in organogenen Massiven
2. Salzdome	1. Tektonisch, lithologisch und stratigraphisch abgeschirmte Schichtlager 2. Schicht-Scheitel-Lager	1. Von allen Seiten lithologisch begrenzt	1. Massige Lager

Tabelle 16 d

Lagerstätten der Tafelgebiete, die mit Erosions- und Riffmassiven und ihnen eigenen Erdöl- und Erdgaslagern in Zusammenhang stehen

Lagerstätten	Gruppen und Untergruppen von Erdöl- und Erdgaslagern		
	kennzeichende	anzutreffende	deren Auffinden vollkommen ausgeschlossen oder als eine seltene Ausnahme möglich ist
Lagerstätten, die mit Erosions- und Riffmassiven zusammenhängen	1. Massige Lager in organogenen Massiven und fossilen Erosionsresten 2. Lithologisch und stratigraphisch abgeschirmte Schichtlager 3. Schicht-Scheitel-Lager, die nicht in Blöcke gegliedert sind	1. Von allen Seiten lithologisch abgeschirmt 2. Massige Lager in Strukturvorsprüngen	1. Tektonisch abgeschirmte Schichtlager 2. In Blöcke gegliederte Schichtlager

Tabelle 16e

Lagerstätten der Tafelgebiete, die mit Homoklinalen und ihnen eigenen Erdöl- und Erdgaslagern in Zusammenhang stehen

Lagerstätten	Gruppen und Untergruppen von Erdöl- und Erdgaslagern		
	kennzeichnende	anzutreffende	deren Auffinden vollkommen ausgeschlossen oder als eine seltene Ausnahme möglich ist
1. Lagerstätten, die mit Bruchzonen und anderen strukturellen Komplikationen in Zusammenhang stehen	1. Tektonisch abgeschirmte Schichtlager 2. Massige Lager in Strukturvorsprüngen	1. Lithologisch und stratigraphisch abgeschirmte Schichtlager 2. Von allen Seiten lithologisch begrenzt	1. Scheitel-Schicht-Lager 2. Massige Lager in Erosions- und organogenen Vorsprüngen
2. Lagerstätten, die mit auskeilenden Schichten und mit Diskordanzen in Zusammenhang stehen	1. Stratigraphisch und lithologisch abgeschirmte Schichtlager 2. Von allen Seiten lithologisch begrenzt	1. Massige Lager in organogenen Massiven und fossilen Erosionsresten	1. Schicht-Scheitel-Lager 2. Tektonisch abgeschirmte Schichtlager 3. Massige Lager in Strukturvorsprüngen

3.2. Bedingungen für die Erhaltung von Lagerstätten

Ein entstandenes Erdöl- und Erdgaslager darf man nicht als etwas Beständiges ansehen. Viele Vorgänge, die zur Bildung einer Lagerstätte beigetragen haben, führen unter Umständen zu ihrer schnellen oder langsamen Zerstörung.

Die hauptsächlichsten Ursachen, die zur Zerstörung von Lagerstätten führen, sind:

a) Die Veränderung der Dynamik der unterirdischen Wässer. In Abb. 12a sind das Profil und die Strukturkarte einer Schicht angeführt, in der sich ein Erdöllager befindet. Der Wasserspiegel des Randwassers, das das Erdöllager umgibt, befindet sich unter der Oberfläche der Schicht. Das von der Erdoberfläche kommende Wasser umströmt die Antiklinale und die Erdöllagerstätten und fließt in Richtung des geringsten Druckes. Das Erdöl befindet sich in einer Zone, in der es keine Wasserbewegung gibt. Der Druck der sich bewegenden Schichtwässer wirkt auf das Erdöllager und kann zu seiner Verlagerung führen. Bei starkem Wasserzufluß in der Schicht, z. B. durch die Anlage eines großen Staubeckens, bei bedeutendem Anstieg des Wasserspiegels und schnelleren Fließgeschwindigkeiten des Wassers in der Schicht kann die erdölenthaltende antiklinale Falte durchspült werden. Das Lager wird zerstört (s. Abb. 12 b).
Solche ausgewaschenen Antiklinalen trifft man an der westlichen Abdachung des Urals und in den Randgebieten des Felsengebirges (USA). Nicht alle Fallenarten können vom Wasser ausgewaschen werden. Bei der Einschätzung der Bedingungen, die zur Erhaltung der Lager beitragen, muß man sowohl das hydrodynamische Milieu wie auch die Art der Falten berücksichtigen.

b) Klüfte, Verwerfungsflächen. Die Kommunikation einer Lagerstätte mit der Oberfläche oder mit porösen und permeablen Schichten, die keine Falle enthalten, kann zur Filtration und zum „Aufschwimmen" des Erdöls und des Gases und damit zur Zerstörung führen. Tektonische Störungen der verschiedensten Formen sind bei Fallen in Faltungszonen eine fast allgemeine Erscheinung, aber die Lagerstätten in diesen Zonen bleiben dennoch erhalten. Ausführlich wird diese Frage in der Arbeit des Autors „Die geologischen Grundlagen der Physik der Erdöl- und Erdgaslagerstätten" betrachtet. Hier sei nur erwähnt, daß eine wichtige Frage das Verhältnis der Streich-

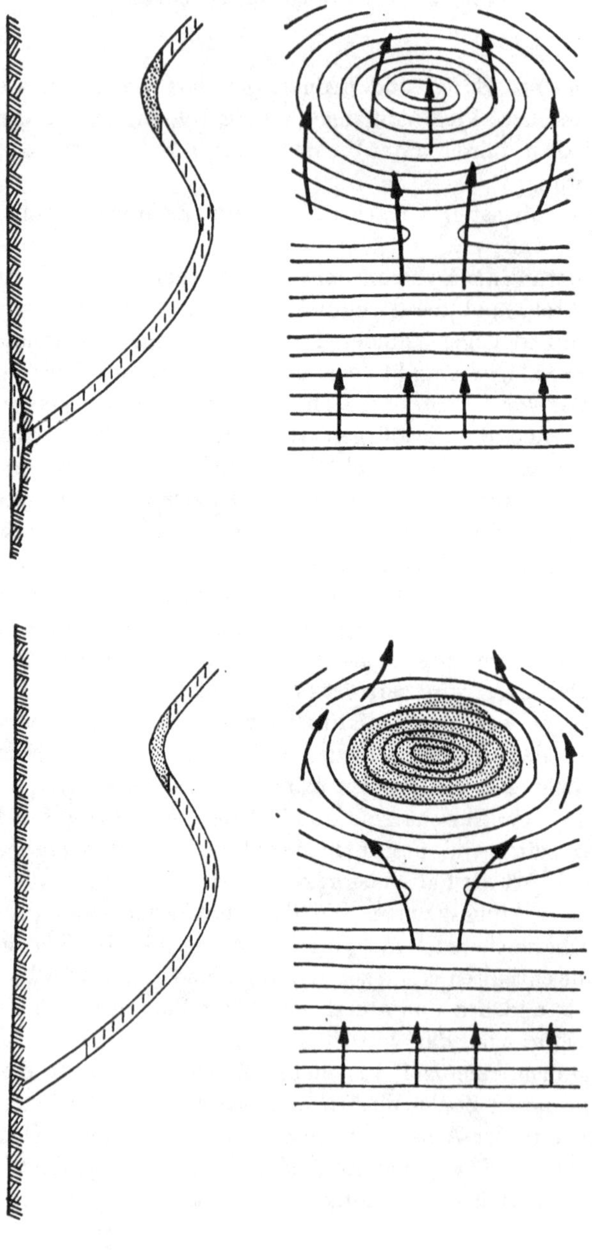

Abb. 12. Zerstörung eines Erdöllagers infolge der Änderung der Dynamik der unterirdischen Wässer
a – Das unterirdische Wasser umströmt die Struktur b – Das unterirdische Wasser durchströmt die Struktur

richtung der disjunktiven Dislokation zur Richtung der faltenbildenden Kräfte ist. Allgemein bekannt ist, daß Dislokationen aus Pressungsvorgängen weniger Migrationsmöglichkeiten bieten als Dislokationen aus Zerrungen.

c) Das Fortführen von Erdöltropfen und Ölfilmen durch fließendes Wasser. Wie bereits erwähnt, ist Wasser kraft seiner geringeren Viskosität beweglicher als Erdöl. Während das Wasser durch ein System von Verwerfungsflächen und Klüften zur Oberfläche aufsteigt, durchströmt es erdölführende Schichten und führt Erdöl in Form von Tropfen, Filmen und zum Teil als gelöstes Erdöl mit sich fort.
Starke Klüftigkeit an der Erdoberfläche ist jedoch nicht unbedingt ein negatives Suchkriterium, da Klüfte nach der Tiefe zu oft „auskeilen".

d) Gasdiffusion. Wie zahlreiche Untersuchungen gezeigt haben, diffundiert Gas langsam durch ein Schichtenpaket. Obwohl die Diffusion ihrem Umfang nach nur gering ist, findet sie über die gesamte Fläche eines Lagers statt, und während geologischer Zeiten können die Gasverluste bedeutenden Umfang erreichen.

e) Zutage ausstreichende erdöl- oder erdgasführende Schichten. Die Intensität der Zerstörung von Lagern hängt, wie schon festgestellt, von tektonischen, hydrodynamischen und anderen Bedingungen ab. Bei sonst gleichen Bedingungen beeinflußt jedoch die Tiefenlage eines Lagers wesentlich seine Erhaltung oder Zerstörung. Kommen die Erdöllager allmählich der Oberfläche näher, z. B. durch Erosion, so nimmt die Intensität der Zerstörung zu. Die Hauptbedingungen zur Erhaltung eines Lagers sind in solchem Falle das Vorhandensein von undurchlässigen Schichten über der Lagerstätte, ihre Mächtigkeit und ihre Unverritztheit.
Abhängig vom Grad der Unverritztheit der undurchlässigen Schichten über den Lagern werden letztere unterteilt in geschlossene, halbgeschlossene und offene. Im Fall von geschlossenen Lagern sind die erdölführenden Schichten durch undurchlässige Ablagerungen vollständig überdeckt. Bei offenen Lagern gehen alle erdölführenden Schichten zutage aus.
Wie bereits unten (2.4.1.) gesagt wurde, kann ein Lager sogar beim vollständigen Ausstreichen der erdölführenden Schichten erhalten bleiben, wenn die Permeabilität des Speichergesteins nicht allzu groß ist. Zweifellos sind aber bei geschlossenen Lagern die Bedingungen für die Erhaltung der Lagerstätte bedeutend besser.

Der Grad der Erhaltung wird zum Teil durch die Mächtigkeit der undurchlässigen Schichten bestimmt, die über den erdölführenden Folgen lagern. Erdölführende Schichten werden gewöhnlich in einem mächtigen Komplex sedimentärer Gesteine angetroffen, wobei Speichergesteine oft eine untergeordnete Rolle spielen. Es wäre falsch, anzunehmen, daß das Vorhandensein von mächtigen Schichten und Schichtenfolgen undurchlässiger Gesteine eine unbedingte Voraussetzung für die Entstehung und für die Erhaltung von Lagerstätten sei.

Dieser Umstand weist auf etwas anderes hin, und zwar darauf, daß die Erdöllagerstätten hauptsächlich dort entstanden, wo die Senkungstendenz im Sedimentationsbecken gegenüber der Hebungstendenz lange Zeit vorgeherrscht hat. Gerade durch diese Bedingungen unterscheiden sich Erdölmuttergesteinsfolgen von mächtigen Schichtpaketen undurchlässiger Gesteine.

Diese Gesetzmäßigkeit ist eines der hervorstechenden Argumente gegen die anorganische Entstehung des Erdöls.

3.3. Die Metamorphose der Gesteine

Der Grad der Veränderung von Sedimentgesteinen ist eines der Hauptkriterien für die Perspektivität einer Schichtenfolge.

Allgemein verfestigen sich lockere und permeable Gesteine allmählich infolge diagenetischer Veränderungen und der Metamorphose und büßen dabei teilweise ihre Speichereigenschaften ein.

Bei starker Metamorphose werden die Erdöl- und Erdgaslager zerstört und hinterlassen nur Spuren in Form von festen Bitumina und kleinen Anthraxolitgängen.

Einige Forscher, insbesondere M. W. Abramowitsch, sind der Ansicht, daß als Hauptursache für die Metamorphose erdölführender Gesteine der Gebirgsdruck in Frage kommt. Diese Meinung kann nicht einfach akzeptiert werden, da sogar in Tiefen von etwa 7000 m Gesteine ihre Porosität und Permeabilität nicht einbüßen. Der Metamorphosegrad wird zweifelsohne durch einen Komplex von Faktoren bestimmt, wobei der Gebirgsdruck nicht immer entscheidend zu sein braucht. Der Metamorphismus zeigt sich besonders deutlich in den Eigenschaften der Kohlen, die, während sie einen Teil der flüchtigen Stoffe abgeben, allmählich von der Braunkohle zur Steinkohle und zu Anthraziten übergehen und den Zyklus der Umwandlung durch die Bildung von Anthraxoliten vollenden. Sind kohle- und erdölführende Folgen annähernd gleichaltrig und nicht durch Faltungsphasen und durch Sedimentationslücken getrennt, so kann man nach dem Metamorphosegrad der Kohlen auf den Einfluß der Metamorphose auf die Erdölführung schließen. Eine Theorie über den parallelen Einfluß der Metamorphose auf Kohlen und auf Erdöl wurde von D. White vorgeschlagen, der zur Bewertung des Metamorphosegrades das Verhältnis von nichtflüchtigem Kohlenstoff zu allen organischen Bestandteilen der Kohle anwandte und dieses Verhältnis als Kohlenstoffkoeffizient bezeichnete.

Bei der Untersuchung der Metamorphose der Kohlen und der Verteilung des Erdöls im Mid-Continent und im Appalachen-Gebiet kam D. White zu der Schlußfolgerung, daß man bei einem Kohlenstoffkoeffizienten von über 65–70% mit dem Auffinden von Erdgaslagern, aber nicht von Erdöllagerstätten rechnen kann.

M. Fuller nimmt für einige erdölführende Bezirke der USA nachstehende Verhältnisse zwischen der Erdölführung und dem Metamorphosegrad der Kohlen an. Bei einem Kohlenstoffkoeffizienten von über 70% ist die Entdeckung von Erdöl und Erdgas wenig wahrscheinlich. Durch einen Koeffizienten von 55–60% werden Flächen mit leichtem Erdöl und durch Koeffizienten von unter 50% weite Flächen mit schwerem Erdöl gekennzeichnet.

Diese Methode hat keine breite Anwendung gefunden, da die Bestimmung des Kohlenstoffkoeffizienten für jede erdölführende Provinz erforderlich ist und die Größe des Koeffizienten, von dem die Erdölführung abgeleitet wird, für jede erdölführende Provinz unterschiedlich ist.

Außerdem sind nicht in allen erdölführenden Bezirken kohlenführende Ablagerungen vorhanden, und nicht alle Kohlen eignen sich für eine solche Analyse. Es gibt Kohlen, die große Mengen an flüchtigen Stoffen auf Grund ihrer besonderen Zusammensetzung enthalten, und diese Mengen sind nicht durch ihre geringe Metamorphose bedingt.

Der Metamorphismus der Gesteine beeinflußt zweifelsohne die Erhaltung der Lagerstätten und ihre Verteilung; daher muß man bei der Einschätzung der Perspektiven der Erdölführung jene Flächen bevorzugen, wo die Gesteine weniger metamorphosiert sind.

4. Geotektonische Kriterien einer Erdöl- und Erdgasführung

In jüngster Zeit wurde ein gesetzmäßiger Zusammenhang der Erdöl- und Erdgaslagerstätten mit regionalen erdöl- und erdgasführenden Gesteinsfolgen festgestellt. DELONE und später K. I. BOGDANOWITSCH betrachteten die Entstehung erdöl- und erdgasführender Folgen im Zusammenhang mit großen Bewegungen der Erdkruste. So stehen z. B. Erdöllagerstätten im Silur, Kambrium, Devon und Karbon mit den Transgressionen in Verbindung, die auf die Ränder der alten Tafeln übergriffen. Die Lagerstätten des Perms und des Mesozoikums sind im Zusammenhang mit den herzynischen Transgressionen entstanden, und die Bildung der Lagerstätten in tertiären Ablagerungen hängt mit der alpinen Tektogenese zusammen.

Durch Arbeiten eines großen Geologenkollektivs wurden diese Vorstellungen präzisiert. Der Zusammenhang zwischen tektonischen Bewegungen und der Entstehung und Zerstörung von Erdöl- und Erdgaslagerstätten steht danach außer Zweifel.

Bei allen erdöl- und erdgasführenden Regionen kann festgestellt werden, daß sie alle große Senkungsgebiete der Erdkruste oder Teile solcher Senkungsgebiete sind. Gerade deshalb ist die Geotektonik eine der wichtigsten Grundlagen für die Sucharbeiten auf Erdöl und Erdgas und bildet gleichzeitig bei der Einschätzung der Perspektiven einer Erdöl- und Erdgasführung den entscheidenden Faktor.

Die geotektonischen Kriterien einer Prognose für eine Erdöl- und Erdgasführung werden von W. E. CHAIN folgendermaßen formuliert:

„1. *Eine lang anhaltende und beständige wellenförmige Senkung weiter Gebiete, die durch Sedimentation kompensiert wird* und sich in der Anlage von Senken (Trögen) ausdrückt, die mit sedimentären Schichtpaketen großer Mächtigkeit und ohne nennenswerte Lücken in der normalen Abfolge der Horizonte, zumindest in ihren zentralen Teilen, ausgefüllt sind.
Die Mindestmächtigkeit der sedimentären Ausfüllung eines erdölführenden Beckens beträgt etwa 2000 m auf Plattformen und etwa 1000 m in Geosynklinalen.

2. *Das sich im Verlauf von ausreichend langen Zeitabschnitten im Rahmen bestimmter Grenzen verändernde Verhältnis der Senkungsgeschwindigkeit des Beckenbodens zur Hebungsgeschwindigkeit der umgebenden Hochlagen,* den Liefergebieten des klastischen Materials, d. h. eine Schwankung des Kompensationsniveaus der Absenkung durch die Sedimentation in einem bestimmten Bereich, was zur Ablagerung von dünnen Wechsellagerungen von Pelitolyten und Aleuropsammitolyten in wechselnden Tiefen von etwa 50–200 m unterhalb des Meeresspiegels führt.
3. Das Fehlen oder nur schwache Auftreten sowohl effusiver als auch intrusiver magmatischer Tätigkeit, besonders während der Senkung des Beckens, sowie ihr Fehlen nach der Anhäufung syngenetisch erdölführender Lithofazies.
4. *Das Fehlen oder die nur schwach ausgeprägte Inversion des geotektonischen Regimes* nach der Ablagerung der erdölführenden Fazies, was sich entweder im Fortbestehen der Senkungstendenz oder in der Ablösung der letzteren durch eine Hebungstendenz geringer Amplitude äußert.
5. Das Fehlen wahrnehmbarer Metamorphose jeglicher Art, insbesondere der regionalen.

Zu den *begünstigenden, jedoch nicht unbedingt erforderlichen Anzeichen gehören außerdem* folgende:

6. *Eine bedeutende Unbeständigkeit der Lithofazies und der Mächtigkeiten (im Grundriß)* bei Wahrung des allgemeinen marinen oder brackisch-lagunären Charakters der Sedimente.
7. *Das Auftreten von Lücken und Diskordanzen* in der Schichtenfolge, besonders in randnahen Teilen der Becken und an den Flanken innerer Hochlagen.
8. Die Bildung von Falten im Beckeninnern, insbesondere im Falle einer frühen Anlage und der Weiterentwicklung dieser Falten während der Sedimentation.
9. *Das Vorhandensein sich über lange Zeiträume entwickelnder Brüche* vom Typ der Tiefenbrüche an den Rändern oder im zentralen Teil der Senke und von Aufschiebungen im Bereich einzelner antiklinaler Erhebungen.
10. *Das Auftreten tektonischer Zerklüftung der Gesteine.*

Schließlich gibt es Anzeichen, die je nach den Umständen eine positive oder negative Rolle spielen.

11. Die Entwicklung von Störungen (Überschiebungen und Verwerfungen) kompliziert einerseits die Struktur eines erdölführenden

Beckens und erschwert dadurch die Erkundung der Erdöllagerstätten; sie begünstigt auch die teilweise Zerstörung der Lagerstätten, aber andererseits werden bei einer allgemeinen Hebung des Landes zahlreiche Lagerstätten vor der Vernichtung geschützt."

Abgesehen von einigen Ungenauigkeiten (z. B. ist nicht nur die marine und lagunäre Fazies [Punkt 6], sondern auch die Fazies der Salzseen günstig für die Bildung von erdöl- und erdgasführenden Folgen), kann die Zusammenfassung, die W. E. Chain gibt, als Grundlage der geotektonischen Kriterien angenommen werden.

Für die geotektonische Analyse eines höffigen Gebietes ist es zweckmäßig, in Abhängigkeit vom Stand der geologischen Kenntnisse oder von der Etappe der Erkundungsarbeiten eine Reihe von Karten und Profilen zu konstruieren, und zwar die „Lithofazieskarten"* für einzelne stratigraphische Einheiten.

Der Kürze halber können hier Fragen der Definition und der Methodik der Zusammenstellung dieser oder jener Karten nicht eingehend dargelegt werden.

Bei der Konstruktion der Fazieskarten werden als Unterlagen die lithologischen Merkmale der Gesteine, ihre physikalische Beschaffenheit und zum Teil ihr chemischer Bestand benutzt. Diesem Komplex von Merkmalen entspricht am meisten der Ausdruck „Lithofazies"*. Nach diesen Kennzeichen werden Zonen von sandigen und tonigen Gesteinen, Zonen der Verbreitung von Dolomiten, Kalksteinen, Steinsalz usw. ausgeschieden.

Die Karten werden an Hand der Unterlagen von Felduntersuchungen und Bohrlochprofilen konstruiert. Es empfiehlt sich, die Lithofazieskarten in kleineren Maßstäben zu zeichnen. In Abb. 13 ist als Beispiel eine Fazieskarte der Staßfurt-Serie (Zechstein 2) angeführt, die von H. Kölbel zusammengestellt wurde.

Die Lithofazieskarten gestatten es, in den Fragen der Perspektiven einer Erdölführung viele Schlußfolgerungen zu ziehen. So kann man z. B. auf den Karten die Gesetzmäßigkeiten der Veränderung der Speichereigenschaften der Gesteine feststellen. Diese Gesetzmäßigkeiten sind nicht nur für die Unterscheidung von Zonen wichtig, die für Erdöl und Erdgas dieses oder jenes Aufnahmevermögen besitzen, sondern sie sind auch wichtig für die Bewertung der Perspektiven des Auffindens vorzugsweise von Erdöl oder vorzugsweise von Erdgas. Auf Grund der Unter-

* Anmerkung des Redakteurs: Karten dieser Art werden in einem Arbeitsprogramm des Rates für gegenseitige Wirtschaftshilfe „lithologisch-paläogeographische Karten" genannt.

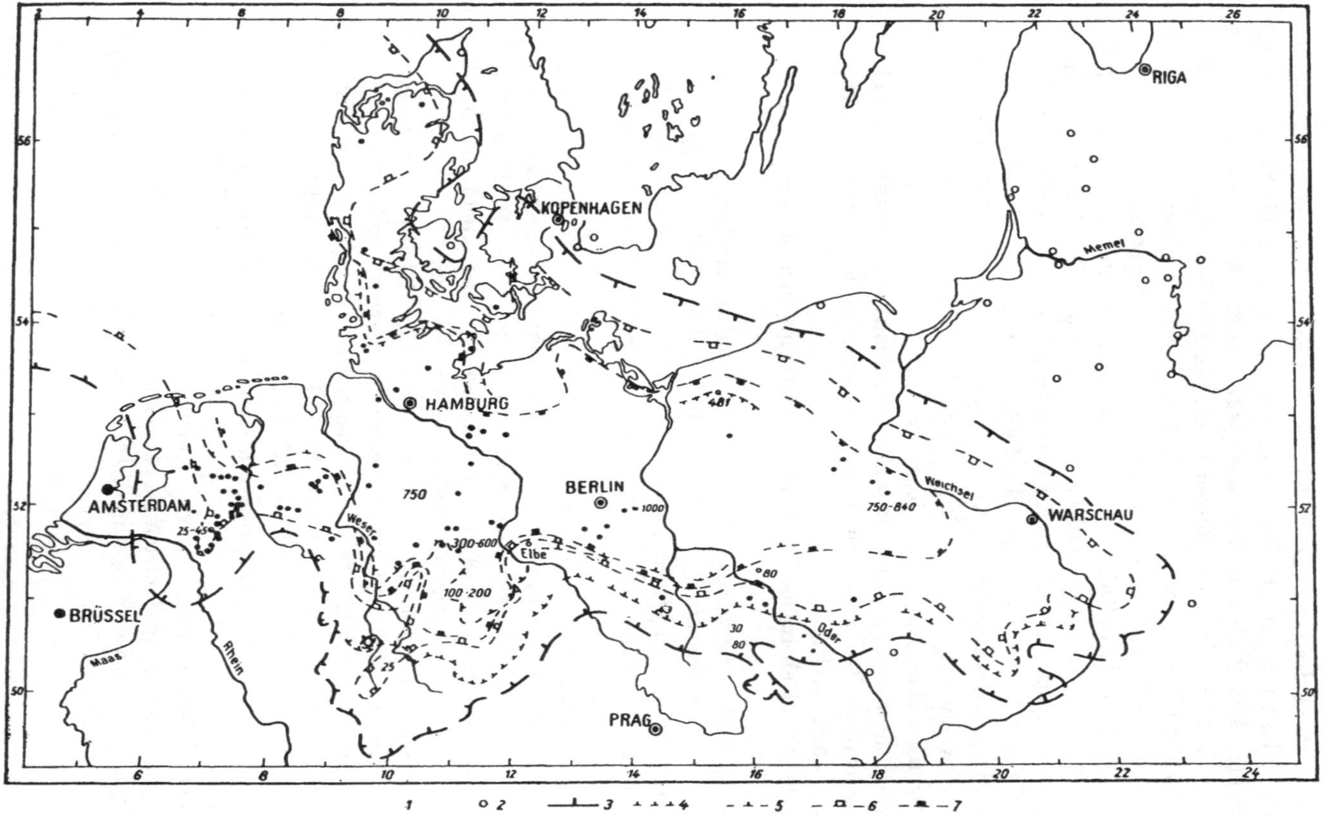

Abb. 13. Lithofazielle Kartenskizze des Zechstein 2 (Staßfurt-Serie). Maßstab etwa 1 : 8000000 (nach H. Kölbel 1959)

1 – Bohrung mit Zechstein 2, 2 – Bohrung ohne Zechstein 2, 3 – Außenrand des Sedimentationsbeckens, 4 – Außenrand der Karbonatfazies, 5 – Grenze Hauptdolomit (außen)/Stinkschiefer (innen), 6 – Rand des Steinsalzes, 7 – Rand der Kalisalze. – Zacken und Quadrate sind beckenwärts gerichtet, Zahlen Mächtigkeit in m

suchung des Auftretens von Erdöl und Erdgas in den erdölführenden Bezirken des Kaukasus, der Karpaten, von Venezuela, der Golfküste, von Wyoming, dem Wiener Becken usw. wurde festgestellt, daß die Gasführung beim Wechsel der Gesteine von der sandig-tonigen zur tonig-sandigen Ausbildung zunimmt und die Erdölführung abnimmt. Das zeigt sich besonders deutlich beim Auftreten flachgeneigter Strukturfallen.

Die faziellen Verhältnisse bestimmen nicht nur das Vorhandensein oder das Fehlen von Lagerstätten, ihre Bildung und Erhaltung, sondern offensichtlich auch die chemische Zusammensetzung der Erdöle. Mächtige Kalkstein-, Dolomit- und Tonfolgen, die im flachen Wasser bei relativer tektonischer Stabilität abgelagert wurden, enthalten meist stark schwefelhaltige Erdöle mit geringem Gehalt an leichten Fraktionen und aromatischen Naphthenerdölen. Sandig-tonige Schichtpakete, die sich bei intensiver Absenkung ablagerten, enthalten meist schwach schwefelhaltige Erdöle mit einem hohen Gehalt an leichten Fraktionen Paraffin- und Naphthenerdölen.

Wichtig sind ebenfalls *Mächtigkeitskarten* einzelner stratigraphischer Einheiten.

Die Verteilung der Mächtigkeiten hängt nicht immer von der lithologischen Zusammensetzung der Sedimente ab, aber große Mächtigkeiten werden nur von einer beschränkten Anzahl von Gesteinstypen gebildet.

Mächtigkeitskarten werden für kleine stratigraphische Einheiten (geringe Mächtigkeit) zusammengestellt. Voraussetzung ist aber die exakte Abgrenzung dieser Einheiten. Eine bedeutende Veränderung der Mächtigkeiten und der Lithofazies ist oft für einzelne Folgen und Stufen kennzeichnend, und Karten, die einzelne Abschnitte des stratigraphischen Profils erfassen, gestatten es, die Einzelheiten abzulesen, die für den Such- und Erkundungsgeologen von Bedeutung sein können.

Außer solchen Detailkarten müssen Mächtigkeitskarten für größere stratigraphische Einheiten (die sich gewöhnlich leichter und genauer abgrenzen lassen) entworfen werden. Diese Karten spiegeln die allgemeine geotektonische Entwicklung wider. Abb. 14 zeigt als Beispiel eine Mächtigkeitskarte vom Rhät und Lias nach H. Kölbel.

Außer den Mächtigkeitskarten einzelner stratigraphischer Einheiten ist eine Karte der Gesamtmächtigkeit der sedimentären Gesteine erwünscht. Solche Karten konstruiert man meist nach den Angaben geophysikalischer Untersuchungen, da oft Bohrungen fehlen, die die gesamte Mächtigkeit der Sedimentgesteine bis zum kristallinen oder metamorphen Untergrund erschließen.

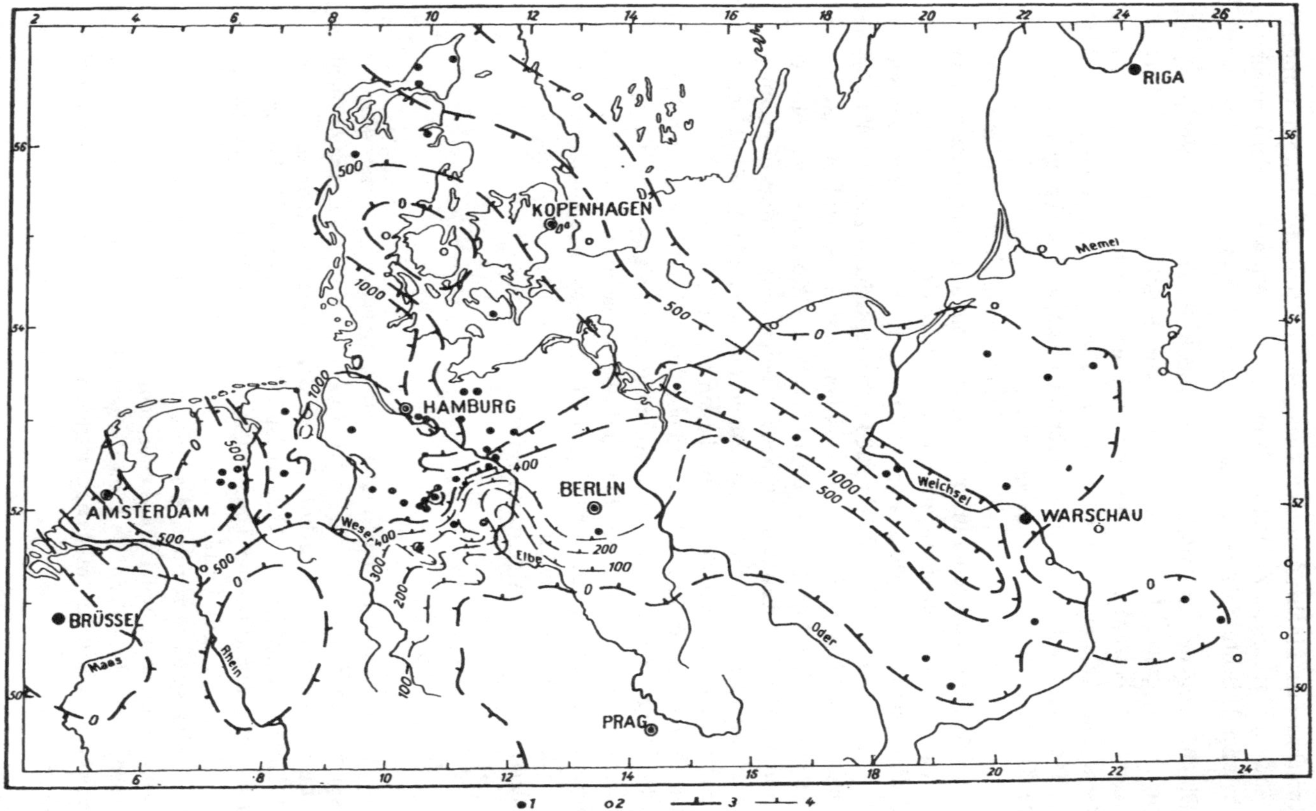

Abb. 14. Kartenskizze der Mächtigkeiten des Rhät und des Lias. Maßstab etwa 1 : 8000000 (nach H. Kölbel 1959)

1 – Bohrung mit Rhät und Lias, 2 – Bohrung ohne Rhät und Lias, 3 – Außenrand des Sedimentationsbeckens, Isopachen in Abständen von je 500 m; 4 – Isopachen in Abständen von je 100 m. – Zacken sind beckenwärts gerichtet, Zahlen. Mächtigkeiten in m

Zwischen der Mächtigkeit der Ablagerungen und der Erdölführung besteht ein bestimmter Zusammenhang, der in vereinfachter Form durch nachstehende Schlußfolgerungen dargestellt werden kann.

1. Die Mächtigkeit der Folgen, in denen sich die organische Substanz, der Ausgangsstoff für die Entstehung von Erdöl und Erdgas, abgelagert hat, beträgt von einigen hundert bis zu mehreren tausend Metern. Die Ablagerung der Folgen, an die Erdölmuttergesteine gebunden sind, erfolgt bei einer schnellen und ununterbrochenen Absenkung des Sedimentationsbeckens.
2. Wenn man davon ausgeht, daß zur Umbildung in Erdöl und für dessen Migration aus den Erdölmuttergesteinen bestimmte Temperaturen und Drücke erforderlich sind, müssen die Erdölmuttergesteine von einer Sedimentfolge überdeckt sein, die nach W. E. Chain für Geosynklinalen 800 m und für Tafeln 1600 m beträgt. Eine gewisse Willkürlichkeit muß diesen Größen zugeschrieben werden. Bei der Umwandlung der organischen Substanz in migrationsfähige Kohlenwasserstoffe ist nicht der Druck von ausschlaggebender Bedeutung, sondern die Temperatur, die nicht immer durch die Mächtigkeit der die Erdölmuttergesteine überdeckenden Sedimente bestimmt wird.
3. Die Aureolen der Erdöl- und Erdgasführung einzelner stratigraphischer Einheiten entsprechen gewöhnlich den relativen Maxima der Mächtigkeiten dieser Einheiten, sind aber meist an die Randteile des Beckens gebunden. Die Erdöllagerstätten umsäumen die Zonen der maximalen Mächtigkeiten. Das ist z. B. an der Verteilung einiger Erdöllagerstätten in Westdeutschland ersichtlich.

Lithofaziesprofile

Die Profile werden für bestimmte stratigraphische Einheiten oder für Komplexe von Einheiten konstruiert. Aus den Profilen kann man nicht nur die Veränderung der Lithofazies, sondern auch die Änderungen der Mächtigkeiten ersehen. In Abb. 15 ist ein lithofazielles Profil für das untere Perm des mittleren Urals angeführt, das von W. D. Naliwkin aufgestellt wurde. Die Profile müssen nicht unbedingt von der Erdoberfläche ab konstruiert werden. Als Ausgang der Konstruktion kann das Hangende einer beliebigen Folge oder Schicht angenommen werden, das in diesem Falle als horizontale Linie dargestellt wird. Von dieser Horizontalen werden dann die Mächtigkeiten der einzelnen stratigraphischen

Einheiten, die durch diese oder jene Lithofazies gekennzeichnet sind, nach unten abgetragen.

Paläogeologische Karten

In den meisten erdöl- und erdgasführenden Becken wurde in bestimmten Abschnitten der geologischen Zeit die Senkung von vorübergehenden Aufstiegen abgelöst. Das führte zu Unterbrechungen in der Sedimentfolge und oft zur teilweisen Erosion bereits abgelagerter Gesteine. Vorstellungen über den Umfang der Erosion und des paläogeologischen und paläogeographischen Milieus zu Beginn eines neuen Sedimentationszyklus kann man am vollständigsten an Hand geologischer Karten gewinnen, die die Verbreitung der Ablagerungen unterhalb der Basis des neuen Sedimentationszyklus zeigen. Diese Karten, die den geologischen Bau unterhalb einer Sedimentationslücke widerspiegeln, werden paläogeologische Karten* genannt.

Auf solchen Karten entsprechen die älteren Ablagerungen den Erhebungen und die jüngeren den

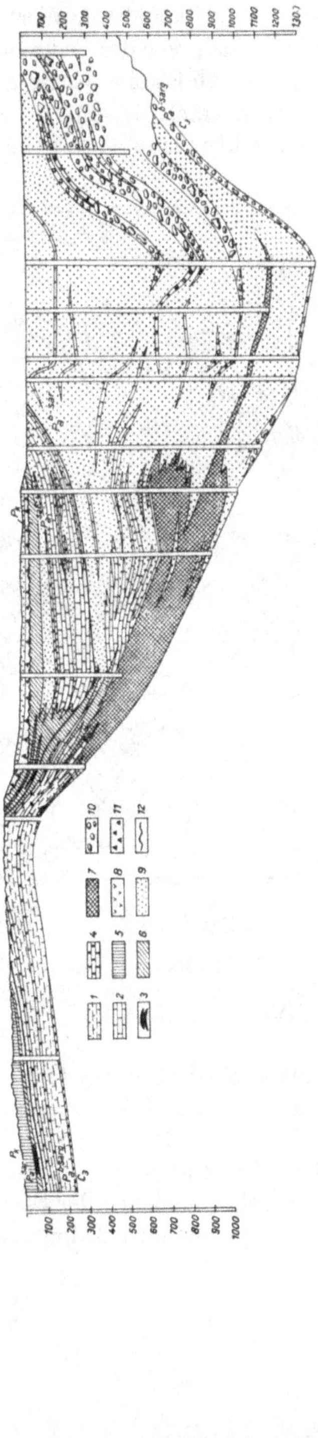

Abb. 15. Lithofazielles Profil des Unteren Perms des Mittleren Urals in der Breite von Werchnije Kigi (nach W. D. Naliwkin)

1 – organogene Kalksteine; 2 – detritische Kalksteine; 3 – Riffe; 4 – verkieselte Gesteine; 5 – Dolomite; 6 – Mergel; 7 – bituminöse Mergel; 8 – Gipse und Anhydrite; 9 – Sandsteine und Schiefer; 10 – Konglomerate; 11 – Kalkbrekzien; 12 – Erosionsoberfläche

* Anmerkung des Redakteurs: Es handelt sich hier um sogenannte abgedeckte Karten. Da diese Bezeichnung ebenfalls mehrdeutig ist, wurde im Bereich der Staatlichen Geologischen Kommision folgende Nomenklatur festgelegt (Beispiele):
„Geologische Karte ohne quartäre Bildungen";
„Geologische Karte ohne oberkretazische und jüngere Bildungen".

Senkungszonen. Mit anderen Worten, diese Karten bieten die Möglichkeit, die Struktur vor der Sedimentationsunterbrechung zu rekonstruieren. Auf Abb. 16 ist eine Karte angeführt, die die Prävisé-Oberfläche der Russischen Tafel wiedergibt. Paläogeologische Karten zeichnet man gewöhnlich in kleinem Maßstab (im Maßstab 1 : 500000 und kleiner).

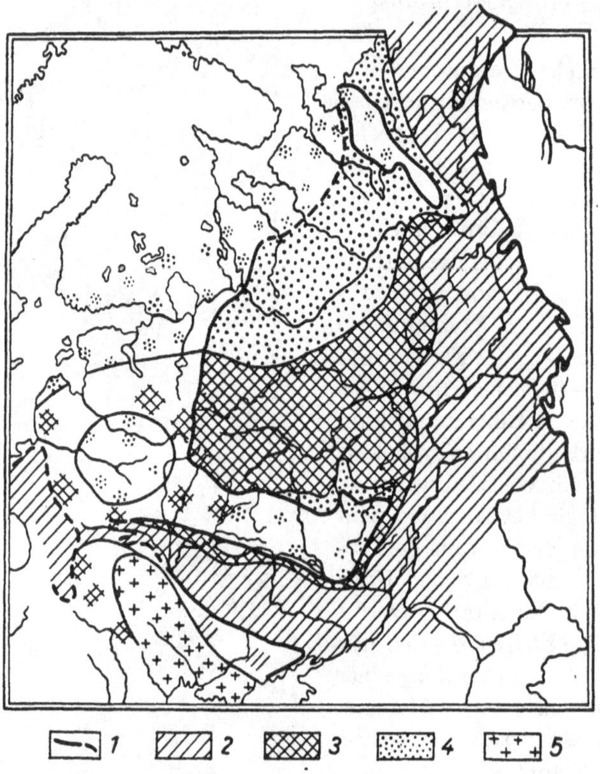

Abb. 16. Paläogeologische Karte der Prävisé-Oberfläche der Russischen Plattform (nach R. M. Pistrak)
1 – Grenze der heutigen Verbreitung des Visé; 2 – Ober-Tournai; 3 – Unter-Tournai; 4 – Oberdevon; 5 – Präkambrium

Die paläogeologischen Karten gestatten, einzelne verdeckte Erhebungen festzustellen. Die Scheitel und Flanken solcher Erhebungen können Fallen für Erdöl- und Erdgaslagerstätten bilden. Die Karten haben ebenfalls Bedeutung beim Aufsuchen von stratigraphischen Lagerstätten, da beliebige Zonen der Speichergesteine unterhalb der Schichtlücke bei entsprechenden Bedingungen als Fallen auftreten können.

Kontaktkarten

Auf besonderen Karten kann die Entwicklung von Transgressionen und Regressionen verfolgt werden. Eingetragen werden die Strandlinien der regressierenden oder transgredierenden Becken.

Die Transgressionskarten gestatten, das Alter der Ablagerungen festzustellen, mit denen die transgredierende Serie beginnt, und die Regres-

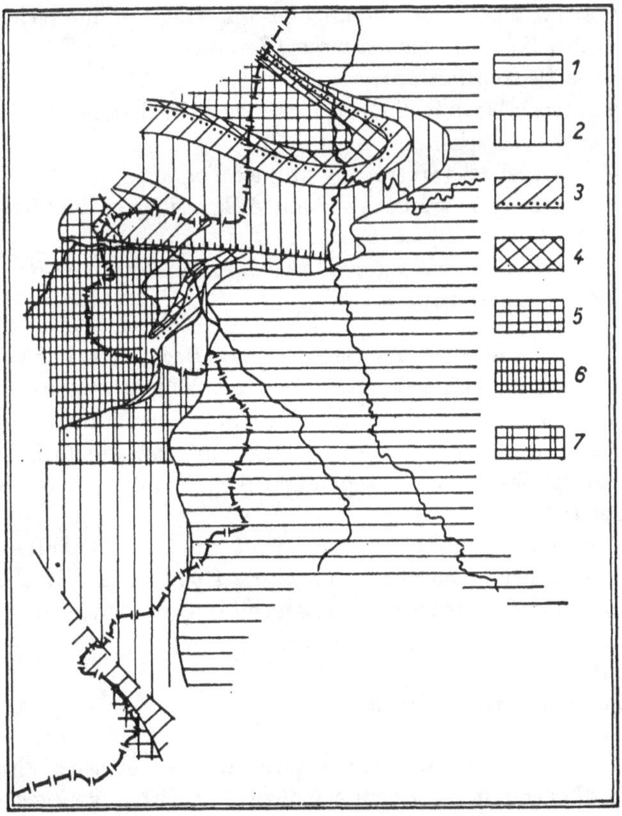

Abb. 17. Paläogeologische Karte des Alb-Liegenden vom Emsland, die die Tektonik der Austrischen Phase widerspiegelt (nach G. Letgers)

1 – Gebiet mit der normalen Schichtenabfolge Barrême-Apt-Alb; 2–7 – transgressive Lagerung: 2 – Alb oder Apt über Barrême oder oberem Hauterive; 3 – Alb oder Apt über unterem Hauterive oder Valendis; 4 – Alb über Portland oder Wealden; 5 – Alb über Lias oder Rhät; 6 – Alb über Trias; 7 – Alb über Hauterive, das die Trias überdeckt

sionskarten ermöglichen, das Alter der Ablagerungen zu ermitteln, mit denen die Serie beendet wird.

Vereint gestatten die Karten, über die stratigraphische Amplitude der Unterbrechung zu urteilen. Auf den Kontaktkarten unterscheiden sich die Zonen der konkordanten und der diskordanten Lagerung der Folgen.

W. E. Chain führt nachstehende Möglichkeiten an:

„1. Die Folge *A* lagert konkordant über der Folge *B* und geht in diese ohne fazielle Veränderungen über;
2. die Folge *A* lagert konkordant über der Folge *B*, unterscheidet sich faziell deutlich von der letzteren (Veränderung der Fazies in Richtung des Beckentiefsten);
3. desgleichen, aber mit einer Veränderung der Fazies von *B* zu *A* in Richtung des Beckenrandes;
4. die Folge *A* lagert transgressiv auf der Folge *B*;
5. die Folge *A* lagert transgressiv auf Ablagerungen, die älter sind als die Folge *B*;
6. die Folge *A* lagert mit Winkeldiskordanz auf der Folge *B* und (oder) auf älteren Ablagerungen.“

Meist beginnt die Folge im Bereich eines Beckens sich nicht gleichzeitig abzulagern; wenn außerdem eine partielle Unterteilung der Folge möglich ist, kann man die Möglichkeiten komplizieren und sehr ausführliche Karten anfertigen. In Abb. 17 ist eine paläogeologische Karte des Liegenden des Emscher angeführt, die die „austrische“ Tektonik widerspiegelt.

Eine Serie von Kontaktkarten gestattet, die Zonen anhaltender Senkungen und Erhebungen abzugrenzen, die Richtung der Evolution der Becken und die Geschichte der Strukturbildung zu erkennen.

Paläotektonische Karten

Auf diese Karten werden die Grenzen der tektonischen Strukturen unterschiedlichen Alters und unterschiedlicher Ordnung eingetragen. In Abb. 18 ist die paläotektonische Karte der Mittelrussischen (Moskauer) Syneklise für das Oberdevon angeführt.

Außer den aufgezählten Karten und Profilen müssen nach Auswertung allen Materials (Kartierung, Bohrungen, Geophysik) übersichtsmäßige Strukturkarten und Profile zusammengestellt werden, mit deren Hilfe eine geotektonische Gebietseinteilung und eine Analyse der Faltungsstrukturen – auch in ihrer zeitlichen Entwicklung – angefertigt werden.

Von bedeutendem Interesse ist die Berechnung des Gesamtvolumens der Sedimentgesteine und des Volumens der Erdölmuttergesteine. Mit Einschränkung kann man annehmen, daß die Erdöl- und Erdgasvorräte proportional dem Volumen der sedimentären Gesteine sind. Unter Berufung auf diese Schlußfolgerung nehmen einige Forscher prognostische Einschätzungen der Vorräte vor. So nimmt z. B. A. I. LEVORSEN zur

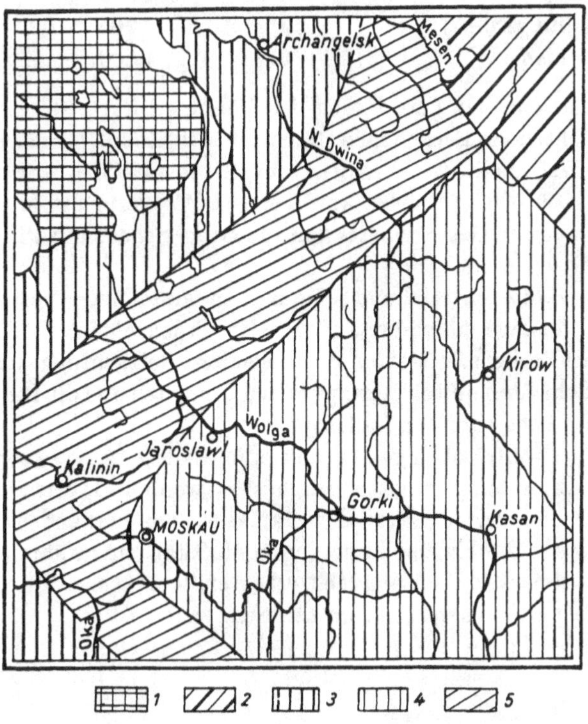

Abb. 18. Paläotektonische Karte der Mittelrussischen (Moskauer) Senke für das Oberdevon (nach A. A. BAKIROW)

1 – Baltischer Schild mit kristallinem Präkambrium (heutige Grenzen);
2 – proterozoisch gefaltetes Timan-Gebiet, kompliziert durch die nachfolgenden kaledonischen und varistischen Phasen;
3 – stabile Gebiete, charakterisiert durch außerordentlich kleine Amplituden der epirogenetischen Bewegungen und durch das Vorherrschen kontinentaler Ablagerungen;
4 – Gebiete der maximalen Einsenkung, charakterisiert durch vorherrschend negative epirogenetische Bewegungen mit kleinen Amplituden;
5 – Zwischengebiet, charakterisiert durch kleine Amplituden der Bewegung und durch einen häufigen Fazieswechsel

Einschätzung der mittleren Erdölführung sedimentärer Gesteine 2800 t Erdöl auf 1 km³ Gestein an.

Nach Angaben von F. I. FOHS wurden die Erdölvorräte (in Tonnen auf 1 km³) in marinen Sedimentgesteinen bis zu einer Teufe von 6100 m wie folgt bestimmt:

die Becken von Michigan und Kentucky	200
Illinois	1100
Goldküste von Texas	1900
Oklahoma	2300
Texas (im ganzen)	1200
Kalifornien	5800

Ausgehend von der Berechnung des Volumens der Sedimentgesteine aller erdölführenden Becken im festländischen Teil der USA mit 10,4–12,4 Millionen km³ und des Volumens der Sedimente des kontinentalen Schelfs mit 166–207 Millionen km³, vertritt W. PRATT die Ansicht, daß man allein aus den Gesteinen des kontinentalen Schelfs etwa 134 Milliarden t Erdöl gewinnen kann.

Das aufgezählte Material und seine Kartendarstellungen gestatten eine eindeutige Aussage über die Erdöl- oder Erdgashöffigkeit des zu erforschenden Beckens, gestatten die besondere Betrachtung der interessantesten Schichten und stratigraphischen Einheiten und die Umgrenzung von Zonen mit bestimmten Fallentypen.

Wie bereits weiter oben gesagt wurde, muß diese Analyse *vor dem Beginn* von Erkundungsarbeiten durchführt werden. Das während der Erkundung gewonnene Material gestattet es, das vorhandene Material zu detaillieren, die Karten in größerem Maßstab auszuführen und vor allem die Aufmerksamkeit auf relativ begrenzte Flächen des erdöl- und erdgasführenden Beckens zu konzentrieren.

5. Vergleichende Einschätzung der Perspektiven einer Erdöl- und Erdgasführung

5.1. Vergleichende Einschätzung der Perspektiven erdöl- und erdgasführender Becken

Um die Perspektiven der Erdöl- und Erdgasführung großer Territorien zu vergleichen, ist es notwendig, daß diese Gebiete in ihren geologischen Grundzügen erforscht sind. Es wurden mehrere Klassifikationen großer erdöl- und erdgasführender Territorien entwickelt, von denen wir weiter unten die von I. O. Brod & W. G. Lewinson vorgeschlagene anführen. Alle bekannten erdöl- und erdgasführenden Becken sind an geschlossene Senkungsgebiete der Erdkruste gebunden und werden in drei Hauptgruppen eingeteilt:

1. Erdöl- und erdgasführende Tafelsenken.
   Zu dieser Gruppe von Becken gehören Senken in konsolidierten Gebieten der Erdkruste, d. h. in Gebieten, die ihre Geosynklinalentwicklung vollendet haben und deren weitere Entwicklung als relativ stabile Tafel vor sich geht. Diese Becken werden meist durch Hochlagen des alten Fundaments und durch linear ausgezogene, begrabene Schwellen begrenzt. Solche Becken können auch durch prätertiäre (meist eingeebnete) Faltengebirge begrenzt werden.
2. Erdöl- und erdgasführende Becken in Vorgebirgssenken.
   Becken dieser Gruppe werden auf der einen Seite durch Faltengebirge, auf der anderen Seite durch den Tafelrand begrenzt.
3. Erdöl- und erdgasführende Becken in Zwischengebirgssenken, die nach ihrer tektonischen Stellung, ihrem Bau und ihrer Entwicklungsgeschichte unterschiedlich sind.

Die erdöl- und erdgasführenden Becken der ersten Gruppe unterteilt man nach dem Alter ihres Untergrundes, die an Vorgebirgssenken gebundenen Becken nach dem Alter der Gebirge, die das Becken von einer Seite begrenzen, und die Becken der dritten Gruppe nach den Besonderheiten ihres tektonischen Baues (s. Tabelle 17).

Neben unleugbaren Vorzügen hat die angeführte Klassifikation auch einige Mängel, da die zu unterschiedlichen tektonischen Gruppen gehörenden Becken ähnliche geomorphologische und tektonische Merkmale haben können.

Tabelle 17

Klassifikationsschema der erdöl- und erdgasführenden Becken der Erde

(I. O. BROD & W. G. LEWINSON 1959)

Erdöl- und erdgasführende Becken der Tafelsenken auf präkambrisch konsolidiertem Untergrund	Erdöl- und erdgasführende Becken der Tafelsenken
Erdöl- und erdgasführende Becken der Tafelsenken auf paläozoisch konsolidiertem Untergrund	
Erdöl- und erdgasführende Becken der Tafelsenken auf konsolidiertem Untergrund unterschiedlichen Alters	
Erdöl- und erdgasführende Becken in Vorgebirgssenken der paläozoischen Faltungen, die durch einen gut ausgeprägten Vorgebirgssaum begrenzt sind	Erdöl- und ergasführende Becken der Vorgebirgssenken
Erdöl- und erdgasführende Becken in Vorgebirgssenken der mesozoischen Faltungen, die durch einen gut ausgeprägten Vorgebirgssaum und durch Vorgebirgssenken der känozoischen Faltungsgürtel begrenzt sind	
Erdöl- und erdgasführende Becken der Zwischengebirgssenken, deren Untergrund durch Zentralmassive oder Teile eines solchen gebildet wird	Erdöl-und erdgasführende Becken der Zwischengebirgssenken
Erdöl- und erdgasführende Becken in Zwischengebirgssenken in Form einzelner Senken oder örtlicher Gräben	

In der Klassifikation sind die Lagerstätten der kontinentalen Schelfe nicht enthalten. Die Kontinentschelfe müssen nicht unbedingt die Gesamtzüge des geologischen Baues des Teils der Kontinente widerspiegeln, dem sie vorgelagert sind.

Wie bereits gesagt, kann eine vergleichende Einschätzung der Perspektiven einer Erdöl- und Erdgasführung nur durch eine Gegenüberstellung von gleichartigen Becken erfolgen.

Bei einer vergleichenden Einschätzung geht man von einem Vergleich der allgemeingeologischen Charakteristik aus: die Ausmaße der Becken, die Mächtigkeit der sedimentären Schichtenfolge, die stratigraphischen Profile, die Mächtigkeiten der Erdölmutterfolgen, ihr Alter usw.

Führen wir als Beispiel eine Beckengruppe an der Südflanke des Baltischen Schildes an, deren Vergleich von I. O. Brod durchgeführt wurde. Dieses Beispiel ist deshalb interessant, weil eine vergleichende Charakteristik der Perspektiven einer Erdöl- und Erdgasführung des Nordteils der DDR gegeben wurde.

Zu den Becken an der Südflanke des Baltischen Schildes rechnet I. O. Brod das Nordkaspische Becken im südöstlichen Teil der Russischen Tafel und eine Reihe von Becken, die das Ukrainische Kristallinmassiv und die paläozoischen Gebirgszüge von Westeuropa umgeben (vom Osten nach dem Westen: das Ostukrainische oder Dneprowsk-Donez-Becken, das Pripjatbecken, das Nordeuropäische Becken). Die genannten Becken haben einige gleiche geotektonische Merkmale, obwohl das Alter ihres Fundaments verschieden ist. Alle Becken sind bedeutende artesische Becken und führen ähnliche lithologisch-stratigraphische Komplexe, die regional erdöl- und erdgasführend sind.

An erster Stelle steht das Nordkaspische Becken als das größte. Es hat die größten Mächtigkeiten an Sedimentgesteinen und den größten Bereich einer Erdöl-und Erdgasführung. Bei der Einschätzung der Perspektiven seiner Erdöl- und Erdgasführung steht, nach I. O. Brod, in der Gesamtheit der Anzeichen an zweiter Stelle das Deutsch-Polnische Becken, dessen mittlerer Teil auf dem Territorium der DDR liegt.

P. Antropow begründet die Perspektivität der Erdöl- und Erdgasführung in den zentralen Gebieten des europäischen Teils der UdSSR durch nachstehende Argumente: Im Bereich der zentralen Gebiete sind zwei große Strukturelemente angeordnet – die Moskauer (Mittelrussische) Senke und die Saratow-Rjasaner Senke.

Die Moskauer Senke erstreckt sich in einer Breite von 400–420 km von Südwesten nach Nordosten über 1200 km und führt Sedimentgesteine von etwa 3500–4000 m Mächtigkeit. Im Nordwesten wird die Senke durch den Baltischen Schild, im Süden durch das Woronesher Kristallinmassiv und im Südosten durch die begrabene Tokmowsker Aufwölbung begrenzt. Die Fläche der Senke übersteigt 500000 km^2. Im Nordosten vereinigt sich die Senke mit der Wjatsk-Kamsker Senke, die im nördlichen Teil der erdöl- und erdgasführenden Wolga-Ural-Provinz liegt.

Die zentrale, abgesunkene Zone der Senke ist durch regionale Brüche im kristallinen Untergrund von den Rändern abgetrennt.

Die Saratow-Rjasaner Senke hat bei einer Breite von 90–180 km eine Länge von etwa 700 km und verbindet die erdöl- und erdgasführende Provinz am Kaspischen Meer mit der Moskauer Senke. Die Mächtigkeit der sedimentären Schichtenfolge erreicht hier 3000–3500 m. Die altpaläozoischen und devonischen marinen Ablagerungen des Moskauer Beckens und der Saratow-Rjasaner Senke sind im unteren Teil vorwiegend durch sandig-tonige Gesteine und im oberen Teil durch karbonatische und tonige Sedimente vertreten. Die Ablagerung fand unter Verhältnissen statt, die für die Entstehung von Erdölmutterfolgen günstig waren. Seiner Entstehung nach ist der Komplex der unterpaläozoischen und devonischen Ablagerungen in diesen Becken den erdöl- und erdgasführenden Ablagerungen der Wolga-Ural-Provinz ähnlich.

Die Mächtigkeit dieser Ablagerungen schwankt in den einzelnen Teilen der Becken von 1350 bis zu 2500 m und mehr. Die Gesteine des unteren Paläozoikums und des Devons weisen gute Speichereigenschaften auf. Im Profil des Devons erreicht die Gesamtmächtigkeit der sandigen Gesteine in einzelnen Bezirken 150 m und mehr. Bei der Niederbringung von Bohrungen wurden bituminöse Gesteine und Gasanzeichen angetroffen. In einer Bohrung stieß man in den Sedimenten des unteren Paläozoikums auf hochmineralisiertes Wasser mit Gehalt an Jod, Brom und brennbarem Gas, das schwere Kohlenwasserstoffe (0,1–0,3$^0/_0$) enthielt.

Die bisherigen Daten über das Moskauer Becken wurden mit Hilfe von 15 Tiefbohrungen gewonnen. Im Durchschnitt entfallen auf eine Tiefbohrung mehr als 35000 km^2. Zur Erforschung der Perspektiven der Erdölführung des Moskauer Beckens und des nordwestlichen Teils der Saratow-Rjasaner Senke wurde vorgesehen, den Charakter der Gliederung des kristallinen Untergrundes und seine Wechselbeziehung mit den Strukturformen des Sedimentkomplexes, den Charakter der Verbindung der abgesunkenen Teile des Beckens und der Senke mit den Rändern und die großen Strukturelemente im unteren Paläozoikum und im Devon zu ermitteln.

Nachdem auf diese Weise die höffigsten Flächen und Gebiete festgestellt wurden, werden Tiefbohrungen zur Untersuchung der sedimentären Schichtenfolge bis zum kristallinen Untergrund angesetzt. Die Erforschung der Tektonik soll mit Hilfe von tiefen Bohrungen in Verbindung mit Reflexions- und Refraktionsseismik auf Regionalprofilen, die das Moskauer Becken kreuzen, erfolgen. Gleichzeitig mit den seismischen Profilen sind auch eine seismische Flächensondierung und eine elektrische Vermessung im Maßstab 1 : 500000 bis 1 : 200000 vorgesehen.

5.2. Vergleichende Einschätzung der Perspektiven einzelner Zonen und Gebiete erdöl- und erdgasführender Becken

Innerhalb eines nach der Gesamtheit der Anzeichen als höffig erkannten Beckens kann die Perspektivität der einzelnen Teile des Beckens ungleich sein. Bei der Festlegung der Richtung der Such- und Erkundungsarbeiten orientiert man sich in der ersten Etappe gewöhnlich auf die deutlichsten Anzeichen einer Erdölführung in Form von direkten Erdölanzeichen, die in der Regel an in verhältnismäßig geringen Teufen lagernde Fallen gebunden sind, und auf andere Anzeichen, deren Einschätzung einfach ist (Auftreten von Antiklinalstrukturen, Salzstöcken). Erst nach der Entdeckung einer Lagerstätte wird die eingehende Erkundung in Angriff genommen, die mitunter zu unerwarteten Entdeckungen und zur Neueinschätzung der Erdölhöffigkeit führen kann.

Bei der vergleichenden Einschätzung soll man nicht nur die höffigsten Zonen ermitteln, sondern auch die Teufen, in denen Erdöl- und Erdgaslagerstätten möglich sind. Ebenfalls müssen die Typen der Fallen, an die Lagerstätten gebunden sein können, bestimmt werden. Im Bereich der erdöl- und erdgasführenden Becken werden Gebiete ausgewählt, die gleiche allgemeine Züge des geologischen Baues besitzen, die sich aber sowohl im Detail der petrographisch-stratigraphischen Komplexe als auch in den Besonderheiten der Strukturelemente, die die Bildung der Lagerstätten bestimmen, unterscheiden.

So treten z. B. innerhalb des nordeuropäischen erdöl- und erdgasführenden Beckens die Baltische und Deutsch-Polnische Senke, innerhalb der zentralen Gebiete des europäischen Teils der UdSSR die Moskauer und die Saratow-Rjasaner Senke usw. hervor. Den Perspektiven nach unterschiedlich sind auch einzelne Teile dieser Becken und Senken.

Bei der vergleichenden Einschätzung der Perspektiven einzelner Teile der erdöl- und erdgasführenden Becken geht man hauptsächlich von der Mächtigkeit und dem Charakter des Profils der sedimentären Schichtenfolge, von der Anzahl und der Mächtigkeit der erdöl- und erdgasführenden Schichtenpakete, der Größe und dem Aufbau der tektonischen Elemente sowie dem hydrogeologischen und geochemischen Milieu aus.

I. O. Brod führte 1944 den Begriff Zonen der Erdöl- und Erdgaskonzentration ein und versteht hierunter „sowohl Antiklinal- als auch Monoklinalzonen der Verbreitung von Erdöl- und Erdgaslagerstätten, die durch einheitliche Entstehungsbedingungen für Erdöl verbunden sind". Folglich sind die Zonen der Erdöl- und Erdgaskonzentration relativ große Strukturelemente, die das Auffinden zahlreicher Erdöl- und Erdgaslagerstätten in regional erdöl- und erdgasführenden Schichtenfolgen bestimmen.

Bei der vergleichenden Einschätzung muß man daher die bereits bekannten und die wahrscheinlichen Zonen der Erdöl- und Erdgaskonzentration gegenüberstellen.

Die Vorbereitung und das Studium des Materials erfolgen nach dem gleichen Plan, nach dem die geotektonischen Untersuchungen der ersten Etappen der Sucharbeiten (s. Kapitel 4.) durchgeführt werden, aber die Unterlagen müssen detaillierter und in einem größeren Maßstab ausgefertigt werden. Die vergleichende Einschätzung der Perspektiven einzelner Zonen und Gebiete der erdöl- und erdgasführenden Becken hat die Zielstellung, Prognosekarten des erdöl- und erdgasführenden Beckens zusammenzustellen.

Beim Entwurf der Prognosekarten der Erdölführung werden die Grenzen der erdöl- und erdgasführenden Becken in die Karte eingetragen, sowohl die an die Oberfläche ausstreichenden als auch die verdeckten.

Als Grenzen verdeckter erdöl- und erdgasführender Folgen treten die Konturen von begrabenen Wällen, Hochlagen und Brüchen auf, die meist mit Hilfe von geophysikalischen Messungen bestimmt werden. Die Grenzen bekannter und vermuteter Zonen der Erdöl- und Erdgaskonzentration werden eingetragen. In erster Annäherung unterscheiden sich Zonen der Entwicklung antiklinaler Falten des Tafel- und Faltengebirgstyps. Für jede Zone werden petrographisch-stratigraphische Komplexe von Gesteinen mit Hinweisen auf die Teufe der Lagerung ausgeschieden, die möglicherweise erdöl- und erdgasführend sind. Es werden Zonen wahrscheinlicher stratigraphischer Fallen und Fallen anderer Typen ausgesondert. Auf Grund der Analyse einer solchen Karte oder einer Serie von Karten erfolgt die Einschätzung der Perspektiven der Erdöl- und Erdgasführung. Erwünscht ist es, für jede zu bewertende Zone eine Berechnung der prognostischen Vorräte durchzuführen.

Durch die Prognosekarte wird die Richtung der detaillierten Such- und Erkundungsarbeiten bestimmt, die nicht immer in der Zone begonnen werden müssen, die die maximalen prognostischen Vorräte aufweist, da diese Zonen für die Aufschließung schwer zugänglich sein können. Abb. 19 (S. 102/103) zeigt eine schematische Prognosekarte der Erdöl- und Erdgasführung.

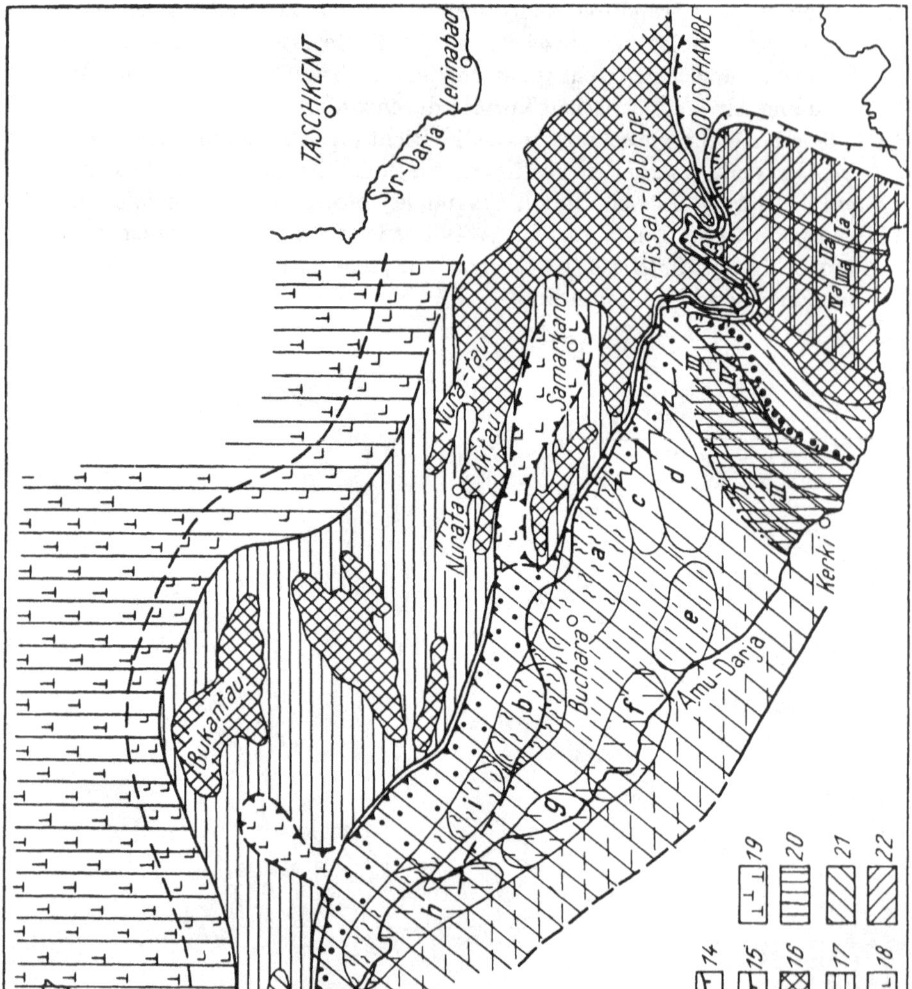
Aralsee
Nukus
Urgentsch
Bukantau
Nurata
Nura-tau
Aktau
Samarkand
Buchara
Amu-Darja
Kerki
TASCHKENT
Syr-Darja
Leninabad
Hissar-Gebirge
DUSCHANBE
a
b
c
d
e
f
g
h
i
1
2
3
4
5
6
7
8
9
10
11
12
13
14
15
16
17
18
19
20
21
22

Abb. 19. (S. 102) Perspektivkarte der Erdöl- und Erdgasführung in West- und Südusbekistan (zusammengestellt nach A. G. Babajew, L. G. Schukowski, E. W. Lebsin, J. W. Kajesch 1959)

Erdöl- und erdgasführende Becken und Gebiete:
1 – Syr-Darja-(Nord-Kysylkum-)Becken, Buchara-Chiwin-Becken; 2 – Tafelgebiet; 3 – Gebiet der Senke vor der Plattform; 4 – Surchan-Darin-Becken.

Grenzen der großen Struktureinheiten:
5 – Grenzen der großstrukturellen Elemente erster Ordnung innerhalb der Plattform; 6 – vermutliche Grenze zwischen den großstrukturellen Elementen der Plattform und der Vorsenke; 7 – vermutliche Grenze zwischen der Vorsenke und dem Faltengebiet.

Erdöl- und Erdgasgebiete des Buchara-Chiwin-Beckens: Festgestellte Gebiete: a – Kagan; b – Gaslin; c – Mubarek. Vermutliche Gebiete: d – Karschi; e – Dengiskul; f – Tschardschou; g – Kabakly; h – Pitnjak-Dargan-Ata; i – Jangi-Kasgan.

Zonen mit Erdgas- und Erdölanhäufung im Gebiet Buchara-Chiwin: In Verbindung mit positiven regionalen Strukturen:

8 – Buchara-Gaslin-Struktur, hochperspektiv für das Aufsuchen von Erdöl- und Erdgaslagern in kretazischen und jurassischen Ablagerungen, nach den Merkmalen der Erdöl- und Erdgasführung und nach den allgemeinen geologischen Merkmalen;

9 – Amu-Darja-Struktur, mit Perspektiven auf Erdöl und Erdgas in Kreide- und Juraablagerungen nach den allgemeinen geologischen Merkmalen.

In Verbindung mit regionalen Monoklinalen und Senken:

10 – Zone der Erdöl- und Erdgasanhäufung in der Vorkysylkum-Böschung, mit Perspektiven für das Aufsuchen von Erdöl- und Erdgaslagern in Kreideablagerungen, nach den allgemeinen geologischen Merkmalen (gemeinsam mit Lagern des Strukturtyps sind lithologisch-faziell bebegrenzte Lager möglich);

11 – Karakul-Struktur, mit großer Perspektive für das Aufsuchen von Erdöl- und Erdgaslagern in Kreide- und Juraablagerungen im nördlichen Randgebiet, nach den allgemeinen geologischen Merkmalen und nach dem Komplex der Merkmale einer Erdöl- und Erdgasführung;

12 – Choresm-Ismail-Struktur, mit wahrscheinlicher Erdöl- und Erdgasführung in Kreide- und Juraablagerungen der Randgebiete, nach den allgemeinen geologischen Merkmalen.

In Verbindung mit der Hebung der Vorplattform-Randsenke:
I – Aljande-Dongussyrt; II – Kerki-Talimardschan; III – Karail-Taschgusar; IV – Urja-Darin.
Zonen der Erdöl- und Erdgasanhäufung des Surchan-Darin-Gebietes: In Verbindung mit Antiklinalen: Ia – Aktau-Predehreb; IIa – Dschejranschan-Koschtschekinsk; IIIa – Utschkysyl-Chandag; IVa – Istarin-Aschirchan-Gebiete, günstig für das Aufsuchen von Erdöl- und Erdgaslagern in folgenden Ablagerungen: 13 – Kreide; 14 – Oberer und Mittlerer Jura; 15 – Unterer Jura.

Aufteilung der Flächen nach dem Grad ihrer Perspektivität:

16 – bezüglich einer Erdöl- und Erdgasführung ohne Perspektiven;

17 – mit wenig wahrscheinlichen Perspektiven der Erdöl- und Erdgasführung in den Kreideablagerungen und ohne Perspektiven für ein Aufsuchen von Erdöl- und Erdgaslagern in jurassischen Ablagerungen;

18 – mit möglichen, aber ungeklärten Perspektiven der Erdöl- und Erdgasführung in Kreideablagerungen und ohne Perspektiven für das Aufsuchen von Erdöl- und Erdgaslagern in jurassischen Ablagerungen nach den allgemeinen geologischen Merkmalen;

19 – Perspektiven nach den allgemeinen geologischen Merkmalen für das Aufsuchen von Erdöl- und Erdgaslagern in kretazischen Ablagerungen und mit ungeklärten Perspektiven der Erdöl- und Erdgasführung in jurassischen Ablagerungen;

20 – Perspektiven für das Aufsuchen von Erdöl- und Erdgaslagern in jurassischen, kretazischen und paläogenen Ablagerungen nach den allgemeinen geologischen Merkmalen;

21 – Perspektiven für das Aufsuchen von Erdöl- und Erdgaslagern in jurassischen Ablagerungen nach den allgemeinen geologischen Merkmalen;

22 – hochperspektiv für das Aufsuchen von Erdöl- und Erdgaslagern in paläogenen, kretazischen und jurassischen Ablagerungen nach den allgemeinen geologischen Merkmalen und nach dem Komplex der Anzeichen einer Erdöl- und Erdgasführung

6. Einleitende Sucharbeiten

6.1. Allgemeine Bemerkungen

Zum gegenwärtigen Zeitpunkt, wo fast alle Gebiete der Erde geologisch hinreichend erforscht sind, geologische und tektonische Karten vorliegen, wesentliche Teile der Länder vermessen sind und zahlreiche Bohrungen mit unterschiedlichen Aufgabenstellungen gestoßen wurden, sind die vorbereitenden Arbeiten wesentlich vereinfacht.

In den geologisch und geophysikalisch hinreichend erforschten Ländern kann sich dieses Stadium auf eine ausführliche Analyse der früher durchgeführten Arbeiten, auf die Befahrung der interessantesten Bezirke und auf die Durchführung einiger zusätzlicher Felduntersuchungen beschränken.

Mit diesen Arbeiten müssen sich die qualifiziertesten Erdölgeologen beschäftigen, die nicht nur mit den Grundlagen der Erdölgeologie und mit der Methodik des Aufsuchens und der Erkundung von Erdöl- und Erdgaslagerstätten bekannt sind, sondern auch den geologischen Bau und die Erdölführung analoger Gebiete kennen.

Auf die Frage, ob wirtschaftliche Erdöl- und Erdgaslagerstätten vorhanden sind oder nicht, kann man in der Endkonsequenz nur nach der Niederbringung von Bohrungen, die große Aufwendungen erfordern, antworten. Die Lösung der Frage, in welcher Etappe der Erforschung des Gebietes und nach welchem Komplex einleitender Untersuchungen mit der Niederbringung von Suchbohrungen begonnen werden soll, hängt von den vorbereitenden Arbeiten ab.

6.2. Einleitendes Studium der Unterlagen

Man beginnt mit dem Studium des vorhandenen Materials. Nachstehende Reihenfolge wird empfohlen:

1. der geologische Bau des Territoriums und der Stand der geologischen Erforschung;
2. die geophysikalischen Untersuchungen und der Stand der geophysikalischen Erforschung;

3. Angaben über Erdöl- und Erdgasanzeichen und über Ausstriche von erdölführenden und bituminösen Gesteinen;
4. allgemeine Bedingungen für Bildungsmöglichkeiten von Erdöl- und Erdgaslagerstätten;
5. Studium und Zusammenstellung des erforderlichen kartographischen Materials;
6. Ausarbeitung eines Planes für weitere zusätzliche Arbeiten.

Um einen Überblick über den geologischen Bau zu gewinnen, beginnt man mit dem Studium der geologischen Übersichtsarbeiten. Darauf muß die gesamte geologische Literatur der Gebiete, die vom Standpunkt der Erdölgeologie als besonders interessant erscheinen, systematisch durchgearbeitet werden. Dem Studium unterliegen nicht nur die veröffentlichten, sondern auch die nichtveröffentlichten Arbeiten, die von den verschiedensten Organisationen durchgeführt wurden. Es ist zweckmäßig, über die benutzte Literatur eine Kartei anzulegen. Man muß berücksichtigen, daß in den veröffentlichten Arbeiten und in den nichtveröffentlichten Berichten nicht das gesamte von den Verfassern gesammelte Material enthalten ist. Die Berichte, die nicht von Erdölgeologen ausgearbeitet wurden, verfolgen ein bestimmtes Ziel und können manchmal nicht das enthalten, was den Erdölgeologen besonders interessiert. Daher ist es zweckmäßig, das Originalmaterial und die Notizen durchzusehen, die als Grundlage für die veröffentlichten Arbeiten und nichtveröffentlichten Berichte dienten. Alle erforderlichen Karten, Profile, Skizzen und Photographien sind zu kopieren. Eine Karte des Standes der Erforschung des Gebietes wird, unter Angabe des Maßstabs der geologischen Aufnahme, zusammengestellt.

Analog zum geologischen Material werden auch das geophysikalische Material und die Ergebnisse niedergebrachter Bohrungen studiert.

Auf Grund des gesammelten Materials lassen sich die Möglichkeiten einer Erdöl- und Erdgasführung des zu erforschenden Territoriums bestimmen. Wenn hierbei Angaben über hydrogeologische und geochemische Untersuchungen vorhanden sind, so sind sie zu berücksichtigen. Ein Analogieschluß zu bekannten erdölführenden Territorien wird unternommen. Während der einleitenden Arbeiten ist es ratsam, Gesteinssammlungen und faunistische Sammlungen kennenzulernen.

Auf Grund des gesamten erfaßten Materials wird ein Bericht ausgearbeitet, der nachstehende Fragen behandeln muß:

1. die Geschichte der geologischen Erforschung und die wichtigsten Untersuchungsergebnisse;

2. die Bohrergebnisse und die Ergebnisse der geophysikalischen Untersuchungen;
3. die schematische Beschreibung eines oder mehrerer Normalprofile;
4. die Charakteristik der Tektonik, bekannte und vermutete Störungen, Strukturformen, Fallen;
5. die Ausgliederung und Beschreibung von Leithorizonten;
6. die Charakteristik der Erdölführung des Territoriums nach den Ergebnissen der vorhergegangenen Untersuchungen;
   die Beschreibung der Erdöl- und Erdgasaustritte, der Ausstriche erdölführender Gesteine usw.
   Fehlen diese Angaben, so wird eine Einschätzung der möglichen Erdöl- und Erdgasführung in Anlehnung an andere Gebiete durchgeführt;
7. die regionale geophysikalische Charakteristik (Gravitation, Magnetik, Seismik usw.) sowohl einzelner Abschnitte als auch des gesamten zu erforschenden Territoriums;
8. die allgemeine Einschätzung der Perspektiven der Erdöl- und Erdgasführung, Angaben über erforderliche zusätzliche Untersuchungen, die Methodik und den Plan dieser Untersuchungen.

Der Bericht wird durch das erforderliche kartographische Material illustriert.

In der Regel können auf Grund dieser Arbeit die höffigsten Gebiete eines Territoriums ausgewiesen und die Fragen festgelegt werden, die im Feld geklärt werden müssen.

6.3. In diesem Stadium evtl. notwendige Feldarbeiten und zusätzliche Untersuchungen

Durch das Studium vorhandenen Materials können oft nicht alle Fragen zur Einschätzung der Erdölperspektive und für die Auswahl von Gebieten zur weiteren Erkundung beantwortet werden. In diesem Falle sind zusätzliche Untersuchungen notwendig. Diese Arbeiten sollen möglichst von erfahrenen Geologen ausgeführt werden.

In den Komplex der zu untersuchenden Fragen gehören Tektonik, Stratigraphie, Erdölführung, Hydrogeologie usw. Besondere Aufmerksamkeit verdienen fazielle Gesetzmäßigkeiten, die Veränderung der Mächtigkeiten und die strukturellen Besonderheiten der Lagerung einzelner Folgen.

Vor dem Ansatz weiterer Arbeiten (Bohrungen) muß die Frage beantwortet werden, ob in den zu erforschenden Gebieten erdöl- und erdgasführende Schichtenfolgen vorkommen. Die stratigraphische Stellung dieser Folgen ist festzustellen.

Während dieser Untersuchungsetappe ist es wichtig, zu klären, welche Arten von Fallen und welche Arten von Lagerstätten angetroffen werden können. M. W. Abramowitsch weist darauf hin, daß „ein Geologe, der an Lagerstätten eines bestimmten Typs und bestimmten Charakters gewöhnt ist, dazu neigt, die Verschiedenartigkeit der Erdöl- und Erdgaslagerstätten zu unterschätzen und die ihm geläufigen geologischen Verhältnisse zu überschätzen". In der Regel sind an bestimmte geologische Provinzen auch bestimmte Formen von Fallen und Lagerstättentypen gebunden, aber von dieser Regel gibt es zahlreiche Abweichungen. Bis in die dreißiger Jahre wurden auf der Halbinsel Apscheron Erdöllagerstätten ausgebeutet, die in Diapir- und Kryptodiapirfalten auftraten. In den darauffolgenden Jahren wurden im Bereich der Halbinsel Apscheron und in den angrenzenden Gebieten Erdöllagerstätten gefunden, die an stratigraphische Fallen gebunden waren. Hätten sich die Geologen nur auf das Aufsuchen von Lagerstätten einer streng bestimmten Art orientiert, wären die stratigraphischen Fallen nicht entdeckt worden.

Sogar bei guten Aufschlüssen kann man mittels Feldbeobachtungen ohne Bohrungen nicht immer auf das Vorhandensein von Fallen dieser oder jener Art oder auf erdöl- und erdgasführende Folgen schließen.

Im Bereich der Halbinsel Apscheron wurden die auskeilenden Zonen der produktiven Schichtenfolge, die zahlreiche Erdöllagerstätten enthält, nur durch Bohrungen nachgewiesen. In den Karpaten wurden durch Bohrungen erdölführende, durch Überschiebungen verdeckte Zonen ermittelt.

Eine sorgfältige Beachtung während der Feldarbeiten verdienen die an Verwerfungen und Überschiebungen gebundenen Zonen. In Texas sind an die Störungszone „Balkones", im Wiener Becken an die Steinberger Verwerfung usw. große Erdöllagerstätten gebunden.

Die Auswahl der Flächen für detaillierte Sucharbeiten erfolgt am häufigsten auf Grund von regionalen Untersuchungen.

M. W. Abramowitsch empfiehlt zu diesem Zweck:

1. die Ausscheidung von erdöl- und erdgasführenden Folgen im Profil der sedimentären Schichtenfolge zu begründen und ihre Petrographie, ihre Speichereigenschaften und die hydrogeologischen Besonderheiten zu erforschen;

2. die paläogeographische Kontur der Sedimentationsbecken dieser Folgen zu bestimmen;
3. die Mächtigkeitsschwankungen und die faziellen Besonderheiten der erdöl- und erdgasführenden Folgen im Bereich der Becken zu untersuchen;
4. die Strukturformen der Folgen und ihre geologische Entwicklung zu ermitteln;
5. die Gesetzmäßigkeit der Verteilung des Erdöls und des Erdgases oder ihrer Anzeichen im Zusammenhang mit der Mächtigkeit, den Speichereigenschaften, der Fazies, der Wechsellagerung permeabler und undurchlässiger Gesteine, der Wasserführung usw. festzustellen.
6. Sind im Abbaustadium stehende Lagerstätten vorhanden, so muß man außer dem vorhergehenden Punkt auch noch die Form der Lagerstätte in Verbindung mit dem Fallentyp betrachten.
7. Sind im Abbaustadium stehende Lagerstätten vorhanden, so muß man die Gesetzmäßigkeiten der Verteilung der Lagerstätten im Becken, sowohl im Plan als auch im Profil der erdölführenden Folgen, klären.

Bei den Felduntersuchungen muß man besondere Beachtung der Geomorphologie zuwenden, die nicht nur von den Faktoren der Abtragung, sondern auch durch die physikalisch-mechanischen Eigenschaften und durch die Tektonik bestimmt wird. In einigen Fällen steht das heutige Relief mit großen und auch lokalen, verdeckten Strukturformen in Zusammenhang.

Untersuchungsobjekt bei übersichtsmäßigen geomorphologischen Aufnahmen müssen vor allen Dingen die Großstrukturen sein. Dabei spielen die Elemente der Neotektonik eine große Rolle. Gegenwärtig finden in Tafelgebieten vertikale Bewegungen (positive und negative) mit einer Geschwindigkeit von 0,5–1,0 cm, in Faltungsgebieten solche mit einer Geschwindigkeit von 5–12 cm im Jahre statt. Rezente tektonische Erscheinungen kann man an der Form und Anzahl der Terrassen, an Flußdelten, an Flexuren usw. erkennen.

In Gebieten mit ausreichend intensiven Bewegungen können sich diese tektonischen Vorgänge im Oberflächenrelief widerspiegeln. Die Hebungen treten als Hochlagen und die Senkungszonen als Depressionen in Erscheinung. Eine solche Abhängigkeit des Reliefs von der Tektonik ist nur in dem Fall gegeben, wenn die Abtragung und Sedimentation in minder starkem Maße als die Tektonik an der Gestaltung des Reliefs beteiligt ist. Im großen Maßstab kann man den Zusammenhang zwischen Tektonik und Relief in den alpinotypen Faltengebirgen erkennen.

Eine Widerspiegelung im Relief finden nicht nur große Strukturelemente, sondern auch relativ kleine Falten. So sind z. B. im Ferghanabecken, in der Südtadshinsker Depression und in der Kurinsker Senke (UdSSR) zahlreiche Antiklinalfalten als Bergrücken und „Uvalas" im Relief ausgebildet. Der Zusammenhang zwischen Faltenstruktur und Relief auf Tafelgebieten wird am Beispiel der Uljanowsk-Saratower Syneklise deutlich.

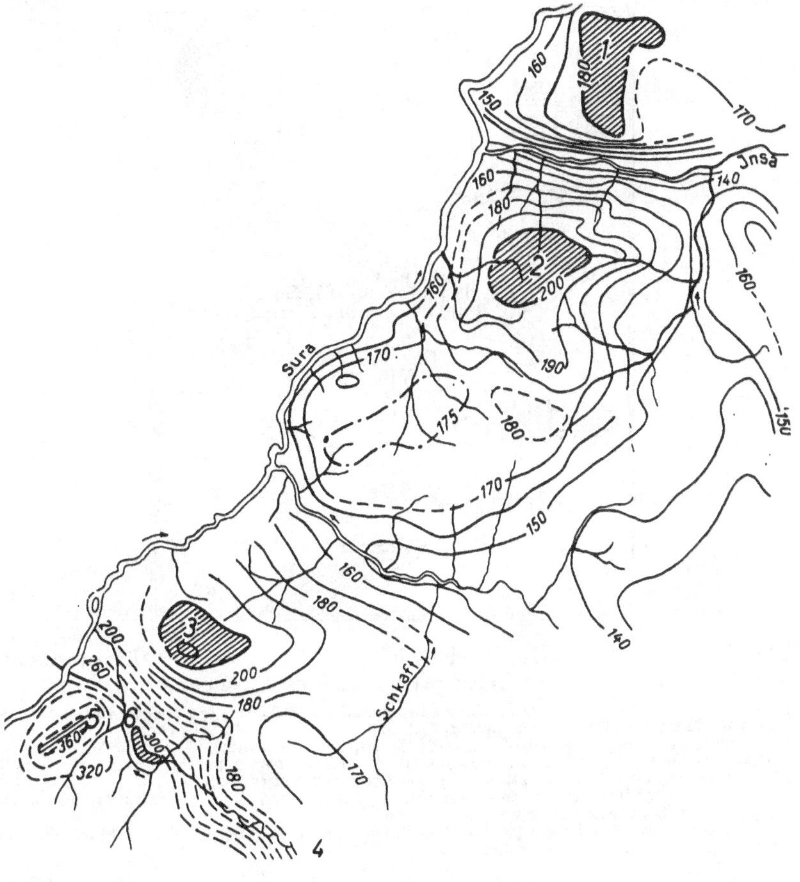

Abb. 20. Abhängigkeit des Reliefs von den Strukturformen
(nach I. O. Brod und E. F. Frolow)

Strukturen: 1 – Iwanowo – Kentschurskoje; 2 – Prudowskoje; 3 – Rudnjewskoje; 4 – steiler Flügel der Antiklinale Sursko-Mokschinskoje; 5 – Jekaterinowskoje; 6 – Kalkstein des Mittleren Karbons

Abb. 20 zeigt eine Karte, die die Übereinstimmung des Oberflächenreliefs mit den Strukturformen wiedergibt.

Die Widerspiegelung von Falten im Relief kann auch umgekehrt sein. In einigen Gebieten, wie z. B. auf der Halbinsel Apscheron, befinden sich die Scheitel einiger antiklinaler Falten bedeutend tiefer als die Flanken.

Abb. 21 zeigt diesen Zusammenhang an einer Antiklinalstruktur im Gebiet der Russischen Ebene.

Abb. 21. Wechselbeziehung zwischen dem Relief und den Antiklinalstrukturen der Russischen Ebene (nach J. A. Meschtscherjakow)

1 – Grenzen der Zonen mit unterschiedlichen Typen und des Verhältnisses zwischen Antiklinalstrukturen, Wällen und Kuppeln und dem Relief;
2 – Gebiete, wo lokale Antiklinalstrukturen des Plattformtyps fehlen;
3 und 4 – Gebiete, wo gerade und fast gerade (3) und umgekehrte (4) und fast umgekehrte Verhältnisse zwischen den Lokalstrukturen und dem Relief beobachtet werden;
5 – Gebiete, wo auf dem allgemeinen Hintergrund der geraden Verhältnisse Lokalstrukturen mit umgekehrtem Relief angetroffen werden;
6 – Gebiete, wo stellenweise ein gesetzmäßiger Zusammenhang zwischen den Strukturformen der primären Gesteine und dem Relief fehlt

Besondere Bedeutung erlangt die Geomorphologie bei der Untersuchung der den Kontinenten vorgelagerten Schelfe.

In den USA werden zahlreiche küstennahe Barren als potentielle Strukturen angesehen.

Die einleitenden Sucharbeiten schließen ab mit der Ausarbeitung eines Planes für detailliertere Untersuchungen. In diesem Plan muß die Notwendigkeit des Ansatzes von geologischen Kartierungsarbeiten, bergbaulichen Aufschlüssen, flachen Strukturbohrungen, geophysikalischen und geochemischen Aufnahmen usw. zur Untersuchung der ausgewiesenen höffigen Gebiete begründet werden.

7. Die Bedeutung der geophysikalischen und geochemischen Methoden bei der Suche und Erkundung von Erdöl- und Erdgaslagerstätten

7.1. Allgemeine Bemerkungen zu den geophysikalischen Methoden

In den meisten Ländern sind die Erdöl- und Erdgaslagerstätten, die direkte und indirekte Anzeichen an der Erdoberfläche haben, bekannt. Heute gilt die Aufmerksamkeit der Erdölgeologen hauptsächlich jenen Gebieten, in denen die erdöl- und erdgasführenden Folgen in großen Teufen lagern und die Strukturen und Fallen durch hangende Sedimentfolgen mit anderem strukturellem Bau verdeckt sind. In solchen Gebieten (schon Wüsten und Sandbedeckung rechnen dazu, wie Dsungarei, Takla-Makan, Sahara u. a.) sind die üblichen Methoden der Feldgeologie wenig effektiv bei der Untersuchung erdölgeologisch interessanter Objekte.

Zweifelsohne lassen sich die tieferen Stockwerke solcher verdeckten Gebiete mit Hilfe von Bohrungen erforschen. Dies ist jedoch mit großem Aufwand an Zeit und Mitteln verbunden. Bei der Untersuchung verdeckter Gebiete hat die Geophysik, sowohl bei regionalen Untersuchungen als auch bei der Erkundung einzelner Falten, vorrangige Bedeutung erlangt. Alle zur Zeit bekannten geophysikalischen Untersuchungsmethoden basieren auf der Verteilung der Gesteine mit bestimmten physikalischen Eigenschaften im Innern der Erde. Während der Durchführung dieser oder jener geophysikalischen Arbeiten werden die Änderungen dieser Eigenschaften mit zunehmender Teufe oder in der Horizontalen erforscht und die Ergebnisse in Karten oder Profilen dargestellt. Die Auswertung der Karten und Profile gestattet, wertvolle Aussagen über den geologischen Bau des zu erforschenden Territoriums zu machen.

Viele nutzbare Bodenschätze, wie z. B. Erze, verfügen über physikalische Eigenschaften, die sich von denen der Nebengesteine stark unterscheiden. Im gegebenen Falle stellen die geophysikalischen Methoden direkte Suchmethoden für Erzkörper dar. Erdöllagerstätten bilden dagegen nur ein schwaches physikalisches Feld, das nur in Ausnahmefällen durch geophysikalische Methoden registriert werden kann. Durch elektrische Aufnahmen gelang es z. B.; in Aserbaidshan süßwasserführende Schichten in geringen Teufen, und durch Elektrosondierung, im Staate Kentucky (USA) flachlagernde erdölführende Schichten in 75–90 und 150–240 m Teufe zu verfolgen. Gleichartige Entdeckungen von Erdöl wurden in Japan (Feld Jabase) gemacht. Ähnliche Beispiele sind sehr selten. Vom Standpunkt des Erdölgeologen gehören die geophysikalischen Methoden zu den indirekten Methoden. Bei der Suche und Erkundung von Erdöl- und Erdgaslagerstätten werden sowohl bei regionalen als auch bei lokalen Untersuchungen alle bekannten Methoden der Geophysik mit unterschiedlichem Erfolg eingesetzt. Voraussetzung für den erfolgreichen Einsatz geophysikalischer Untersuchungsmethoden ist, daß allgemeine Vorstellungen über den geologischen Bau vorhanden und die physikalischen Hauptparameter der Gesteine bekannt sind. Die Interpretation geophysikalischer Meßergebnisse hängt vom geologischen Wissensstand ab, und bei Unkenntnis des geologischen Baues oder bei falschen geologischen Vorstellungen können die Ergebnisse geophysikalischer Untersuchungen falsch ausgelegt werden. Häufig werden in dieser Beziehung die geophysikalischen Organisationen von seiten der Geologen überfordert. So können z. B. seismische Untersuchungen, die ohne Vorstellungen über das Profil durchgeführt wurden, zur falschen Auslegung der Tektonik führen.

Ein wesentlicher Faktor für den Erfolg geophysikalischer Methoden ist ihre Verbindung mit Parameterbohrungen. Das Hauptziel dieser Bohrungen ist die Untersuchung der physikalischen Parameter des Gesteinsprofils. Aus diesen Gründen sollten selbstfahrende Bohranlagen mit 2000 m Teufenkapazität allen geophysikalischen Organisationen, die in der Erdölgeologie arbeiten, zur Verfügung gestellt werden. Vor dem Ansatz von geophysikalischen Untersuchungen müssen genaue Vorstellungen über die zu lösenden geologischen Fragen bestehen, da davon die Auswahl der geophysikalischen Methoden abhängt. Zur zielbewußten und produktiven Arbeit des Geophysikers müssen deshalb vom Geologen exakt formulierte Untersuchungsaufgaben gestellt werden. Die geophysikalischen Untersuchungen nehmen im Komplex der Such- und Erkundungsarbeiten auf Erdöl- und Erdgaslagerstätten keine gesonderte Stellung ein, sondern dienen der Lösung von konkreten geologischen Aufgaben. Eine besonders enge Verbindung zwischen geologischen und geophysikalischen Untersuchungen ist notwendig, wenn Stockwerke mit verschiedenem strukturellem Plan vorliegen. Nehmen wir an, daß in einer gewissen Tiefe ein Granitmassiv lagert, an das erdöl- und erdgasführende Speichergesteine grenzen. Das Granitmassiv und die Erdöllagerstätte sind durch ein mächtiges Schichtenpaket von Kalksteinen oder Dolomiten überlagert (s. Abb. 22). Da die Dichte für Granit 2,4–3,0 und die für Kalksteine und Dolomite 2,3–3,0 beträgt, kann unter dem Granitmassiv keine Zunahme, sondern eine Abnahme der Schwerkraftanomalie stattfinden. Bei der Auswertung der Ergebnisse wird das Granitmassiv nicht entdeckt. Eine falsche Deutung der Tektonik nach

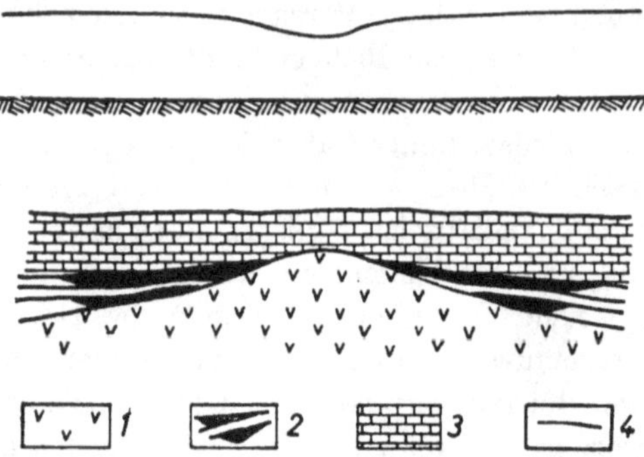

Abb. 22. Gravimetrisches Profil durch ein Granitmassiv, das von mächtigen Schichten bedeckt ist

1 – Granit; 2 – erdölführende Schicht; 3 – Kalkstein; 4 – Kurve der Schwerkraft

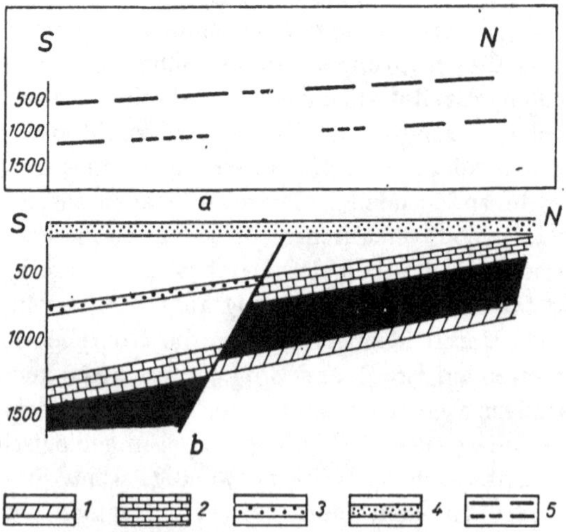

Abb. 23. Profile durch eine Verwerfung

a – seismisches Profil; b – geologisches Profil

1 – erste reflektierende Schicht; 2 – zweite reflektierende Schicht; 3 – reflektierende Schicht; 4 – Alluvium; 5 – Reflektionsflächen

gravimetrischen Ergebnissen ist ebenfalls beim Übergang von Salz, dessen Dichte sich in den Grenzen von 2,0–2,2 bewegt, zu Anhydrit mit einer Dichte von 2,9–3,0 möglich. Fehler sind auch möglich bei der Auswertung seismischer Arbeiten. Abb. 23 zeigt seismische und geologische Profile. Wenn man den geologischen Aufbau nach den Reflexionen einschätzt, ist es leicht, von der zweiten reflektierenden Schicht zur dritten und von der ersten zur zweiten überzugehen und auf ein gleichmäßiges Einfallen der Schichten nach Süden zu schließen.

Betrachten wir die Hauptbedingungen der Anwendung einzelner Arten geophysikalischer Untersuchungen.

7.1.1. Magnetische Erkundung

Bekanntlich werden bei der magnetischen Erkundung die magnetischen Eigenschaften der Gesteine und die Verteilung der Magnetkräfte an der Erdoberfläche untersucht. Die Anomalie eines Magnetfeldes kann durch folgende Hauptursachen bedingt sein:

1. durch Anreicherung, aber auch durch dispers verstreute ferromagnetische Minerale, die den nichtmagnetischen Gesteinen magnetische Eigenschaften verleihen;
2. durch Ausbiß sedimentärer Gesteine oder durch Massive magmatischer Gesteine, die ferromagnetische Minerale enthalten;
3. durch Ungleichartigkeit der Lagerung sedimentärer Gesteine, die ferromagnetische Minerale enthalten, infolge von Faltung, Verwerfung usw.

Die magnetische Erkundung kann zur Lösung folgender geologischer Aufgaben angewandt werden:

1. zur Verfolgung der Grenzen zwischen Gesteinen, die unterschiedliche magnetische Eigenschaften besitzen, z. B. zwischen sedimentären, eruptiven und metamorphen Gesteinen;
2. zur Erforschung des Untergrundes eines Sedimentationsbeckens;
3. zur Feststellung und zur Verfolgung von großen Brüchen in Schichtenfolgen sedimentärer Gesteine;
4. zur Feststellung von tektonischen Hochlagen, bei günstigen physikalisch-geologischen Bedingungen;
5. zum Aufsuchen von Falten, die für die Bildung von Erdöl- und Erdgaslagerstätten günstig sind;
6. zum Aufsuchen von Erzkörpern.

Die besten Ergebnisse liefert diese Methode beim Aufsuchen von Erzkörpern, die über magnetische Eigenschaften verfügen, und die unzuverlässigsten beim Aufsuchen von Falten und anderen Strukturen, die für die Bildung von Erdöl- und Erdgaslagerstätten günstig sind.

In der Praxis der Suche und Erkundung von Erdöl hat die Magnetik nur für regionale Untersuchungen Bedeutung. Bei der Lösung von speziellen Aufgaben kann die magnetische Erkundung beim Aufsuchen von Salzstöcken, die sich als negative magnetische Anomalien absondern, positive Ergebnisse liefern.

Bei der Bewertung der Ergebnisse der magnetischen Erkundung muß berücksichtigt werden, daß eine genaue Teufenbestimmung der Massen, die die magnetischen Anomalien verursachen, sehr schwer ist. Häufig ist die Auswertung nur qualitativ möglich. Das bezieht sich insbesondere auf die Bestimmung der Lagerungsteufe des Untergrundes. Von sowjetischen Geophysikern wurden neue Methoden zur Berechnung der Lagerungsteufe des Untergrundes sowohl nach Meßergebnissen auf der Erde als auch nach aeromagnetischen Aufnahmen entwickelt. Die für die Westsibirische Niederung und andere große Regionen zusammengestellten Karten weisen, wie Bohrungen und seismische Untersuchungen gezeigt haben, in der Teufenangabe des Untergrundes eine hohe Genauigkeit auf.

Bei der magnetischen Erkundung spiegeln die registrierten Anomalien, wenn die Tiefe des Sedimentationsbeckens weniger als 1500 m beträgt, in der Regel nur die Veränderung der magnetischen Eigenschaften der Gesteine des Untergrundes wider, und nur bei einer größeren Mächtigkeit des Sedimentkomplexes kommen die magnetischen Eigenschaften der Gesteine der Sedimentdecke zum Ausdruck.

Die Form und die Amplitude der Anomalien hängt von vielen Ursachen ab, und zwar von der Lagerungstiefe des erregenden Körpers, seiner Form, seinen magnetischen Eigenschaften usw. Es ist allgemein üblich, die Lagerungstiefe der erregenden Masse zu bestimmen durch Multiplikation eines Koeffizienten von 0,65–1,00 mit der Breite der Anomalie. Als Breite der Anomalie wird der Abstand zwischen den Punkten gewählt, in denen die Intensität des Magnetfeldes gleich der Hälfte der Differenz zwischen der mittleren Intensität des Magnetfeldes in Anomalienähe und seinem höchsten Wert im Zentrum ist.

Bei regionalen Untersuchungen wird die aeromagnetische Aufnahme empfohlen, die im Jahre 1936 in der UdSSR von A. A. Logatschew vorgeschlagen wurde. Übersichtsmäßige magnetische Aufnahmen sollen im Maßstab 1 : 1000000 bis 1 : 500000 durchgeführt werden, Aufnahmen für Sucharbeiten im Maßstab 1 : 200000 bis 1 : 100000, eingehende Sucharbeiten im Maßstab 1 : 50000 bis 1: 25000, Aufnahmen für die Erkundung im Maßstab 1 : 10000 bis 1 : 2000.

7.1.2. Gravimetrische Erkundung

Bei einer gravimetrischen Erkundung wird die Verteilung der Schwerkraft untersucht und der Gradient der Schwerkraft bestimmt. Darauf basiert die Aufteilung in eine eigentliche gravimetrische und eine Drehwaageaufnahme.

Die gravimetrische Aufnahme wird bei übersichtsmäßigen regionalen Untersuchungen verwandt, um große Strukturformen zu untersuchen. Solche regionalen Untersuchungen gestatten, die Hauptlinien des geologischen Baues großer Sedimentationsbecken in kurzer Zeit festzulegen. Durch die gravimetrische Aufnahme wurden im Großen artesischen Becken (Australien) mit einer Fläche von etwa 500000 km^2 der flachlagernde Untergrund (600–1200 m) und die Abhängigkeit der Veränderung der Schwerkraft von der petrographischen Zusammensetzung der Gesteine des sedimentären Komplexes in kurzer Zeit festgestellt. Im Becken Perth, das 650 km lang und 90 km breit ist, wurde die Mächtigkeit des Sedimentkomplexes mit bis zu 9000 m bestimmt.

Wenn sedimentäre Schichtpakete auf die Verteilung des Magnetfeldes in den meisten Fällen keinen bedeutenden Einfluß ausüben, so zeigt die Änderung der Dichte der Sedimentgesteine großen Einfluß auf die Größe der Schwerkraft. Schwierigkeiten bei der Deutung der Ergebnisse der gravimetrischen Erkundung treten dann auf, wenn sich in den Grenzen eines zu erforschenden Feldes mehrere Massen anomaler Dichte befinden, die im Verhältnis zueinander räumlich versetzt sind. So kann beispielsweise ein Gravitationsfeld einiger Salzstöcke ein großes Gravitationsmaximum bilden, in das auch die Gebiete zwischen den Salzstöcken eingehen.

Zwischen der Breite der Anomalie und der Lagerungstiefe des erregenden Körpers besteht eine bestimmte Abhängigkeit. Es wird angenommen, daß sich die Lagerungstiefe im Bereich von 0,25–0,65 der Breite der Anomalie befindet. Diese Gesetzmäßigkeit trifft bei flachlagernden und sich über bedeutende Entfernungen erstreckenden Körpern nicht zu. Übersichtsmäßige regionale gravimetrische Aufnahmen werden im Maßstab 1 : 1000000 bis 1 : 500000 durchgeführt. Gravimetrische Aufnahmen können auch für Sucharbeiten verwandt werden, und zwar für die Suche und Umgrenzung lokaler Strukturformen, für die Suche und Verfolgung von großen Strukturelementen, zur Feststellung von Brüchen und auch für die Suche und Umgrenzung einiger nutzbarer Bodenschätze, wie Erz, Salz und Kohle. So treten z. B. die Steinberger und Schratenberger Verwerfungen des Wiener Beckens durch Isanomalen der Schwerkraft auf der Karte gut hervor. Aufnahmen für Sucharbeiten werden im Maßstab 1 : 200000 bis 1 : 100000 durchgeführt. Eingehende Sucharbeiten nimmt man beim Aufsuchen und Begrenzen lokaler Strukturformen und bei der Abgrenzung einiger nutzbarer Bodenschätze, z. B. von Erz, Salz und Kohle, vor.

Für spezielle Zwecke werden gravimetrische Aufnahmen im Maßstab 1 : 50000 bis 1 : 25000, für Such- und Erkundungsarbeiten von polymetallischen Lagerstätten und Eisenerzen im Maßstab 1 : 10000 durchgeführt. Günstige Verhältnisse zur Durchführung gravimetrischer Aufnahmen liegen vor:

1. bei Dichteunterschied der Gesteine nicht unter 0,2–0,3 g/cm^3 unter der Voraussetzung, daß bedeutende Änderungen der Gesteinsdichte bei gleichem Gestein in der Horizontalen fehlen;
2. beim Vorhandensein von ausgeprägten Strukturformen oder von bedeutendem Schichteinfallen mit Einfallwinkeln von über 5°.

Die gravimetrischen Aufnahmen werden oft mit anderen geophysikalischen Arbeiten gemeinsam eingesetzt.

Die Bedingungen für Drehwaagemessungen sind analog. Die Drehwaageaufnahme wird in den letzten Jahren in der UdSSR von den geophysikalischen Organisationen, die die Erdölindustrie betreuen, fast nicht mehr angewandt. Im Zusammenhang mit der Schaffung eines neuen Gerätes, des Gradientmeßgeräts, ist die Möglichkeit einer Wiederanwendung der Drehwaagemessung nicht ausgeschlossen.

Nebenstehend wird eine Tabelle der möglichen geologischen Ursachen der Schwereanomalien und der magnetischen Anomalien der Russischen Tafel angeführt, die in gewissem Maße auf die Frage über die geologischen Bedingungen antwortet, die für die Anwendung von gravimetrischen und magnetischen Messungen günstig sind und die Vorstellungen über die Grundlagen der Interpretation von Anomalien vermittelt (s. Tabelle 18).

Tabelle 18

Mögliche geologische Ursachen der Schwere- und magnetischen Anomalien der Russischen Tafel (nach E. E. FOTIADI)

Anomalien		Wahrscheinliche Ursache der Anomalie	Anmerkung
Schwere-anomalien	Magnetische Anomalien		
1	2	3	4
Maximum	Maximum	a) Intrusionen basischer Eruptivgesteine in Granit- oder Gneismassive b) Block im Untergrund mit bedeutender vertikaler Verlagerung magnetischer (und schwerer) Gesteine	Solche Anomalien können begrenzte Ausdehnung und isometrische Formen haben, wenn sie durch einzelne Intrusionen bedingt sind. Bei Kluftintrusionen nehmen die Anomalien Streifenform an.
Maximum	Minimum	a) Ungleichartigkeit in den Gesteinen der präkambrischen Strukturen: Auftreten von Gesteinen mit großer Dichte, die jedoch unmagnetisch sind, im Schichtenpaket leichter und gleichfalls unmagnetischer Gesteine, z. B. schwachmagnetische Gneise in schwachmagnetischen Graniten b) Eindringen eruptiver, aber schwachmagnetischer Gesteine in sedimentäre Gesteine c) Das gleiche wie im Fall a, aber wenn eine umgekehrte Magnetisierung vorhanden ist	Es ist möglich, daß das Magnetfeld normal bleibt.
Minimum	Maximum	a) Eindringen von leichten magnetischen Gesteinen in schwere, aber nichtmagnetische Komplexe, so z. B. Auftreten von Porphyriten oder Porphyren in schwachmagnetischen Gneisen oder serpentinisierter Peridotite in stark metamorphosierten Sedimentgesteinen usw. b) Die gleiche Situation besteht in Fällen der Anhäufung von starkmagnetischen eisenhaltigen Quarziten (Jaspiliten) in eruptiven Gesteinen, geringer Dichte, z. B. in Graniten.	In einer Reihe von Fällen ist bei kleinen Anomalien ein lineares Streichen kennzeichnend, das auf die Verbindung der störenden Objekte mit den Zonen alter Faltung hinweist. So entsprechen z. B. der karelischen Faltungszone des Baltischen Schildes die langgestreckten Minima, da die Gesteine der karelischen Formation eine geringere Dichte haben als die sie aufnehmenden archäischen Gneise. Die magnetischen Maxima entsprechen hier den Diabasintrusionen, die diesen Komplex durchsetzen. In diesen Fällen hat das magnetische Maximum eine sehr große Intensität. Die Schwereanomalie spiegelt bei tiefer Lagerung des Untergrundes Anhäufungen von Jaspiliten infolge ihrer geringen Dichte nicht wider.
Minimum	Minimum	a) Senken im Untergrund, die mit sedimentären Gesteinen großer Mächtigkeit erfüllt sind b) Eindringen schwachmagnetischer Gesteine, wie z. B. Granite, in schwerere magnetische Komplexe, z. B. Gabbro	Die magnetischen Anomalien haben in diesen Fällen gewöhnlich unscharfe Umrisse und geringe Intensität.

7.1.3. Elektrische Erkundung

Die Methode basiert auf der Erforschung der natürlichen und der künstlich geschaffenen elektrischen Felder (elektromagnetischen Felder) in der Erdkruste. Es gibt mehr als 15 Modifikationen der elektrischen Erkundung, ohne die Methoden der Bohrlochgeophysik, deren Beschreibung nicht Gegenstand dieses Buches ist.

In der Praxis der Suche und Erkundung von Erdöl- und Erdgaslagerstätten werden vorwiegend die vertikale elektrische Sondierung und in geringerem Umfang die elektrische Profilierung angewandt. Wenn im Gesteinsprofil eine Leitschicht auftritt, die sich durch ihre elektrische Leitfähigkeit von anderen Schichten unterscheidet, so kann man durch ihre Verfolgung ein Bild des geologischen Baues erhalten. Das Vorhandensein solcher Schichten im Profil bildet die Voraussetzung für die Anwendung der elektrischen Erkundung.

Die elektrische Erkundung wird in der Erdölindustrie zur Lösung folgender Aufgaben eingesetzt:

1. Aufsuchen und Erkunden von begrabenen Strukturen und Intrusionen von Eruptivgesteinen;
2. Klärung der Tektonik bekannter Hochlagen;
3. Ermittlung und Verfolgung von Störungszonen;
4. geologische Kartierung unter geringmächtigen Lockermassen und von untermeerischen Gebieten.

Die elektrischen Erkundungsarbeiten werden in denselben Maßstäben durchgeführt wie die gravimetrischen und magnetischen Untersuchungen.

7.1.4. Seismische Erkundung

Die seismische Erkundung basiert auf der Möglichkeit der Ausdehnung elastischer Schwingungen (Wellen) in den Schichten der Erdkruste und auf dem Unterschied der elastischen Eigenschaften (und folglich auf dem Unterschied der Ausdehnungsgeschwindigkeiten elastischer Schwingungen) der Gesteine.

Die seismische Erkundung fand in der Praxis der Erdölindustrie breite Anwendung und ist eine der Hauptmethoden beim Aufsuchen und bei der Vorbereitung von Strukturen für Such- und Produktionsbohrungen.

Die erfolgreiche Anwendung der seismischen Erkundung hängt ab vom Geländerelief, von den geologischen Bedingungen an der Erdoberfläche und von den seismischen Eigenschaften der Gesteine, aus denen sich das Profil zusammensetzt.

Eine unerläßliche Bedingung ist das Vorhandensein von gut reflektierenden Schichten im Profil. Die reflektierenden Flächen sind Grenzen zweier Schichten, die unterschiedliche seismische Geschwindigkeiten haben oder, mit anderen Worten, die eine unterschiedliche akustische Härte besitzen. Solche reflektierenden Flächen nennt man seismische Horizonte. Seismische Horizonte können Grenzen von Schichtenfolgen bilden, die sich in der lithologischen Zusammensetzung, der Dichte, der Feuchtigkeit, durch Diskordanzen und durch Schichtlücken voneinander abgrenzen. Die seismischen Horizonte können mit stratigraphischen Grenzen zusammenfallen, sie können aber auch innerhalb der Folgen liegen. Gute Ergebnisse erhält man, wenn die seismische Geschwindigkeit in der Schicht unterhalb der Trennfläche um 15–20% höher ist als in der Schicht darüber. Ist die reflektierende Schicht etwa 7–10 m mächtig und besitzt sie eine ebene Oberkante, werden ebenfalls gute Ergebnisse erzielt.

Von Einfluß auf die Ergebnisse sind die physikalischen Eigenschaften der oberflächennahen Gesteine.

Wenn in der Nähe der Erdoberfläche Gesteine mit geringen Durchgangsgeschwindigkeiten der seismischen Wellen (bis zu 1000 m/sec) lagern, erfolgt eine intensive Dämpfung der nutzbaren Wellen, was die seismische Erkundung stark beeinträchtigt. Das Auftreten von gut reflektierenden Schichten in Teufen bis zu 500 m erschwert die Erkundung. Die Registrierung der Reflexionen aus tieferen Niveaus wird dann sehr gestört. Durch die seismische Erkundung lassen sich folgende Aufgaben erfolgreich lösen:

1. Die Untersuchung von antiklinalen und synklinalen Zonen durch Ausscheidung von Gebieten der relativen Hochlage und Einsenkung der reflektierenden Flächen. Die Untersuchungen führt man mit Hilfe von Profilen oder einer kleinmaßstäblichen Flächenaufnahme durch. Im Ergebnis der Profilerkundung konstruiert man im Maßstab 1 : 5000, 1 : 25000 oder 1 : 50000 seismische Profile.
   Die Flächenaufnahmen gestatten, schematische tektonische Karten und Profile im Maßstab 1 : 100000, 1 : 50000, 1 : 25000 oder 1 : 20000 zusammenzustellen.
2. Die Feststellung antiklinaler Falten, Aufwölbungen und anderer Strukturen; die detaillierte Erkundung der ausgewählten Strukturen als Vorbereitung für Bohrungen. Hierbei kommen Arbeiten der Maßstäbe 1 : 50000 und 1 : 25000 bis 1 : 10000 in Abhängigkeit von den

gestellten Aufgaben zum Einsatz. Als Ergebnis der Arbeiten werden Strukturkarten und Profile konstruiert. Die Karten und Profile können bei der seismischen Erkundung eine große Genauigkeit erreichen, so daß die Differenz von der Teufe der reflektierenden Schicht nur 1–2% ausmacht. Bei günstigen seismischen Voraussetzungen können Strukturen ausgewiesen werden, deren Höhe unter 10 m bleibt.

3. Der Nachweis von Verwerfungen und Winkeldiskordanzen.
4. Die Kartierung der unter Lockermassen anstehenden Gesteine.
5. Die Feststellung der Tiefe und des Reliefs des Sockels von Sedimentbecken. Sichere Ergebnisse erzielte man bis zu Tiefen von über 6 km.

Ungeachtet der Kompliziertheit und der hohen Kosten der seismischen Erkundung findet sie breite Anwendung sowohl bei regionalen als auch bei detaillierten Untersuchungen. Die seismischen Untersuchungen werden in der Regel nach den magnetischen und gravimetrischen Arbeiten durchgeführt und gestatten, in einigen Fällen nicht nur die Ergebnisse dieser Methoden zu detaillieren, sondern auch die geologischen Vorstellungen wesentlich zu korrigieren. Gute Ergebnisse wurden durch seismische Arbeiten in der UdSSR erzielt. Die Seismik ist hier die Hauptmethode der Vorbereitung von Tiefbohrungen unter verschiedensten geologischen Verhältnissen.

Im Nordteil Westdeutschlands wurden reflexionsseismisch fast 50 Erdölfelder, im Bereich des Rheingrabens 12 Erdölfelder und in der Alpenvorlandsenke 8 Erdgaslagerstätten nachgewiesen. Die Refraktionsseismik gestattete, im Bereich des Rheingrabens einzelne Blöcke und stratigraphische Fallen auszuweisen. Die stratigraphischen Fallen wurden mit Hilfe von Konstruktionen erkannt, die auf den Ergebnissen der seismischen Erkundung basieren. Die Geologen in Westdeutschland sind der Ansicht, daß man in Gebieten mit kompliziertem geologischem Bau die Refraktionsseismik als Hauptmethode der Erkundungsarbeiten anwenden sollte. Die übrigen geophysikalischen Methoden sollen bei der Lösung spezieller Fragen angewandt werden. Seit 1953 arbeiten in Westdeutschland ständig 30 bis 40 seismische Erkundungstrupps.

7.1.5. Geothermische und radioaktive Methoden

Die geothermischen Methoden haben bisher in der Erdölerkundung keine Anwendung gefunden, während sich die radioaktiven Methoden im Stadium der Erprobung und der Einführung befinden. Ohne Zweifel werden jedoch beide Methoden ihren Platz im Komplex der geophysikalischen Arbeiten finden.

Die geothermischen Methoden beruhen auf der ungleichmäßigen Verteilung der Temperaturen im sedimentären Komplex, bedingt durch die unterschiedliche Wärmeleitfähigkeit der Gesteine, durch die Strömung der Schichtwässer und durch einige andere Ursachen. Der Zusammenhang zwischen Strukturen und Temperaturanomalien wurde von Forschern zahlreicher Länder festgestellt.

Die geothermischen Untersuchungen von SCH. F. MECHTIEW in Aserbaidshan und die Untersuchung von 57 Lagerstätten der USA haben gezeigt, daß die mittlere geothermische Tiefenstufe an den Scheiteln der Falten kleiner ist als an den Flanken, was mit der Dynamik der unterirdischen Wässer und mit der Wärmeanisotropie der Gesteine in Zusammenhang gebracht wird. Der Zusammenhang zwischen Wärmeverteilung und Strömungsrichtung der „heißen" Wässer wurde im Nowogrosnensker Bezirk und bei einigen Strukturen der Russischen Tafel festgestellt. Für die Russische Tafel wurde ein Zusammenhang zwischen der Größe der geothermischen Tiefenstufe und der Lagerungsteufe des Sockels ermittelt. Einige Forscher verbinden die Temperaturgradienten mit Schwereanomalien. Im Bereich von Schwereanomalien werden auch Temperaturanomalien beobachtet. Folglich kann man bei einem in historischer Zeit relativ konstanten Wärmestrom, der von den Wärmequellen im Erdinnern herrührt, im Bereich einer Erdöllagerstätte Wärmeanomalien beobachten. Bei Salzdomen wird infolge einer größeren Wärmeleitfähigkeit des Salzes die Temperatur über den Salzdomen höher sein (s. Abb. 24 a). Der Zusammenhang zwischen einer Struktur und einer geothermischen Anomalie in einer Lagerstätte ist in Abb. 24 b dargestellt.

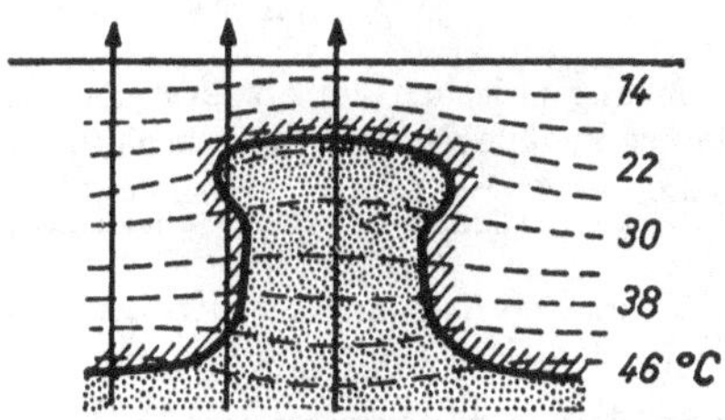

Abb. 24a. Verteilung des Wärmefeldes in der Nähe des Salzstockes (nach W. N. DACHNOW und D. J. DJAKONOW)

Folglich können geothermische Untersuchungen sowohl bei regionalen Untersuchungen als auch bei der Erforschung von lokalen Strukturen wertvolle Hinweise liefern. Die geothermische Methode wurde bisher nicht angewendet, weil dazu erst Bohrungen niedergebracht werden müssen.

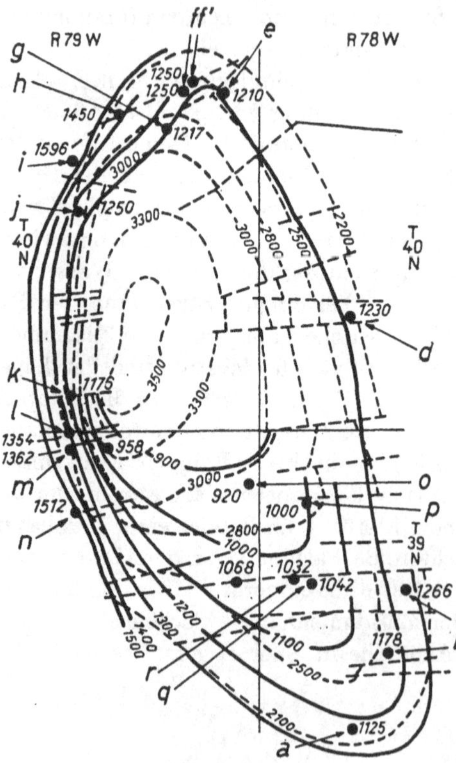

Abb. 24 b. Zusammenhang zwischen der Struktur und der geothermischen Anomalie der Erdöllagerstätte Salt Creek in Wyoming

Die Strichlinien sind Isohypsen des „Zweiten Sandes" von Joll Creek, und die ausgezogenen Linien geben die Teufe der Isothermalfläche von 80° Fahrenheit an (nach VAN ORSTRAND).

Messungen der Radioaktivität an der Erdoberfläche werden schon über 40 Jahre durchgeführt, aber in der Erdölindustrie hat die radioaktive Methode keine Anwendung gefunden. Einige Forscher sehen in der radioaktiven Methode eine direkte Methode zum Suchen und Erkunden von Erdöl. Das Erdöl selbst ist nicht radioaktiv. Eine gewisse, manchmal erhöhte Radioaktivität weisen Schichtwässer auf, die gemeinsam mit Erdöl und Erdgas lagern und die Lagerstätten umranden. Aber alle meßbaren radioaktiven Strahlungen werden in der Regel von den Gesteinen absorbiert, die die erdöl- und erdgasführenden Schichten überlagern.

Nach Angaben von F. A. Aleksejew wird in der UdSSR über den Erdöllagerstätten ein Minimum und über den Randzonen ein Maximum an Radioaktivität beobachtet. Das Auftreten des „Ringeffekts" fand bisher keine befriedigende Erklärung, sein Auftreten steht aber zweifelsohne fest. Die Entstehung der radioaktiven Anomalien über Erdöllagerstätten kann auf geochemische Prozesse in den oberflächennahen Schichten zurückgeführt werden. Diese Vorgänge werden bedingt durch die Migration der Kohlenwasserstoffe.

Zur Zeit wird am häufigsten die Gammaaufnahme mit Geigerzählern angewandt, die die Gesamtintensität der natürlichen Gammastrahlung der radioaktiven Elemente in den oberflächennahen Schichten zeigt. Eine genaue Einschätzung der geochemischen Vorgänge, die mit der Migration der Kohlenwasserstoffe in Zusammenhang stehen, ist nach der Verteilung der einzelnen Komponenten der radioaktiven Strahlung möglich, die es z. B. gestatten, die Uran- und Thoriumkonzentration zu bestimmen.

Im Erdölinstitut der Akademie der Wissenschaften der UdSSR wurde eine Apparatur konstruiert, die es gestattet, die Gesamtintensität der Gammastrahlung und die Intensität des harten Teils der Gammastrahlung zu registrieren.

Abb. 25 zeigt eine Karte der Isogammen einer Erdöl- und Erdgaslagerstätte im Südwestteil Turkmeniens. Die Konfiguration der Isogammen erinnert an eine Strukturkarte. Lokale radioaktive Anomalien, durch Inhomogenität des Bodens bedingt, beeinflussen in gewissem Maße die Linienführung der Isogammen, aber sie entstellen nicht das Gesamtbild der Anomalie.

In der UdSSR wurde eine kombinierte geophysikalische Apparatur entwickelt, um aeromagnetische und aeroradioaktive Aufnahmen gleichzeitig durchzuführen.

Nach der Entwicklung einer annehmbaren Theorie des „Ringeffekts" und einer qualitativen Apparatur wird die radioaktive Methode als die billigste und möglicherweise als direkte Methode breit angewandt werden. In jedem Falle wurden in der UdSSR erfolgversprechende erste Ergebnisse erzielt.

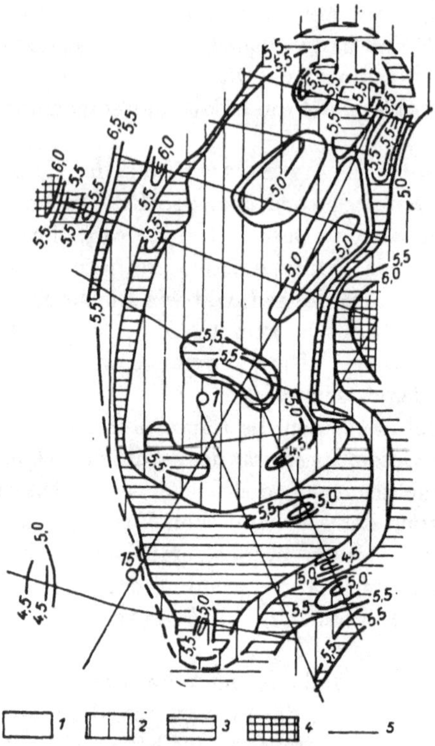

Abb. 25. Isogammenkarte
(nach A. Grumbekow, W. Matwejew, G. Semenow, A. Sokolow)
1 – weniger als 5 γ; 2–5 – 5,5 γ; 3 – mehr als 5,5 γ; 4 – mehr als 6 γ; 5 – radiometrische Profile

7.1.6. Möglichkeit des direkten Auffindens von Erdöl- und Erdgaslagerstätten durch geophysikalische Methoden

Gegenwärtig ist ein Auffinden von Erdöllagerstätten ohne die Niederbringung von Bohrungen unmöglich. Weiter oben wurden Beispiele der Entdeckung von unbedeutenden, flachlagernden Erdöllagerstätten durch elektrische Erkundung angeführt, aber in diesen Fällen wurde lediglich der erhöhte Widerstand fixiert, der auch durch das Auftreten von Süßwässern oder Kohlenschichten bedingt sein konnte. Wenn wir den erhöhten Widerstand registrieren, so können wir nicht mit Bestimmtheit aussagen, daß wir es mit einer Erdöl- oder Erdgaslagerstätte zu tun haben. Folglich haben wir es nicht mit einem direkten, sondern mit einem indirekten Merkmal zu tun.

Eine Erdöl- und Erdgaslagerstätte bildet kein physikalisches Feld, mit Ausnahme des unverständlichen radioaktiven Feldes, das mit den vorhandenen Apparaturen fixiert werden konnte. In der Nähe von Erdöl- oder Erdgaslagerstätten treten Wärmeanomalien auf, aber analoge Anomalien können auch durch andere Ursachen bedingt sein.

Der sowjetische Geophysiker J. G. Mjedowsky stellte die Hypothese auf, daß eine Zerstreuung seismischer Wellen nicht nur durch Verwerfungen, sondern auch durch die Erdölsättigung einer Schicht erfolgen kann. Mit Hilfe von experimentellen Arbeiten wurde bewiesen, daß Erdöl die elastischen Wellen verschluckt.

Im Prinzip müßte eine Erdöllagerstätte auch in einer Schwereanomalie ihre Widerspiegelung finden. Wenn man zwei vollkommen gleiche Falten annimmt, von denen die eine Erdöl und die andere nur Wasser führt, dann müssen die Größen der Schwereanomalie über solchen Lagern unterschiedlich sein.

Versuchsmessungen der Schwerkraft, die vor und nach Ausbeutung über einer Lagerstätte in der UdSSR durchgeführt wurden, haben gezeigt, daß Unterschiede auftreten.

Diese Ideen von J. G. Mjedowsky sind zweifelsohne von Interesse, da sie die Einschätzung der entdeckten Strukturen gestatten werden.

7.2. Geochemische Methoden bei der Suche von Erdöl- und Erdgaslagerstätten

7.2.1. Allgemeine Bemerkungen, Klassifikation der Methoden

Zu den geochemischen Suchmethoden gehören Untersuchungen des Chemismus von Gasen, Wässern, Böden, aber auch physikalisch-chemische und mikrobiologische Untersuchungen. Die unzureichende Entwicklung einiger konkreter geochemischer Methoden führte zu ihrer Überschätzung und in der Praxis in einigen Fällen zu Mißerfolgen, was schließlich zur Unterschätzung der geochemischen Methoden allgemein führte. Die Anreicherung der organischen Substanz und ihre Umwandlung in Kohlenwasserstoffe der Erdölreihe können nur bei einem spezifischen geochemischen Milieu vor sich gehen. Nur bei spezifischen Bedingungen können auch Erdöllager erhalten bleiben. Daraus resultiert, daß Erdölmuttergesteinen, die wirtschaftliche Konzentrationen von Erdöl und Erdgas enthalten, besondere geochemische Merkmale eigen sind. Wenn in einem Sedimentationsbecken Folgen gefunden werden, die nach ihren geochemischen Merkmalen zu den Erdölmuttergesteinen gehören, so kann man, wenn weitere günstige geologische Bedingungen vorhanden sind (Speichergesteine, Fallen usw.), Lagerstätten erwarten.

Die Frage, welche Merkmale die Erdölmuttergesteine besitzen, wurde noch nicht endgültig geklärt. Die Diskussion des Problems der Erdölmuttergesteinsfolgen und der primären Migration veranlaßte einige angesehene Erdölgeologen zur Ablehnung der These von der Entstehung des Erdöls in sedimentären Folgen und führte sogar zum Wiederaufleben der Ansicht über die Entstehung des Erdöls durch eine hypothetische anorganische Synthese. Es steht außer Zweifel, daß nicht alle Gesteine, die disperses Bitumen enthalten, Erdölmuttergesteine sind.

K. Krejci-Graf ist der Ansicht, daß Erdölmuttergesteine durch eine bestimmte Menge an flüssigem Bitumen gekennzeichnet sind, da bei einem geringeren Gehalt letzteres aus den Erdölmuttergesteinsfolgen nicht migrieren könne. Eine solche Problemstellung ist vereinfacht und ihrem Wesen nach fehlerhaft.

Der wesentliche Unterschied in der Kennzeichnung von Erdölmuttergesteinen gegenüber anderen disperses Bitumen enthaltenden Gesteinen besteht darin, daß die Erdölmuttergesteinsfolgen vor der Migration des Erdöls aus ihnen eine bedeutend größere Menge disperses Bitumen enthalten haben. Wenn aus den Erdölmuttergesteinsfolgen ein Teil der Kohlenwasserstoffe der Erdölreihe migriert ist, so müssen die Gesteine, die zwischen diesen Folgen lagern und mit ihnen im Kontakt stehen, durch die migrierenden Kohlenwasserstoffe in irgendeinem Grad reduziert werden. Das kennzeichnendste Merkmal wird deshalb anscheinend die Reduktion der Gesteine sein, durch die die Migration vor sich ging. Diese Gesteine wurden unter anderen faziellen Bedingungen abgelagert und enthalten selbst kein disperses Bitumen. Der Reduktionsgrad legt Zeugnis von der Migration ab.

Andere disperses Bitumen enthaltende Gesteine, die aber kein Erdöl abgeben, können den Reduktionsgrad der Gesteine, mit denen sie wechsellagern, nicht beeinflussen.

Eine sich in der Tiefe befindende Erdöl- oder Erdgaslagerstätte, die von einem Schichtpaket undurchlässiger Gesteine überdeckt wird, ist nicht hermetisch abgeschlossen. In der Nähe der Lagerstätte und besonders über der Lagerstätte bildet sich eine Zone der chemischen Dispersion der Stoffe, die Bestandteile der Lagerstätten sind. Solche Zonen tragen die Bezeichnung Dispersionsaureole. Man unterscheidet primäre und sekundäre Dispersionsaureolen. Die primäre Dispersion erfolgt während der Entstehungsetappe der nutzbaren Bodenschätze, die sekundäre steht mit der Zerstörung der entstandenen Lagerstätte in Zusammenhang. Bei Erdöl sind unter primären Dispersionsaureolen

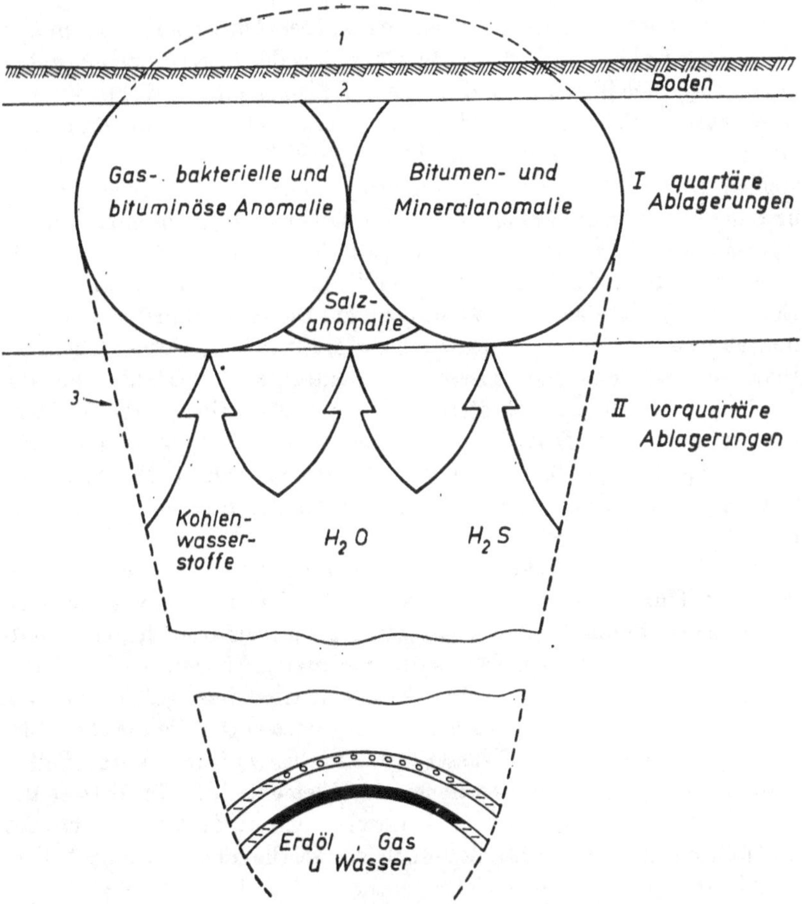

Abb. 26. Schema der Aureolenentwicklung eines Erdgas- und Erdöllagers (nach W. N. Florowskaja)

I – Zone der unteren Werte; II – Zone erhöhter Werte des normalen syngenetischen und geochemischen Fonds; 1 – Entwicklungsgebiet der spezifischen Vegetation; 2 – Gebiet der radioaktiven Anomalien; 3 – Gebiet der erhöhten Reduktion solche Aureolen zu verstehen, die sich in der Nähe der Erdölmuttergesteinsfolgen befinden. Die sekundären Aureolen liegen in der Nähe der Erdöl- und Erdgaslagerstätten.

Die Dispersionsaureolen kann man an Gesteinszonen erkennen, die eine Mikrokonzentration der Stoffe enthalten, welche die Lagerstätte bilden, ebenfalls an Neubildungen, die mit der Migration des Lagerstätteninhalts zusammenhängen.

Abb. 26 zeigt das Schema eines sekundären Dispersionshofes in der Nähe einer Erdöl- und Erdgaslagerstätte. Aus der Lagerstätte migrieren ununterbrochen Bitumina und in erster Linie gasförmige Kohlenwasserstoffe zur Oberfläche. Diese Migration führt auch zur Neubildung von Mineralen und zur Ansammlung von geringen Stoffmengen in den Gesteinen. Das führt zur Veränderung des physikalisch-chemischen Milieus über der Lagerstätte. Am deutlichsten ist über einer Erdöl- und Erdgaslagerstätte ein Gashof ausgeprägt. Der Gehalt an Kohlenwasserstoffgasen in der Bodenluft wurde 1929 von W. L. Sokolow bei der Suche von Erdöl- und Erdgaslagerstätten ausgenutzt. Dieses Verfahren wurde von ihm als Gasaufnahme bezeichnet. Über Lagerstätten wurden ebenfalls Bitumenanomalien und spezifische Bakterien festgestellt, die die Kohlenwasserstoffgase oxydieren. Bei der Einwirkung von Kohlenwasserstoffen auf Sulfate bildet sich eine Reihe sekundärer Minerale. So kann z. B. die bei der Zersetzung einiger Minerale entstehende Kohlensäure zur Bildung von Alunit, Alaunen und Kieselsäure führen.

Abb. 27 zeigt das Schema der Neubildungen in verschiedenen Ablagerungen unter dem Einfluß des aus der Lagerstätte migrierenden Gases. Eine spezifische Salzzusammensetzung weisen auch die Grundwässer auf. So wurde beispielsweise durch Untersuchungen des Verfassers, die 1949 im Gebiet der Vorlandsenke der Karpaten durchgeführt wurden, festgestellt, daß die Grundwässer in geringen Mengen die gleichen Elemente enthalten wie die Wässer der Erdöllagerstätten, unter Beibehaltung der spezifischen Relationen der Elemente, die für Wässer der Erdöl- und Erdgaslagerstätten kennzeichnend sind. Im Bereich der erdölführenden Flächen werden auch spezifische Pflanzen angetroffen. In Abhängigkeit davon, welche geochemischen Kennwerte vorliegen, werden alle bekannten Methoden in zwei Gruppen (in direkte und indirekte) unterteilt.

Abb. 28 zeigt das Schema der Gliederung der geochemischen Suchmethoden.

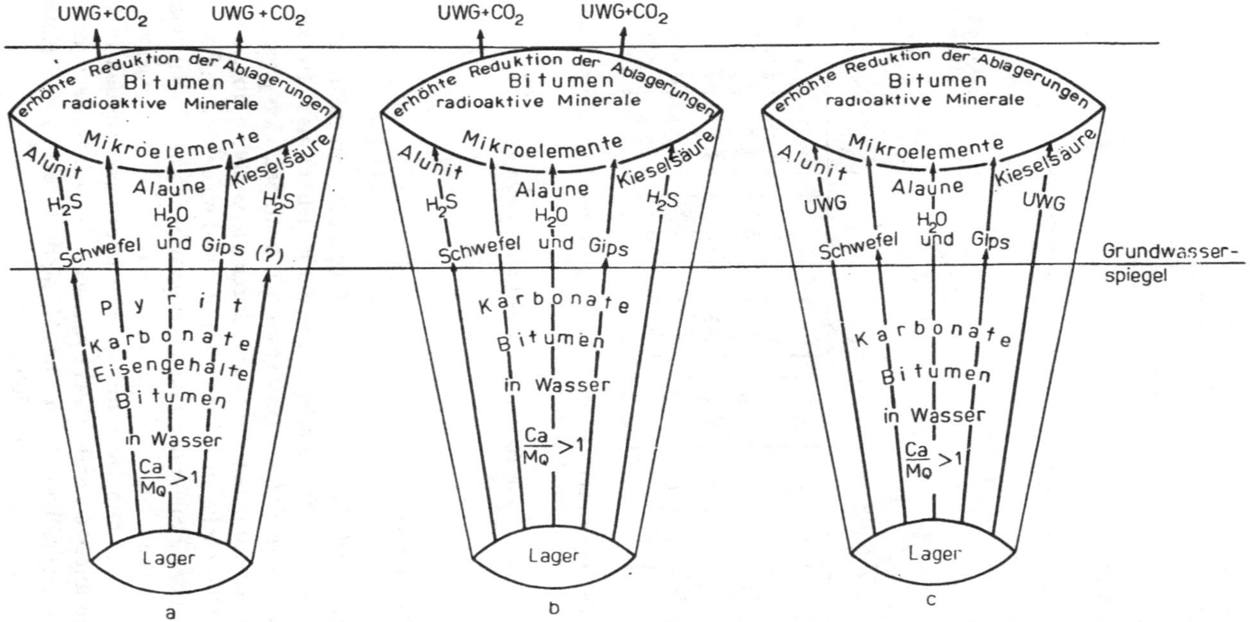

Abb. 27. Neubildungen (Bitumen und Mineralien) in verschiedenen Ablagerungen unter dem Einfluß der Migration von gasförmigen Stoffen

a — in terrigener Schichtenfolge; b — in Karbonatgesteinen; c — in Sulfatgesteinen

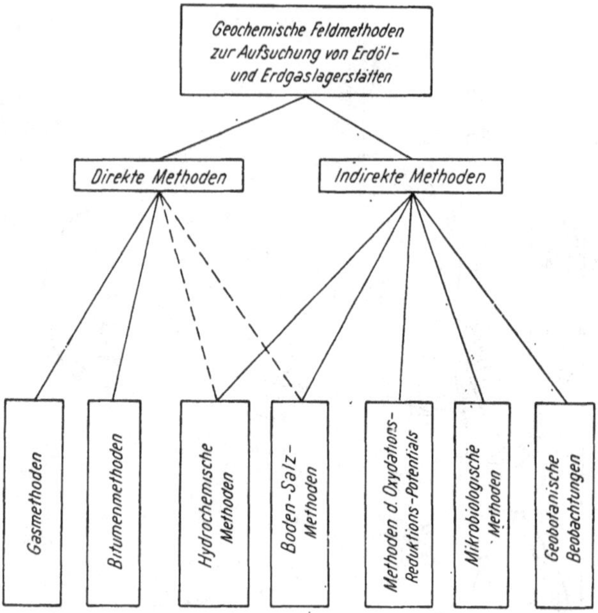

Abb. 28. Schema der Klassifikation der geochemischen Suchmethoden nach Erdöl- und Erdgaslagerstätten

Anmerkung: Die geobotanischen Beobachtungen wurden bedingt in die geochemischen Methoden aufgenommen.

7.2.2. Gasmethoden

Im Jahre 1929 wurde von W. L. Sokolow vorgeschlagen, Untersuchungen über die Zusammensetzung der Bodenluft als Mittel zur Suche nach Erdöl- und Erdgaslagerstätten zu benutzen. Ausgegangen wird dabei von der Fähigkeit des Gases, durch die Gesteine über der Lagerstätte zur Oberfläche zu diffundieren. Es wird eine Gasaufnahme durchgeführt, bei der Proben der Bodenluft gewöhnlich aus 2–3 m Tiefe entnommen werden. Die Probenahme erfolgt aus Bohrungen geringer Teufe von 50–75 mm Durchmesser. Die Bohrungen werden in Profilen über die zu untersuchende Fläche angelegt. Die Abstände zwischen den Profilen betragen 0,5–2,0 km, die Abstände zwischen den Entnahmepunkten auf dem Profil 100–300 m.

Die Gasprobe wird mit Hilfe eines Feldgasanalysators an der Entnahmestelle analysiert oder in ein Laboratorium eingeschickt. Bestimmt werden die Mikrokonzentrationen an Methan, Äthan, Propan und schweren Kohlenwasserstoffgasen. Nach den Ergebnissen in der UdSSR durchgeführter Untersuchungen liegen die Konzentrationen der Kohlenwasserstoffe über erdölführenden Schichten in den Grenzen von 0,0007 und 0,003%, sie erreichen selten 0,1%.

Flächen ohne Erdöl- und Erdgasführung werden durch Konzentrationen von unter 0,0004% gekennzeichnet.

Die Empfindlichkeit der analytischen Geräte, sowohl der Feld- als auch der stationären Geräte, beträgt 10–5%, aber meistens liegt die Genauigkeit der Bestimmung in den Grenzen von $\pm 20 \cdot 10^{-5}$%. Schwankungen bei Wiederholungsanalysen werden bis zu $\pm 40\%$ zugelassen.

Charakteristische Kennzeichen einer Erdölführung sind Äthan, Propan und schwere Kohlenwasserstoffgase.

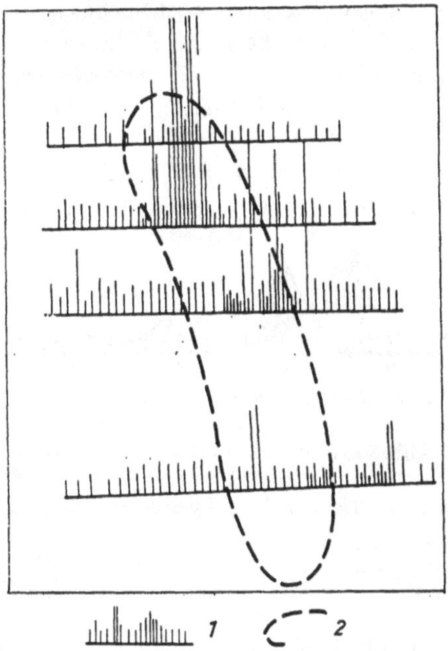

Abb. 29. Darstellung der Ergebnisse der Gasanalyse auf der Karte (nach M. I. SUBBOTA)

1 – Konzentration der schweren Fraktion; 2 – Kontur der Struktur

Die Ergebnisse der Analysen werden in Profilen und Karten zusammengestellt. Die Profile und Karten werden für die Summe der Kohlenwasserstoffgase, für die schweren Kohlenwasserstoffe und für Methan gezeichnet.

Abb. 29 zeigt ein Beispiel der Darstellung von Ergebnissen der Gasaufnahme. Das Auftreten erhöhter Gehalte an Kohlenwasserstoffgasen in der Bodenluft oder, mit anderen Worten, eine Gasanomalie muß im Prinzip einer Erdöl- oder Erdgaslagerstätte in der Tiefe entsprechen. Eine Gasanomalie sondert sich fast immer von Gaspegel (niedrigere Konzentrationen) der Umgebung ab. Außer durch das Auftreten von Erdöl und Erdgas im Erdinnern können Anomalien wie folgt entstehen:

1. durch Migration von Methan aus Kohlenflözen oder durch rezente Gasbildung;
2. durch Ausstreichen anstehender Gesteine, in denen Gas leicht migrieren kann.

Die erste Gruppe falscher Anomalien ist leicht zu erkennen, da schwerere Kohlenwasserstoffe als Methan fehlen. Die zweite Gruppe der Anomalien klärt sich durch eine Analyse des geologischen Baues. Die Gasaufnahme kann nur unter Berücksichtigung des geologischen Baues richtig ausgewertet werden.

In Abhängigkeit von den geologischen, geochemischen und hydrogeologischen Bedingungen haben die Gasanomalien nahe der Erdoberfläche

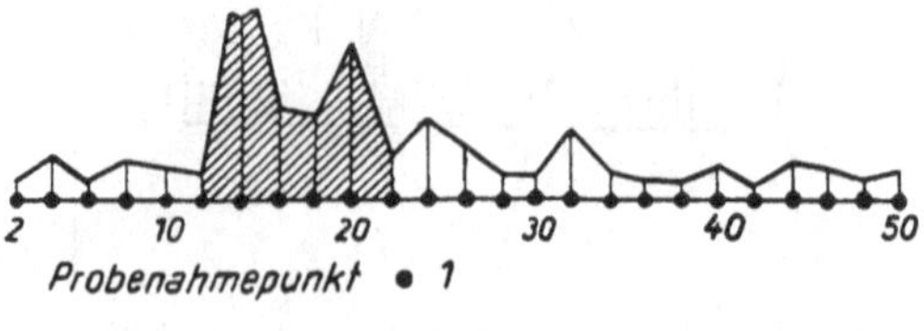

Abb. 30. Profil der direkten Gasanomalie
(nach M. I. Subbota)
Maßstab der Piks: 1 cm = 0,00200 % der schweren Fraktion

die unterschiedlichsten Formen. Tabelle 19 zeigt eine Klassifikation der Anomalien.

Abb. 30 zeigt das Beispiel einer direkten Anomalie, die über einer Lagerstätte der Halbinsel Apscheron registriert wurde. Der höchsten Erhebung der Struktur entspricht der Zentralteil der Gasanomalie.

Tabelle 19

Arten der Gasanomalien (nach M. I. SUBBOTA)

Art der Anomalie		
nach dem Zusammenhang mit der Tektonik	nach der Form	Allgemeine Merkmale
	zusammenhängend	Die Anomalie stimmt mit einer antiklinalen Erhebung überein.
	fleckenförmig	Dito. Die Anomalie tritt auf als eine Gruppe von Flecken.
direkt	lokal	Die Anomalie ist an lokale Abschnitte tektonischer Störungen gebunden.
	ringförmig und zonalringförmig	Die Anomalie ist ringförmig, oder einzelne Flecken umgeben die Struktur mit geringeren Werten innerhalb des Ringes.
	zusammenhängend	Die Anomalie bildet einen großen Flecken an der Flanke der Erhebung, bedingt durch erhöhte Zerklüftung oder durch den zonalen Bau der Erdöllagerstätte.
versetzt	fleckenförmig	Die Anomalie ist fleckenförmig an die Flanke der Erhebung oder an Zonen der Erdöllagerstätte gebunden.
	lokal	Die Anomalie ist an Störungen an der Flanke der Erhebung gebunden.

Abb. 31 zeigt eine direkte Anomalie, die mit einer stratigraphischen Lagerstätte in Zusammenhang steht, und Abb. 32 eine fleckenförmige Gasanomalie.

Für die Entstehung der Ringanomalie gibt es noch keine eindeutige Erklärung (s. Abb. 33). Nach W. L. SOKOLOW entsteht eine Ringanomalie bei einem nichtstabilisierten Diffusionsstrom, wobei die schweren Kohlenwasserstoffe die Oberfläche nur an der Peripherie einer Erdöllagerstätte, die eine Gaskappe hat, erreichen. Nach einer anderen Erklärung entsteht eine Ringanomalie über Strukturen, die an den Flanken starke Klüftung aufweisen.

Abarten der Gasaufnahme sind die Gasmengenaufnahme, die von W. L. Sokolow vorgeschlagen wurde, die Gasaufnahme mit Absorptionsmitteln, die von Akademiemitglied P. A. Rebinder und W. L. Sokolow entwickelt wurde, und einige andere.

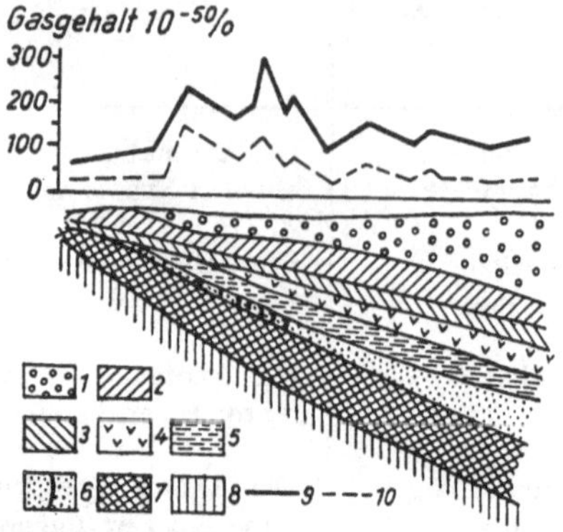

Abb. 31. Schematisches geologisches Profil einer direkten Gasanomalie (nach M. I. Subbota)

1 – Schichten über dem Erz und Quartärablagerungen; 2 – Pont; 3 – Mäot; 4 – Sarmat; 5 – Karagan; 6 – Tschokrak und die Grenze der Erdölführung; 7 – Maikop; 8 – Foraminiferen-Schichten; 9 – Summe der Kohlenwasserstoffgase (nach CO_2 durch Verbrennung); 10 – schwere Kohlenwasserstoffe (nach CO_2 durch Verbrennung)

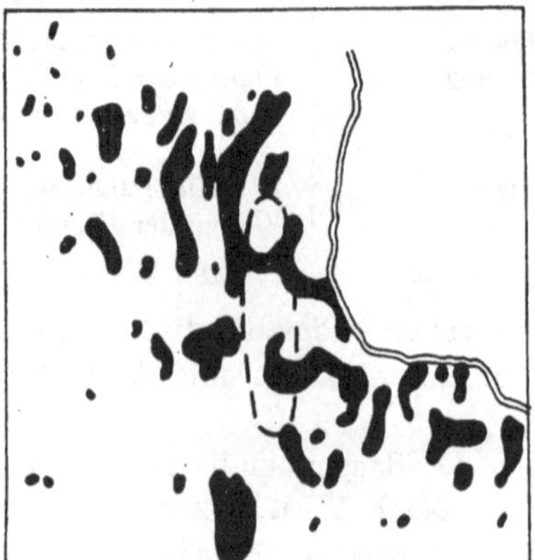

Abb. 32. Gefleckte Gasanomalien (nach M. I. Subbota)

1 – Kontur der Antiklinale; 2 – Gebiete mit erhöhter Konzentration der schweren Fraktion

Die Gasmengenaufnahme beruht auf der Bestimmung der diffundierenden Gasmenge. Die Aufnahme wurde nur versuchsweise angewandt. Um die Konzentration an schweren Kohlenwasserstoffen zu erhöhen und um stabile Ergebnisse zu erhalten, hat man bei Gasaufnahmen Adsorptionsmittel angewandt. Die Bodenluft läßt man dazu durch ein Röhrchen strömen, das mit Adsorptionsmitteln gefüllt ist. Als Sorp-

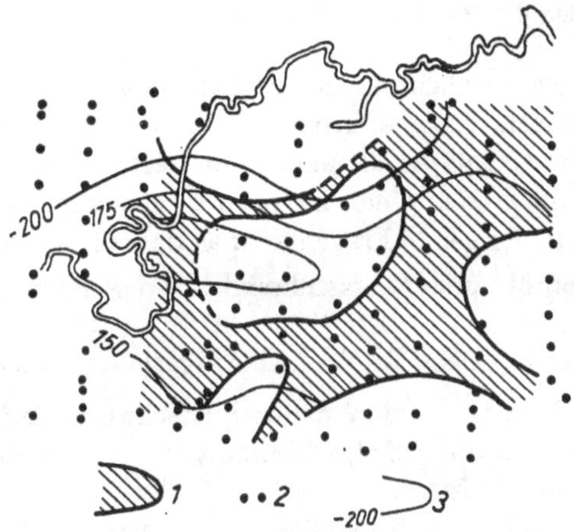

Abb. 33. Beispiel einer ringförmigen Gasanomalie der schweren Fraktion

1 – Zonen mit hoher Konzentration der schweren Fraktion; 2 – Probenahmepunkte; 3 – Isolinien nach dem elektrischen Basishorizont

tionsmittel dient Kieselgel. Kieselgel hält Methan fast nicht zurück, während es die schwereren Kohlenwasserstoffe adsorbiert. Durch das Röhrchen werden 10 Liter Gas mit einer Geschwindigkeit von 500 cm^3/min hindurchgesaugt. Im Laboratorium wird das adsorbierte Gas aus dem Röhrchen gewonnen. Versuche haben gezeigt, daß diese Methode die Kohlenwasserstoffkonzentration wesentlich zu steigern gestattet. Eine breite Anwendung erfolgte aber bisher nicht.

Einige Forscher setzten auf die Gasaufnahme sehr große Hoffnungen. Es wurden Versuche unternommen, nach den Ergebnissen der Gasaufnahme die Lagerungstiefe der Lagerstätten und die Qualität des Erdöls zu bestimmen, aber diese Versuche verliefen bisher erfolglos. Eine Gasanomalie weist auf alle Fälle auf eine Gasquelle hin. Aber sogar große Erdöllagerstätten besitzen nicht immer eine Gasanomalie, besonders in Tafelgebieten. Es sind auch Fälle bekannt, wo große Gasanomalien an unbedeutende Lagerstätten gebunden sind. Die Ergebnisse der Gasaufnahme sind in unterschiedlichen geologischen Provinzen nicht gleichwertig. Die Gasaufnahme liefert in gefalteten Zonen genauere und in Tafelzonen ungenauere Ergebnisse. Die Gasaufnahme muß jedoch zum Komplex der Sucharbeiten gezählt werden.

7.2.3. Methoden der Bitumenbestimmung

Diese Methoden beruhen auf der Bestimmung von Erdölbitumina in Böden und Wässern. Entnommen werden Proben von Böden und Gesteinen, und der Gehalt an Bitumina im Gestein wird mit Hilfe der Lumineszenzanalyse oder einer Extraktion mit organischen Lösungsmitteln bestimmt. Folgende Fragen können dabei gelöst werden:

1. Suche von erdöl- und erdgasführenden Folgen bei regionalen Arbeiten;
2. Prognose über mögliche Erdöl- und Erdgaslagerstätten in der Tiefe.

Die Untersuchungen werden dadurch erschwert, daß es Bitumina gibt, die mit Erdöl- und Erdgaslagerstätten nicht unbedingt in Zusammenhang stehen müssen.

Entsprechend der Aufgabenstellung führt man die Untersuchungen entweder auf Profilen (Suche von erdölführenden Folgen) oder auch als flächenhafte Aufnahme (Aufsuchung von Erdöl- und Erdgaslagerstätten) durch. Die Merkmale der erdöl- und erdgasführenden Folgen wurden bereits weiter oben besprochen. Bei der Einschätzung der Merkmale der Erdölführung verwandte man drei Bitumenkennwerte des Bodens:

1. Gesamtgehalt an Bitumina in den Böden;
2. Bitumengehalt des Bodenhumus;
3. Abnahme des Gehaltes an organischen Stoffen mit zunehmender Tiefe.

Der Bitumengehalt im Boden, vor allem im organischen Teil des Bodens (im Humus), ist ein recht zuverlässiges Merkmal. Als Kennwert wird das Verhältnis Bitumen zu organischem Kohlenstoff bestimmt. Gewöhnlich übersteigt der Bitumengehalt im Humus nicht 10%. Bei höherem Bitumengehalt kann die Zunahme auf Erdöl und Erdgas zurückzuführen sein. Die Untersuchungen von M. M. Kononowa in einigen Feldern der UdSSR haben gezeigt, daß der Bitumengehalt über der Lagerstätte 12–62% und außerhalb der Grenzen des Lagers nur 4–10% beträgt. Wenn ein Teil der Bitumina des Humus aus Erdöl stammt, so nimmt die Menge der organischen Masse mit zunehmender Teufe nur langsam ab. Dies wurde durch Untersuchungen auf der Apscheron-Halbinsel bestätigt. Der Charakter der Veränderung des Bitumengehalts mit zunehmender Teufe hängt jedoch nicht nur von einer eventuellen Gasmigration aus dem Erdinnern ab, sondern auch von den hydrogeologischen Verhältnissen, von den atmosphärischen Niederschlägen usw.

7.2.4. Hydrochemische Methoden

Die hydrochemischen Methoden beruhen auf der Bestimmung der Salzführung der Wässer. Schon 1870–1880 wurde von A. Potylizyn festgestellt, daß die Wässer der Erdöllagerstätten keine oder nur geringe Mengen an Sulfaten enthalten. In den darauffolgenden Jahren hat die Erforschung der Wässer der Erdöllagerstätten gezeigt, daß sie durch eine spezifische chemische Zusammensetzung gekennzeichnet sind. Die Stoffe, die aus dem Erdöl ins Wasser gelangen (Salze, Ionen usw.), dienen deshalb als direkte Anzeichen einer Erdölführung. Hierzu gehören:

1. aufgelöste Bitumina,
2. Jod,
3. Ammonium.

Gelöste Bitumina sind in Wässern durch Salze organischer Säuren (Seifen), hauptsächlich der Naphthensäuren, vertreten. Das Auftreten und die Menge der organischen Säuren werden durch die Zusammensetzung der Erdöle und der Wässer bestimmt. In harten Wässern werden organische Säuren selten angetroffen; in alkalischen Wässern kann ihr Gehalt hoch sein. Maximale Mengen organischer Säuren werden dann angetroffen, wenn Naphthenerdöle und alkalische Wässer zusammen auftreten. Da nicht alle Erdöle größere Mengen organischer Säuren enthalten, gibt ihr Fehlen im Wasser keinen Grund für negative Prognosen; sind aber organische Säuren in geringfügigen Mengen vorhanden, so weist dies auf einen Zusammenhang zwischen Wasser und Erdöllagerstätten (nicht Erdgaslagerstätten) hin.

Nach dem Auftreten von organischen Säuren und der Art der Wässer kann man ungefähr beurteilen, welches Erdöl angetroffen werden kann (s. Tabelle 20).

Jod im Wasser kann aus Erdöl stammen oder auch anderer Herkunft sein. In den meisten Wässern ist der Jodgehalt nur unbedeutend,

Tabelle 20

Unterschiedliche Fälle des Auftretens oder Fehlens von Naphthenseifen in den Schichtwässern vermutlich erdölführender Horizonte (nach A. A. KARZEW)

Naphthen-seifen	Wasser	Das zu erwartende Erdöl ist*	Schlußfolgerung
vorhanden	—	—	Erdöl vorhanden
fehlen	hart	paraffinhaltig	?
fehlen	hart	naphthenhaltig	?
fehlen	alkalisch	paraffinhaltig	?**
fehlen	alkalisch	naphthenhaltig	Erdöl fehlt

Anmerkungen:

* In Analogie zu anderen Bezirken einer bestimmten Provinz oder zu anderen ähnlichen Provinzen.

** Hier sind wahrscheinlich Seifen von Fettsäuren vorhanden.

etwa von 10^{-5} bis 10^{-3} mg/l. Nur in seltenen Fällen erreicht er 5 mg/l (im Salzwasser devonischer Schichten aus einer in Moskau niedergebrachten Bohrung). In den Wässern von Erdöllagerstätten übersteigt die Jodmenge gewöhnlich 10 mg/l und erreicht bis zu 100 mg/l und mehr. Das Auftreten von mehr als 5 mg/l Jod in einem mineralisierten Wasser kann als positives Merkmal einer Erdölführung angesehen werden. In schwach mineralisierten Wässern ist sogar ein Jodgehalt von weniger als 1 mg/l positiv zu werten. Das Ammonium in Schichtwässern ist wahrscheinlich organischer Entstehung und gelangt durch die Zersetzung und Auflösung stickstoffhaltiger Bestandteile des Erdöls ins Wasser. Im Grundwasser ist der Ammoniumgehalt nur gering. Im Wasser der devonischen Sole in Moskau beträgt sein Gehalt etwa 60 mg/l. Beim Wasser von Erdöllagerstätten überschreitet der Ammoniumgehalt meist 100 mg/l und erreicht mitunter 500 mg/l.

Außer direkten hydrochemischen Kennzeichen einer Erdölführung gibt es auch indirekte Anzeichen, zu denen einige in Wasser lösliche Salze und Ionen gehören, und zwar die Hydrosulfide und einige andere reduzierte Verbindungen des Schwefels, Soda, Kalziumchlorid, Brom, Fehlen oder geringer Gehalt von Sulfaten usw. Nach dem Salzgehalt unterteilt man die Schichtwässer in genetische Typen. Der Einstufung liegen vier Salze zugrunde: Kalziumchlorid, Magnesiumchlorid, Natriumhydrokarbonat und Natriumsulfat. Entsprechend werden die vier Wassertypen als Kalziumchlorid-, Magnesiumchlorid-, Natriumhydrokarbonat- und Natriumsulfattyp bezeichnet. Die Wässer von Erdöllagerstätten gehören zu Kalziumchlorid- und Natriumhydrokarbonattypen.

Nach dem vorherrschenden Anion und nach dem vorherrschenden Kation werden diese Wassertypen weiter in Gruppen und Untergruppen unterteilt. Drei Gruppen werden ausgeschieden: die Chlorid-, die Sulfat- und die Hydrokarbonatgruppe. Die Schichtwässer von Erdöllagerstätten gehören zur Chloridgruppe und zur natronhaltigen Untergruppe der Hydrokarbonatgruppe der Wässer.

Das Auftreten von Wasser eines bestimmten Typs in einer Schicht gestattet, Aussagen über eventuelle günstige Bedingungen für Erdöllagerstätten zu machen. Tabelle 21 zeigt ein Schema zur Einschätzung der Erdöl- und Erdgashöffigkeit nach dem Typ, der Gruppe und der Untergruppe der Wässer.

Tabelle 21

Schema zur Einschätzung der Erdöl- und Erdgashöffigkeit nach dem Typ, der Gruppe und der Untergruppe der Wässer (nach A. A. Karzew)

Typ	Gruppe	Cl			SO_4			HCO_3		
	Untergruppe	Na	Mg	Ca	Na	Mg	Ca	Na	Mg	Ca
$CaCl_2$		+	×	+	×	×	×	×	×	×
$MgCl_2$		+	×	×	×	—	—	×	—	—
$NaHCO_3$		+	×	×	—	×	×	+	—	—
Na_2SO_4		—	×	×	—	—	—	×	—	—

Anmerkungen:
+ = Das Vorhandensein einer Lagerstätte ist möglich. — = Für das Vorhandensein einer Lagerstätte gibt es keine Anhaltspunkte. × = Ein in der Natur nicht anzutreffender Fall

Die zuverlässigsten Merkmale zur Einschätzung der Erdöl- und Erdgashöffigkeit liefert ein Komplex direkter und indirekter hydrochemischer Anzeichen. Die direkten hydrochemischen Merkmale weisen auf die Erdölführung hin, gestatten aber nicht, den Erhaltungsgrad der Lagerstätte zu beurteilen. Die indirekten Merkmale weisen nicht auf das Vorhandensein der Lagerstätten hin, bieten aber die Möglichkeit, über das Vorhandensein von günstigen geochemischen Bedingungen zur Erhaltung der Lagerstätte zu urteilen.

Tabelle 22 gibt ein Schema der komplexen Einschätzung einer Erdölführung nach direkten und indirekten hydrochemischen Anzeichen wieder.

Tabelle 22

Schema der Einschätzung der Erdölführung nach direkten und indirekten hydrochemischen Anzeichen (nach A. A. KARZEW)

Seifen, Jod, Hydrosulfide usw.	Kalziumchlorid, Brom, Chloridgruppe usw.	Schlußfolgerung
vorhanden	vorhanden	Erdöl ist vorhanden, und das Vorhandensein einer Lagerstätte ist wahrscheinlich.
vorhanden	nicht vorhanden	Erdöl ist vorhanden, aber das Vorhandensein von wirtschaftlichen Lagerstätten ist nur wenig wahrscheinlich.
nicht vorhanden	vorhanden	Günstige Bedingungen für wirtschaftliche Erdöl- und Erdgaslagerstätten, aber das Vorhandensein von Lagerstätten ist nicht sicher.
nicht vorhanden	nicht vorhanden	Eine Erdölführung ist unbekannt, die Perspektiven sind ungünstig.

Bei der Einschätzung der Erdölhöffigkeit spielen die hydrogeologischen Besonderheiten eine große Rolle. In der Regel sind Erdöl- und Erdgaslagerstätten von einer Zone stagnierenden Wassers umgeben. Der chemischen Zusammensetzung nach sind solche Wässer höchst kennzeichnend. Proben können entweder aus Bohrlöchern oder aus Wasseraustritten auf Klüften und Verwerfungen genommen werden. In vielen Fällen treten Mischwässer auf, aus deren Analysen man nur dann richtige Schlußfolgerungen ziehen kann, wenn die Hydrodynamik der unterirdischen Wässer erforscht ist. Im allgemeinen liegt die Erdöllagerstätte in der der Strömung des Wassers entgegengesetzten Richtung.

Die chemische Zusammensetzung der Lagerstättenwässer verändert sich mit zunehmender Entfernung von der Lagerstätte; insbesondere verändert sich der Sulfatgehalt. Das erklärt sich aus einer Zunahme der Wasserbewegung und folglich der Vermischung.

In gefalteten Zonen kann das Schichtwasser in Synklinalen in bedeutende Tiefen gelangen. Die hohen Temperaturen führen dann zu einer „Sterilisierung“ und zur Erhaltung des SO_4. In diesen Fällen ist das Auftreten von SO_4 bei sonst günstiger Salzzusammensetzung kein negatives Merkmal.

Die Ergebnisse der hydrochemischen Untersuchungen trägt man in Karten ein. Es gibt mehrere Varianten dieser Karten:

Die Wasseranalysen werden in Säulenform in die geologische Karte eingetragen.

Durch Signaturen werden der Typ des Wassers, die Gruppe und die Untergruppe eingetragen.

Zonen gleicher Wassertypen werden ausgewiesen.

Abb. 34 zeigt eine hydrochemische Karte, die nach Analysen aus artesischen Quellen konstruiert wurde, Abb. 35 eine Prognosekarte der Erdölführung nach der Wasserzusammensetzung.

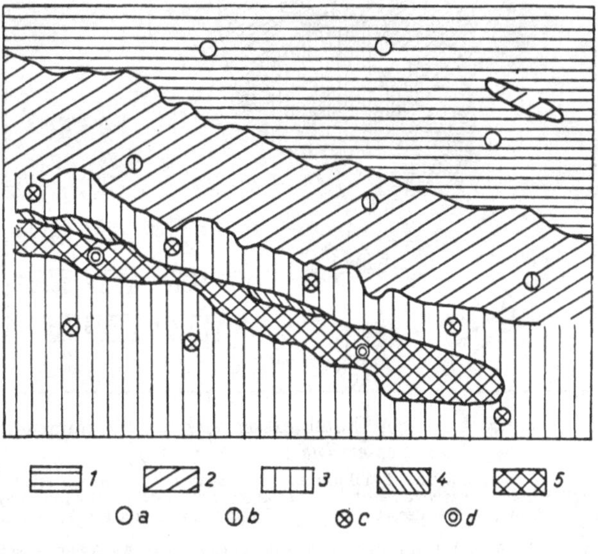

Abb. 34. Hydrochemische Karte nach den Druckquellen (nach KARZEW)
1 – Akschagil; 2 – Schorach-Schichtenfolge; 3 – Sarmat; 4 – Mittleres Miozän; 5 – Maikop
Quellen: a – Typ Na_2SO_4, SO_4-Gruppe; b – Typ Na_2SO_4, Cl-Gruppe; c – Typ $CaCl_2$, Cl-Gruppe; d – Typ $NaHCO_3$, Cl-Gruppe

Hydrochemische Untersuchungen können auch zum Auffinden begrabener Fallen führen. Wenn über einer Lagerstätte eine Filtration oder Diffusion von Wasser oder Gas stattfindet, kann die Salzzusammensetzung des Grundwassers über der Falle eine Anomalie ergeben. Bei stärkerer Zirkulation des Grundwassers bleibt jedoch eine solche Anomalie nicht erhalten.

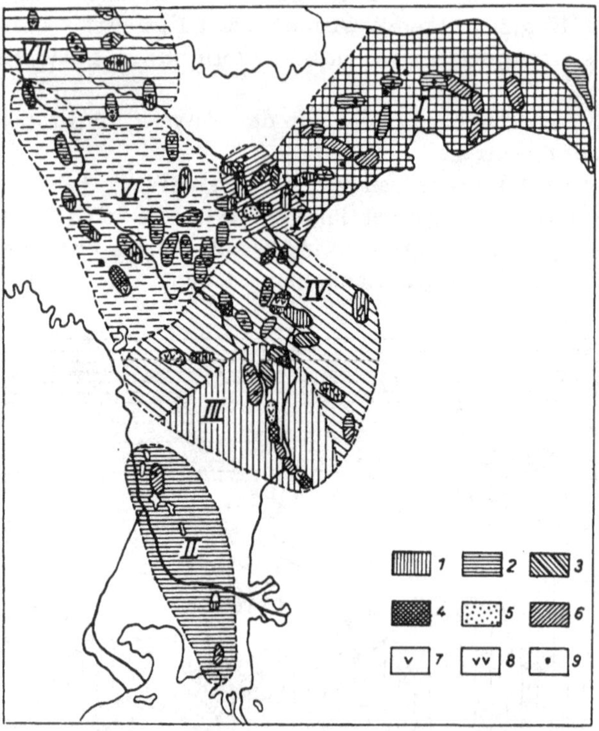

Abb. 35. Prognosekarte der Erdölführung nach der Zusammensetzung des Wassers (nach W. A. SULIN)

I – Zone mit hoher wirtschaftlicher Erdölführung; II – Zone mit hoher wirtschaftlicher Erdölführung; III – mit Erdölperspektiven; IV – lokale Erdölführung; V – lokale Erdölführung ist möglich; VI – lokale Erdölführung; VII – Perspektiven bei Vorhandensein von Strukturen und Speichergesteinen

1 – hydrokarbonatisch ($A_1 < 15$); 2 – hydrokarbonatisch ($A_1 > 15$); 3 – Na-sulfatisch; 4 – Chlormagnesium; 5 – Chlorkalzium ($S_2 < 15$); 6 – hoher Gehalt an Chlorkalzium ($S_2 > 15$); 7 – schwach sulfatisch (< 1,0 ml SO_4 auf 100,0); 8 – sulfatisch (> 1,0 ml SO_4 auf 100,0); 9 – Schlammvulkan

7.2.5. Gasbestimmung im Wasser

Von der Gasaufnahme unterscheidet sich diese Methode dadurch, daß das Gas nicht aus dem Boden, sondern aus Wasserproben entnommen wird. Bestimmt werden die Makro- und Mikrokonzentrationen an Kohlenwasserstoffgasen im Schichtwasser. Einige Forscher sind der Ansicht, daß das Kohlenwasserstoffgas nur in dem Fall zu berücksichtigen ist, wenn es mit über 0,2% an der Gesamtmenge des ausgebrachten Gases beteiligt ist. Eine Gegenüberstellung der Ergebnisse der Untersuchung von im Wasser gelösten Gasen mit dem geologischen Bau unter Berücksichtigung der hydrogeologischen Besonderheiten gestattet, Zonen auszuweisen, die für detaillierte Untersuchungen von Interesse sind.

7.2.6. Salzbestimmung in Böden

Die Methoden beruhen auf der Untersuchung der Salzzusammensetzung in den Böden. Die Salzzusammensetzung der Böden steht mit Grund- und Schichtwässern in Zusammenhang, wenn letztere in den Boden eindringen. Bei Salzuntersuchungen in Böden werden die Chloride, Jod, Gips, Kalziumkarbonat, Kieselerde und Tonerde untersucht. In Abhängigkeit davon, welcher Kennwert untersucht werden soll, sind auch entsprechende Methoden ausgewiesen, die Chloridmethode, die Jodmethode, die Gipsmethode und die Karbonat-Siallit-Methode.

Nach den in den Zeitschriften der USA veröffentlichten Angaben wurden im Bereich von Erdölfeldern Siallitanomalien im Boden registriert. In der UdSSR kamen diese Methoden aus dem Versuchsstadium nicht heraus.

7.2.7. Bestimmung des Oxydations- und Reduktionspotentials

Als Oxydations-Reduktions-Potential wird die Potentialdifferenz bezeichnet, die zwischen einem zu untersuchenden Medium und einer normalen Wasserstoffelektrode hervorgerufen wird. Die Größe des Potentials eines zu untersuchenden Mittels zeigt den Grad der Oxydation oder Reduktion an. Je stärker das Mittel oxydiert ist, um so höher liegt das Redoxpotential.

Da die Kohlenwasserstoffe nicht nur selbst relativ reduzierte Verbindungen darstellen, sondern auch selbst fähig sind, das Mittel in diesem oder jenem Grad zu reduzieren, muß das Redoxpotential bei Näherung an eine Erdöl- und Erdgaslagerstätte abnehmen, der Reduktionsgrad der Gesteine und des Wassers aber muß zunehmen. Diese Idee äußerte der sowjetische Wissenschaftler W. E. Lewenson, der die Methode vorschlug.

Versuchsarbeiten haben die Annahme von W. E. LEWENSON bestätigt, enthüllten aber eine Reihe von Besonderheiten, die bei einer Auswertung der Ergebnisse berücksichtigt werden müssen. So haben z. B. Gesteine, die Schwefelwasserstoff, aber keine Erdölbitumina enthalten, niedrigere Werte des Oxydations- und Reduktionspotentials, da Schwefelwasserstoff ein stärkeres Reduktionsmittel ist, als es Erdölkohlenwasserstoffe sind. Die festen Kohlenwasserstoffe und die schweren Erdöle beeinflussen die Größe des Potentials nur unwesentlich.

Während der Versuche wurden neben negativen Anomalien des Oxydations- und Reduktionspotentials auch positive Anomalien gefunden. Die Entstehung der positiven Anomalien erklärt sich aus einer Reihe von Ursachen und ist in erster Linie auf Mikroorganismen zurückzuführen, die Kohlenwasserstoff verbrauchen.

7.2.8. Mikrobiologische Methode

Es gibt Bakterienkulturen, deren Lebenstätigkeit mit Kohlenwasserstoffen in Zusammenhang steht. Das sind spezifische Arten von Bakterien, die verschiedene Arten von gasförmigen und flüssigen Kohlenwasserstoffen oxydieren: methanoxydierende, äthanoxydierende usw. In Böden, Gesteinen und Wässern, die aufgelöste Kohlenwasserstoffe enthalten, können sich solche Bakterien ansiedeln. Dadurch erfolgt eine Umwandlung und schließlich eine Vernichtung der Kohlenwasserstoffe. Neben diesen Bakterien gibt es Bakterien, die Kohlenwasserstoff und andere brennbare Gase bilden.

Bei der bakteriologischen Aufnahme entnimmt man Proben aus 2,5 bis 3 m Tiefe. Der Abstand zwischen den Bohrungen und den Profilen ist verschieden und hängt vom Maßstab der Aufnahme ab. Die Proben werden in einem sterilen Gefäß mit einem Pfropfen aus sterilisierter Watte aufbewahrt. Im Laboratorium streut man die Proben in Gläschen mit Deckeln und gießt eine Lösung aus Mineralsalzen zu, die keine organische Substanz enthält. Die Gläschen mit den Proben stellt man auf eine Platte und überdeckt sie mit einer Glashaube. Unter der Haube wird ein Vakuum erzeugt; danach wird ein Gemisch aus Luft und Methan unter die Haube geleitet. Die Probe wird 12–14 Tage bei einer Temperatur von 32–33 °C gehalten. Befinden sich in den Gläschen methanoxydierende Bakterien, so erscheint ein gelb-bräunliches Häutchen. Um die propanoxydierenden Bakterien zu ermitteln, wird unter die Haube ein Gemisch aus Propan und Luft geleitet. Die propanoxydierenden Bakterien bilden ein weißes oder hellgelbes Häutchen. Mit Hilfe eines Mikroskops wird kontrolliert, ob Bakterien vorhanden sind.

Es gibt einige Abarten der mikrobiologischen Methode, und zwar

1. die mikrobiologische Untersuchung der unter dem Boden anstehenden Gesteine,
2. die schichtweise Untersuchung der Gesteine aus Flachbohrungen,
3. die bakteriologische Untersuchung des Wassers (Grundwassers oder Schichtwassers).

Abb. 36 zeigt ein Beispiel der Ergebnisse einer mikrobiologischen Gesteinsaufnahme. Auf der gleichen Fläche wurde auch eine Gasaufnahme durchgeführt.

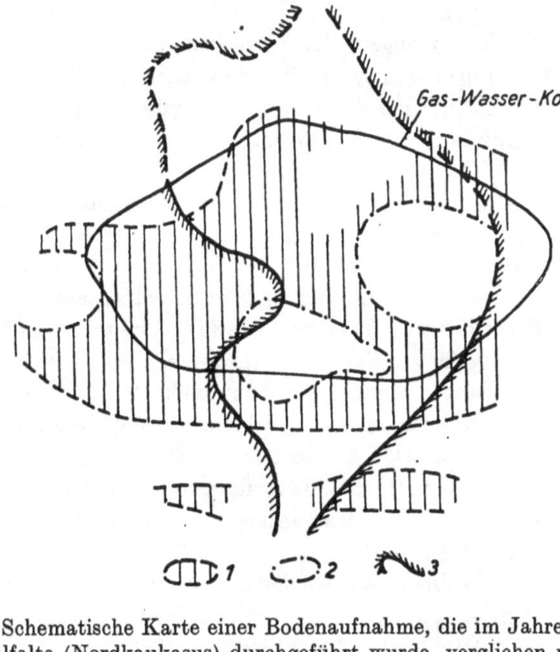

Abb. 36. Schematische Karte einer Bodenaufnahme, die im Jahre 1946 auf einer Antiklinalfalte (Nordkaukasus) durchgeführt wurde, verglichen mit den Ergebnissen der nachfolgenden Erkundungsarbeiten

1 – Verbreitungsgebiet der Kohlenwasserstoff-Mikroflora;
2 – fehlende Kohlenwasserstoff-Mikroflora innerhalb der Zone 1;
3 – Kohlenwasserstoffanomalie nach der Gasaufnahme

Bei unbedeutender Gasdiffusion zeigen sich Lagerstätten als einzelne abgesonderte Herde der Kohlenwasserstoff-Mikroflora in den Ablagerungen unterhalb der Bodenkrume an. Bei höherem Gasgehalt der Gesteine entsteht gewöhnlich eine geschlossene Anomalie. In den Abschnitten des Untergrundes, wo es sehr viele kohlenwasserstoffoxydierende Bakterien gibt, ist die Mikrokonzentration an Kohlenwasserstoffen oft geringer. Bei intensiver Gasdiffusion bilden die gas- und mikrobiologischen Anomalien ein gemeinsames Maximum. Bei schwacher Diffusion treten die Anomalien oft nicht gemeinsam auf.

7.2.9. Geobotanische Anzeichen einer Erdölführung

In der Literatur gibt es Hinweise dafür, daß einige bituminöse Stoffe das Aussehen der Pflanzen beeinflussen.

So erzielte man z. B. bei Verwendung von Braunkohle, die bis zu 79% Bitumina enthält, als Düngemittel eine bedeutende Steigerung des Ernteertrages bei einigen Kulturen, hauptsächlich auf Grund der Vergrößerung der Pflanzen. Eine Zunahme der grünen Pflanzenmasse auf Böden, die mit Bitumina getränkt waren, wurde ebenfalls bei Versuchen beobachtet.

D. M. Gussjejnow verwandte in Aserbaidshan als Düngemittel abgearbeiteten Gumbrin, der große Mengen an Bitumina enthielt. In der Ukraine erzielte das Akademiemitglied W. B. Porfirjew beim Düngen des Bodens mit feinzermahlenen bituminösen Schiefern ähnliche Ergebnisse. An der Bergakademie Freiberg wurde Blumenerde mit feingemahlenem Schiefer gedüngt. Die Blumen, die in die mit Schiefermehl gedüngte Erde gepflanzt wurden, lieferten mehr Grünmasse, blühten früher und üppiger und hatten im Vergleich zu ungedüngten Blumen ein größeres Wurzelwerk. Durch spezielle Untersuchungen wurde festgestellt, daß auf bitumenreichen Böden Pflanzen einige Eigenheiten aufweisen. Eine Vergrößerung des Exemplars bzw. einzelner Organe, eine Störung der normalen Proportionen und Veränderungen des äußeren Aussehens wurden beobachtet. Auf bituminösen Böden wird häufig wiederholtes Blühen festgestellt. Die Ursachen dieser Erscheinungen sind nicht geklärt. Es besteht die Möglichkeit, daß Anreicherungen von Mikroelementen in den Bitumina eine entscheidende Rolle spielen.

Um bituminöse Böden an Hand der Pflanzendecke zu erkennen, empfiehlt W. S. Viktorow, die Aufmerksamkeit auf solche Gebiete zu lenken, wo sich die Pflanzen durch ihre Größe und Üppigkeit oder durch irgendwelche Mißgestaltungen von der Normalform unterscheiden. Auch ist die Aufmerksamkeit auf ein zweites Blühen, insbesondere auf ein Blühen im Spätherbst zu lenken. Ein zweites Blühen kann man feststellen, wenn die Pflanzen neben den vertrockneten Blüten und Früchten vom ersten Blühen neue Blüten aufweisen.

8. Basisbohrungen

Der Ansatz von tiefen Such- und Erkundungsbohrungen erfolgt erst dann, wenn das betreffende Gebiet hinreichend bekannt oder, mit anderen Worten, zum Abbohren vorbereitet ist. Liegt komplizierte Stockwerkstektonik vor oder sind große Überschiebungen entwickelt, so werden vor dem Abbohren tiefe Bohrungen zur Klärung der tektonischen Hauptelemente niedergebracht. In den letzten Jahrzehnten wurde in der UdSSR und in den Ländern der Volksdemokratien in geologisch unerforschten oder nur wenig bekannten Gebieten eine große Anzahl von Bohrungen zur Klärung des geologischen Baues durchgeführt. Solche Bohrungen nennt man Basisbohrungen.

Initiator der Niederbringung von Basisbohrungen war das Akademiemitglied I. M. Gubkin. Die Niederbringung von Basisbohrungen wurde in der UdSSR begonnen mit dem Ziel, die Gesetzmäßigkeiten der Verteilung von erdöl- und erdgasführenden Folgen zu klären. Davon hängt in der Endkonsequenz die Gesetzmäßigkeit der Verteilung von Erdöl- und Erdgaslagerstätten ab.

Durch Basisbohrungen können geklärt werden:
1. die Frage, ob im durchbohrten Profil für die Bildung von Erdöl und seinen Lagerstätten günstige Bedingungen gegeben sind; 2. die faziellen Gesetzmäßigkeiten der durchbohrten Ablagerungen; 3. die allgemeinen Gesetzmäßigkeiten der tektonischen Entwicklung; 4. die großen Strukturelemente; 5. direkte und indirekte Erdöl- und Erdgasanzeichen u. a.

Basisbohrungen werden bis zur maximal erreichbaren Teufe, nach Möglichkeit jedoch bis in den kristallinen oder gefalteten und metamorphosierten Untergrund des Sedimentationsbeckens projektiert. Dies gestattet nicht nur, die Gesamtmächtigkeit des Sedimentkomplexes zu bestimmen, sondern auch die Wechselbeziehung zwischen dem Bau des Untergrundes und den Strukturen des Sedimentkomplexes aufzuklären.

Nach den Ergebnissen von Basisbohrungen wird die Perspektive des Beckens oder eines Teils des sedimentären Komplexes eingeschätzt und die Richtung der weiteren Such- und Erkundungsarbeiten festgelegt. Im Unterschied zu Such- und Erkundungsbohrungen, bei denen man in der Regel nur einen bestimmten Teil des Profils ausführlich untersucht, wird das Profil der Basisbohrungen besonders sorgfältig und unbedingt mit Hilfe von komplexen Methoden erforscht.

Bei der Niederbringung von Basisbohrungen ist eine lückenlose Kernentnahme angebracht, und nur in dem Falle, wenn ein Teil des Profils bereits untersucht ist, beginnt die lückenlose Kernentnahme erst von jener Teufe ab, die nicht durch ausführliche Untersuchungen bekannt ist.

Nach Analyse des Standes der geologischen und geophysikalischen Erforschung des Territoriums wird ein Generalplan für die Niederbringung von Basisbohrungen ausgearbeitet, der die Lage der Bohrungen, deren Teufen und die Reihenfolge ihrer Niederbringung enthält.

Für jede Basisbohrung wird eine geologische Begründung ausgearbeitet, die die Grundlage des geologischen und technischen Teils des Bohrlochprojekts bildet. Die geologische Begründung setzt sich aus einem Textteil und graphischen Anlagen zusammen. Der Textteil umfaßt nachstehende Abschnitte:

1. allgemeine Angaben über das Gebiet des Ansatzpunktes der Bohrung;
2. Stand der geologischen und geophysikalischen Erforschung des Gebietes;
3. Stratigraphie und Vorprofil;
4. Angaben über Erdöl- und Erdgasführung;
5. Hydrogeologie;
6. Tektonik;
7. Ziel der Bohrung;
8. Verzeichnis und Begründung der geologischen und geophysikalischen Untersuchungen und Beobachtungen während des Bohrprozesses;
9. technische Konstruktion des Bohrloches;
10. geologische und technische Hinweise für die Niederbringung der Bohrung;
11. Bohrlochteste;
12. Verzeichnis der benutzten Literatur.

Der graphische Teil besteht aus:

1. Übersichtskarte;
2. geologische Karte mit Angabe des Ansatzpunktes;

3. geophysikalische Karten (falls vorhanden);
4. schematisches geologisches Profil;
5. geologisch-technisches Projekt der Bohrung.

Die technischen Bedingungen der Niederbringung von Basisbohrungen wie auch der Umfang der Beobachtungen und Untersuchungen unterscheiden sich von den Bedingungen der Niederbringung von Suchbohrungen. So ist es z. B. angebracht, den Enddurchmesser der Basisbohrungen nicht unter 5″ zu projektieren. Die Leitrohrtour muß unbedingt bis zur Bohrlochmündung zementiert werden. Die Bohrlochmündung muß mit einem oder zwei Preventern ausgerüstet sein.

Nach sorgfältiger Untersuchung des gewonnenen Materials ist nach Abschluß der Bohrung ein Abschlußbericht auszuarbeiten. Die in der UdSSR gültige Instruktion für die Bearbeitung der Materialien aus Basisbohrungen fordert folgendes Berichtsschema:

Einleitung

Beschrieben wird der Stand der geologischen, geophysikalischen und geochemischen Erforschung des Gebietes. Angeführt werden die Begründung und das Ziel der Bohrung. Die Lage der Bohrung, der Beginn und die Einstellung der Bohrung, die projektierte und die erreichte Teufe werden angegeben. Beschrieben werden der Kerngewinn, der Erhaltungszustand des Kernes und die Qualität der Felddokumentation.

Wenn die Bohrung erst von einer bestimmten Teufe ab als Basisbohrung geführt wurde, wird diese Teufe angegeben und das Bohrloch über dieser Teufe beschrieben. Aufgezählt werden die Berichte über die einzelnen Arbeiten und als Anhang dem Abschlußbericht beigefügt.

Kapitel I. Das geologische Profil

Nach einer kurzen Charakteristik des geologischen Baues wird das durchteufte Profil ausführlich beschrieben und die Begründung für die stratigraphische Gliederung gegeben. Im einzelnen wird eine lithologische, mineralogische und paläontologische Charakteristik des Profils gegeben.

Kapitel II. Die hydrogeologische Charakteristik der durchteuften Ablagerungen

Angeführt werden die Lage der wasserführenden Schichten im Profil, die Analyse der chemischen Zusammensetzung der Wässer und die Ergiebigkeit der Horizonte. Gebracht werden allgemeine Schlußfolgerungen.

Kapitel III. Die Charakteristik der Erdöl- und Erdgasführung

Genau beschrieben werden alle Erdöl- und Erdgasanzeichen, die bei der Niederbringung der Bohrung auftraten, sowie die Ergebnisse der Teste der einzelnen erdöl- und erdgasführenden Schichten. Wenn keine direkten Erdöl- und Erdgasanzeichen angetroffen wurden, werden die Vorstellungen über die Erdöl- und Erdgasführung an Hand der chemischen, bituminologischen, geophysikalischen und Lumineszenzuntersuchungen beschrieben. Beschrieben werden auch die Speichereigenschaften der Gesteine.

Angeführt werden zusammengefaßte Angaben über andere nutzbare Bodenschätze, die während des Abteufens der Bohrung und bei der Untersuchung der Materialien angetroffen wurden. Wenn diese nutzbaren Bodenschätze von wirtschaftlicher Bedeutung sind, so wird ihrer Beschreibung ein gesondertes Kapitel gewidmet.

Kapitel IV. Allgemeine geologische Schlußfolgerungen

Das Profil der Basisbohrung wird mit dem regionalen stratigraphischen Schema verglichen. Behandelt werden die fazielle Ausbildung der Sedimente und die physikalisch-geographischen Bedingungen der Sedimentation der einzelnen Folgen des Profils; nach Möglichkeit wird eine vollständige Charakteristik der tektonischen Besonderheiten des Gebietes gegeben.

Aufbauend auf dem gewonnenen Material und anderen Unterlagen, wird die Erdölhöffigkeit des Profils und, wenn eine Struktur vorliegt, der Struktur angegeben. Die Paläogeographie der einzelnen stratigraphischen Einheiten wird rekonstruiert, und die Gesetzmäßigkeiten in der räumlichen und stratigraphischen Verteilung der erdölhöffigen Folgen werden ermittelt. Anschließend sind Vorschläge für die Richtung der zukünftigen Such- und Erkundungsarbeiten zu machen.

Im Anschluß an die Schlußbetrachtungen wird ein Verzeichnis der veröffentlichten und der unveröffentlichten Arbeiten und des graphischen Materials angeführt, die bei der Ausarbeitung des Berichtes verwandt wurden.

Pflichtanlagen zum Bericht:

1. eine geologische Karte und nach Möglichkeit eine Strukturkarte des Gebietes, in dem die Basisbohrung angesetzt wurde;
2. geophysikalische Karten des Gebietes;

3. stratigraphisches Normalprofil der Ablagerungen, die von der Bohrung erschlossen wurden, im Maßstab 1 : 500, korreliert mit den Bohrlochmeßkurven, mit ausführlicher lithologischer Charakteristik und mit Ausscheidung der Leithorizonte;
4. Säulenprofil mit Angabe aller Erdöl-, Erdgas- und Wasseranzeichen, aller physikalischen Eigenschaften der Gesteine, einschließlich des Bohrfortschritts und der Untersuchungsergebnisse.
   Die Ergebnisse aller geophysikalischen Untersuchungen müssen mit den elektrischen Bohrlochmeßkurven korreliert werden, um die Leithorizonte auszuweisen;
5. alle Berichte über die einzelnen Arten der Komplexuntersuchungen;
6. Karten, Profile und anderes graphisches Material.

9. Detaillierte Sucharbeiten

9.1. Aufgaben detaillierter Sucharbeiten

Durch die bisher behandelten Arbeiten können in der Regel höffige Flächen und Gebiete ausgewiesen werden. Jedoch bietet das gewonnene Material oft keine ausreichende Begründung für den Ansatz von Suchbohrungen. Nicht jedes höffige Gebiet erweist sich als erdöl- oder erdgasführend.

Das Auftreten und die Verbreitung von Erdöl- und Erdgaslagerstätten werden von konkreten Faktoren bestimmt. Die Erforschung dieser Faktoren ist die wichtigste Aufgabe der weiteren Arbeiten. Daneben muß während dieses Stadiums den geologisch-technischen und ökonomischen Bedingungen der Niederbringung von Bohrungen große Aufmerksamkeit geschenkt werden.

Auf einem großen, allgemein durch direkte und indirekte Anzeichen als höffig geltenden Territorium wird die Erdöl- und Erdgashöffigkeit einer konkreten Fläche durch folgende Faktoren bestimmt:

1. das Auftreten von Fallen, die für die Bildung von Lagerstätten günstig sind;
2. das Auftreten von Speichergesteinen und von undurchlässigen Schichten im Profil, die die Speichergesteine untergliedern, sowie die Mächtigkeit der Speicherhorizonte;
3. fazielle Veränderungen, das Auftreten von Linsen und von Schichtdiskordanzen;
4. die Tiefe des Erosionsanschnitts der erdölführenden Schichtenfolge und den Metamorphosegrad der höffigen Ablagerungen;
5. die Strukturgröße.

Die ersten drei Faktoren wurden bereits weiter oben kurz betrachtet.

Von der Tiefe des Erosionsanschnitts der erdölführenden Schichtenfolgen und von der Abtragung der Struktur hängt es ab, welcher Teil einer Lagerstätte erhalten geblieben ist. Wenn im Kern einer Falte das Liegende der produktiven Schichtenfolge ausstreicht, kann an die Struktur trotzdem noch eine Lagerstätte gebunden sein. Natürlich sind bei einer geschlossenen Struktur die Bedingungen für die Erhaltung von großen Lagerstätten günstiger. Die Entstehung und Erhaltung von Lagerstätten in erodierten Strukturen kann bedingt werden: durch eine spätere Überdeckung mit diskordant lagernden undurchlässigen Schichten; durch Störungen und durch das Auftreten von Schichten an den Flanken der Struktur, die zum Scheitelbereich auskeilen.

Die Strukturgröße bestimmt nicht immer das Ausmaß der Lagerstätte, aber unter sonst gleichen Bedingungen kann eine größere Struktur auch mehr Erdöl und Erdgas enthalten. Die Strukturgröße wird durch die Höhe der Falte bestimmt. Die Höhe einer Antiklinalfalte ist gleich dem Abstand zwischen den Normalen, die durch den Scheitel der Falte und den angrenzenden Muldentiefsten gezogen werden. Gemessen wird die Lage der gleichen Schicht.

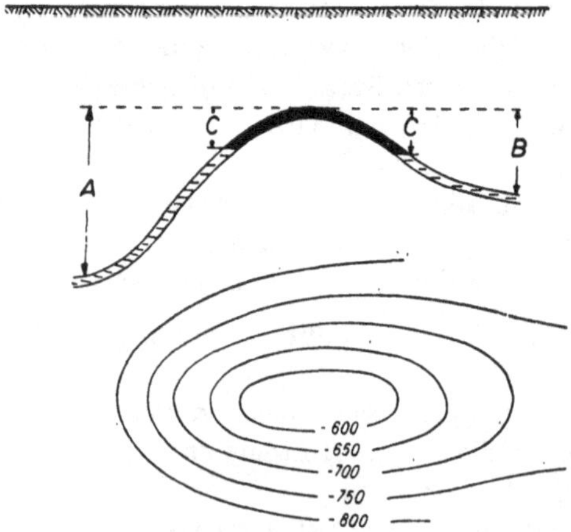

Abb. 37. Faltenhöhe

A – der steilen Flanke; B – der flachen Flanke; C – Höhe des Erdöllagers

Die Höhe kann in einzelnen Teilen der Falte unterschiedlich sein. Abb. 37 zeigt das Schema einer Antiklinalfalte; hierbei bedeuten: *A* die Höhe der steilen Flanke und *B* die Höhe der flachen Flanke. Um den Höhenunterschied im vorliegenden Falle auszuschließen, wird die Strukturhöhe nach der letzten geschlossenen Tiefenlinienkurve bestimmt. In der Abb. 37 ist dies die Isohypse mit der Markierung 700 m. Die Höhe einer Falte darf nicht mit der Höhe der Lagerstätte verwechselt werden. In Abb. 37 ist die Höhe der Lagerstätte gleich *C*.

Außer der Strukturgröße müssen auch alle anderen Elemente der Tektonik bestimmt werden: die Einfallwinkel in verschiedenen Strukturteilen, Symmetrie oder Asymmetrie im Bau, der Grad der Asymmetrie, der Abstand zwischen der kartierten Struktur und den Nachbarstrukturen, die Elemente sekundärer Faltung, disjunktive Dislokation und ihr Charakter.

Zum geologischen und ökonomischen Fragenkomplex in diesem Stadium der Arbeit gehören: die geplante Teufe der Bohrungen, die mechanischen Eigenschaften der Gesteine, die möglichen Komplikationen des Bohrvorgangs, die Wasser- und Tonversorgung der Bohrung, die Transport- und Verkehrsbedingungen, die Lebensbedingungen und andere technisch-wirtschaftliche Fragen.

Ein Geologe darf nicht vergessen, daß trotz sorgfältiger Untersuchung aller geologischen Fragen erst die Bohrungen den endgültigen Nachweis der Erdölführung liefern. Während der detaillierten Sucharbeiten müssen für die Projektierung der nachfolgenden Untersuchungen alle erforderlichen Unterlagen gesammelt werden. Die Vorbereitung für das Abteufen von Bohrungen gehört zu den wichtigsten Aufgaben eines Erdölgeologen.

Zu den Methoden der detaillierten Sucharbeiten gehören großmaßstäbliche geologische Kartierungen (Tafelgebiete 1 : 50000; Faltengebiete 1 : 25000) und genaue geophysikalische Untersuchungen.

9.2. Einige Besonderheiten des Einsatzes der geologischen Kartierung bei Sucharbeiten nach Erdöl- und Erdgaslagerstätten

Bei Kartierungsarbeiten zum Zwecke der Suche nach Erdöl- und Erdgaslagerstätten müssen einige Besonderheiten berücksichtigt werden. Ein wesentlicher Faktor besteht darin, daß nicht die Lagerstätte als solche kartiert werden kann; vielmehr werden Elemente untersucht, die Aussagen gestatten über günstige Bildungsbedingungen von Lagerstätten in der Tiefe. Für die Kartierung ist die Lagerstätte selbst durch bergmännische Aufschlüsse und Bohrungen nicht zugänglich.

Bei Aussagen über die Verhältnisse in der Tiefe ist zu berücksichtigen, daß Beobachtungen an der Oberfläche nicht immer das Bild der Tiefe widerspiegeln. So unterscheiden sich beispielsweise infolge der Verwitterung und anderer Faktoren die Porosität und die Permeabilität der zutage ausstreichenden Gesteine von der Porosität und der Permeabilität der von diesen Faktoren unbeeinflußten Gesteine. Die Untersuchung der Speichereigenschaften anstehender Gesteine kann ein falsches Bild vermitteln über die Speichereigenschaften der gleichen Schichten in der Tiefe.

Ein weiterer Unterschied besteht darin, daß bei der allgemeinen geologischen Kartierung grundsätzlich stratigraphische Einheiten kartiert und auf der Karte besonders gekennzeichnet werden. Bei detaillierten Kartierungen für Erdölzwecke kommt es weniger auf die Ausscheidung von oft nicht genau fixierten Grenzen an, sondern auf die Kartierung solcher Grenzen und Horizonte, die es gestatten, ein genaues tektonisches Bild des Gebietes zu erhalten. Bei der Einschätzung des tektonischen Baues ist zu beachten, daß nicht einzelne Elemente (z. B. sekundäre Faltungen u. a.), die auf den allgemeinen Bauplan keinen entscheidenden Einfluß haben, überbewertet werden.

In der UdSSR und in einigen anderen Ländern hat bei der detaillierten Kartierung für Erdölzwecke die instrumentelle geologische Aufnahme breite Anwendung gefunden. Bei diesem Verfahren werden die ausstreichenden Schichten, die Schichtgrenzen, die Störungen usw. in topographische Karten eingemessen. In den meisten Fällen wird nicht eine geologische, sondern eine Strukturkarte einer gut zu verfolgenden Schicht zusammengestellt.

9.3. Einige Fragen zur Technik der instrumentellen detaillierten geologischen Aufnahme

Zur Zusammenstellung einer Strukturkarte werden instrumentell alle Ausstriche einer Schicht in die Karte eingetragen und für jeden Punkt die Elemente der Lagerung und die Höhe über NN bestimmt. An Hand dieser Punkte wird das Schichtstreichen konstruiert. Gleichzeitig wird ein Normalprofil der gesamten aufgeschlossenen Folge aufgebaut. Das Profil muß nicht unbedingt durchgehend sein. Wichtig ist es, die Ober- und Unterkante der Schicht auszuweisen, damit die Entfernung von der zu kartierenden Schicht zu einer beliebigen anderen exakt bestimmt werden kann.

Abb. 38 zeigt das Schema eines Normalprofils mit drei im Feld gut verfolgbaren Schichten *A*, *B* und *C*. In die Karte sind 8 Beobachtungspunkte eingetragen, in denen die Grenzen dieser Schichten zutage ausstreichen. In Tabelle 23 sind die Meßdaten angeführt.

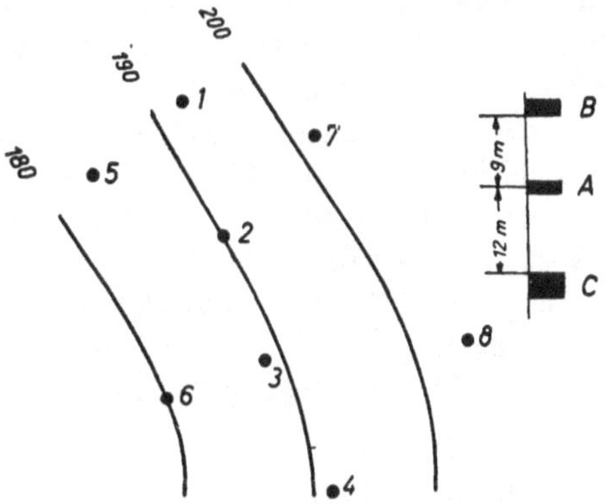

Abb. 38. Schema einer Strukturaufnahme (nach M. W. ABRAMOWITSCH)

Tabelle 23

Punkt in der Karte	Höhe des Punktes über NN	Schicht	Höhe der Oberkante der Schicht *A*, bezogen auf den Meeresspiegel
1	2	3	4
1	192	*A* – Oberkante	192
2	198	*A* – Oberkante	190
3	188	*A* – Oberkante	188
4	191	*A* – Oberkante	191
5	193	*B* – Unterkante	193 — 9 = 184
6	189	*B* – Unterkante	189 — 9 = 180
7	190	*C* – Oberkante	190 + 12 = 202
8	192	*C* – Oberkante	192 + 12 = 204

Bei der Konstruktion einer Karte des Reliefs der Schicht *A* kann die Lage der Schicht, bezogen auf den Meeresspiegel, in allen Punkten nach der Tabelle, Spalte 4, bestimmt werden.

Solche Strukturaufnahmen lassen sich ohne Schwierigkeit bei flach einfallenden Schichten machen. Amerikanische Geologen sind der Ansicht, daß die Abstände zwischen den Schichten bis zu einem Einfallen von 5° praktisch nicht von den Einfallwinkeln abhängen. Instrumentalaufnahmen werden deshalb dort nur bei Einfallwinkeln von unter 5° durchgeführt.

Tatsächlich wird die Genauigkeit einer Karte nicht so sehr vom Einfallwinkel der Schichten als vielmehr von der Größe des möglichen Meßfehlers beeinflußt. Es ist bekannt, daß die Meßgenauigkeit bei der Instrumentalaufnahme im besten Fall 1 : 300 beträgt.

Bei einem größeren Fehler muß eine Korrektur vorgenommen werden. Abb. 39 zeigt das Schema des Ausstrichs der Schicht A mit einem Einfallwinkel α. Im Abstand $A\,D$ streicht die Schicht $M\,M$ aus, für die eine Strukturkarte konstruiert wird. Der Abstand zwischen den Schichten auf der Normalen ist gleich $A\,C = t$. Wenn wir die Lagerungsteufe der Schicht $M\,M$ an der Stelle der zutage ausgehenden Schicht A mit t m

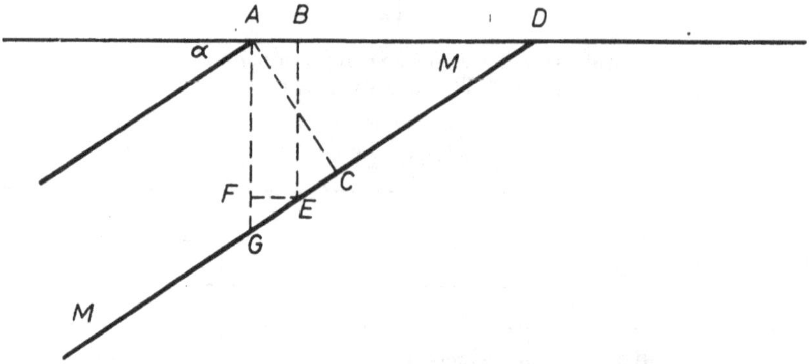

Abb. 39. Abhängigkeit der Genauigkeit der Strukturkarte vom Einfallwinkel der Schicht (nach M. W. ABRAMOWITSCH)

annehmen, so erhalten wir einen Fehler, da in Wirklichkeit diese Teufe gleich $A\,G = t : \cos\alpha$ ist. Wenn wir folglich durch den Punkt A die der Tiefe t entsprechende Isohypse legen, verschieben wir die Tiefenlage von der wahren Lage um die Größe $A\,B$. Folglich wird $A\,B$ die Größe des Fehlers sein. Setzen wir also $A\,B \doteq x$.

Im Dreieck $E\,F\,G$ ist die Kathete $E\,F = x$, die Kathete $F\,G = (t : \cos\alpha) - t$.

Hieraus ergibt sich

$$x = \left(\frac{t}{\cos a}\right) - \operatorname{ctg} a = t\,\frac{1 - \cos a}{\sin a}$$

oder

$$x = t \cdot \operatorname{tg}\frac{a}{2}$$

Die Größe des Fehlers x wird vernachlässigt, wenn bei der Konstruktion der Karten die Verschiebung der Isohypsen 1 mm nicht übersteigt. Bei einer Karte im Maßstab 1 : 2000 beträgt dieser Fehler 2–3 m; bei einer Karte im Maßstab 1 : 10000 liegt er im Bereich von 10 m usw.

Wenn wir $t = 100$ m annehmen, so erhalten wir für x folgende Werte:

Tabelle 24

Einfall-winkel in Grad	x in m	Einfall-winkel in Grad	x in m	Einfall-winkel in Grad	x in m
2	1,7	11	9,6	21	18,5
3	2,6	12	10,5	22	19,4
4	3,5	13	11,4	23	20,3
5	4,4	14	12,3	24	21,3
6	5,2	15	13,2	25	22,5
7	6,1	16	14,1	30	26,8
8	7,0	17	14,9		
9	7,9	18	15,8		
10	8,7	19	16,7		
		20	17,6		

Wenn die Größe x bekannt ist, die bei einem vorgegebenen Maßstab der Aufnahme zulässig ist, so kann man den Grenzwert für die Einfallwinkel, bei denen man die Größe $A\,C$ nicht gleich $A\,G$ setzen darf, finden.

So beträgt z. B. bei einer Karte im Maßstab 1 : 10000, wenn $x \sim\, \leqq 10$ m sein darf, und bei $t = 100$ m der Grenzwert des zulässigen Einfallens 12°. Bei $t = 200$ m beträgt der Grenzwert 6° usw.

Daraus folgt: Je größer die normale Mächtigkeit einer Schicht ist, um so dringender ist es, bereits bei kleinen Einfallwinkeln eine Korrektur einzuführen. So muß z. B. bei $t = 500$ m und bei einer Karte im Maßstab 1 : 10000 bereits bei einem Einfallwinkel von 3° eine Korrektur vorgenommen werden.

Bei großer Mächtigkeit, besonders bei steil einfallenden Schichten, sind die Einfallwinkel einzelner Schichten in der Tiefe häufig nicht beständig. Bei der Auswahl von Leitschichten muß man das Augenmerk auf die Stetigkeit des Abstands zwischen den Schichten richten und solche Schichten auswählen, deren Abstand sich nicht verändert.

9.4. Bemerkungen zur Konstruktion von Strukturkarten

Eine Strukturkarte darf nicht einfach eine geometrische Konstruktion auf der Grundlage einzelner Punkte sein. Bei dem Entwerfen von Strukturkarten müssen alle Feldbeobachtungen (Lagerungselemente, Störungen usw.) berücksichtigt werden. Diese Beobachtungen werden gewöhnlich in die Arbeitskarte eingetragen. Der Entwurf einer detaillierten Karte muß im Feld oder abends im Stützpunkt gemacht werden.

Bei markanten Falten spiegeln Strukturkarten den Bau der Struktur hinreichend genau wider. Liegt eine regionale Schichtneigung vor und

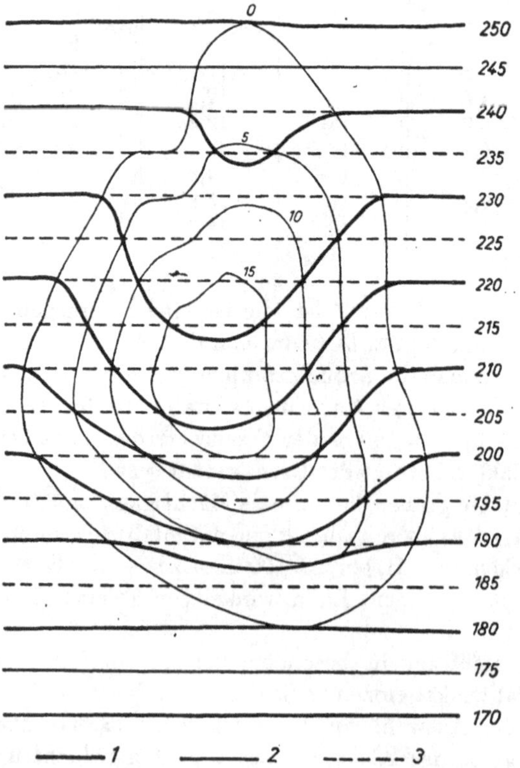

Abb. 40. Konstruktion der Strukturkarte mit Berücksichtigung des regionalen Einfallens

1 – Horizontalen des Reliefs einer Basisschicht:
2 – Horizontalen des Reliefs einer Basisschicht im Verhältnis zur Oberfläche des regionalen Einfallens;
3 – Horizontalen der Oberfläche des regionalen Einfallens einer Basisschicht ohne Berücksichtigung der örtlichen Struktur

hat die Struktur selbst nur eine geringe Höhe und flache Einfallwinkel an den Flanken, so geben Strukturkarten oft ein ungenaues Bild. In diesem Falle erhält man, bei Beziehung der Tiefenlage auf den Meeresspiegel, ein unvollständiges Bild über die Bewegungen der Struktur während der geologischen Epochen.

Strukturkarten, die das regionale Einfallen ausschließen, wurden zum ersten Mal 1913 von Akademiemitglied I. M. Gubkin entworfen und veröffentlicht.

In Abb. 40 ist durch ausgezogene Linien das Relief eines Leithorizonts, bezogen auf den Meeresspiegel, dargestellt. Die Tiefenlinien sind im Abstand von 10 m gezeichnet. Aus der Strukturkarte ist ersichtlich, daß die dargestellte Schicht eine „Strukturnase" bildet, die im Norden und im Süden mit dem regionalen Schichteinfallen verschmilzt.

Als gestrichelte Linien im Abstand von 5 m ist das regionale Einfallen, bezogen auf den Meeresspiegel, ohne Berücksichtigung der lokalen Strukturkomplikationen dargestellt. Die Höhenlage der oberen Isohypse beträgt 250 m und die der unteren 170 m über NN.

Die Schnittpunkte der beiden Linien geben in der Normalen zur Zeichenebene den Abstand zwischen der Ebene des monoklinalen Einfallens und der Fläche der „Strukturnase" an. Mit anderen Worten heißt das, die Isohypsen der „Strukturnase" werden nicht auf eine horizontale Ebene, sondern auf die Ebene des regionalen Schichteinfallens bezogen.

Wenn man die Punkte gleicher Abstände vereinigt, so erhält man die Isohypsen der Struktur in der Form, in der sie vor der Verlagerung im Raum vorlagen. Voraussetzung für die Konstruktion einer solchen Strukturkarte ist das Vorhandensein von guten Leithorizonten im Profil. Bei schlechter Gliederung des Profils kann man die Strukturkarte nach den Elementen der Lagerung aufbauen. Von sowjetischen Geologen wurden zwei Konstruktionsverfahren für Strukturkarten nach den Lagerungselementen ausgearbeitet. Das erste Verfahren beruht auf der Bestimmung der Höhe der Leitschicht über NN und das zweite Verfahren auf der Bestimmung der Höhe über NN mit Hilfe eines graphischen Verfahrens (durch Konstruktion von Profilen).

Bei der Berechnung der Bezugspunkte einer Leitschicht auf NN verfährt man folgendermaßen: Nehmen wir an, daß im Punkt A eine Leitschicht zutage ausstreicht, von der eine Strukturkarte konstruiert werden soll (s. Abb. 41). Der Einfallwinkel der Schicht ist gleich α. In den Punkten B und C sind in hangenden Schichten zwei weitere Einfallwinkel

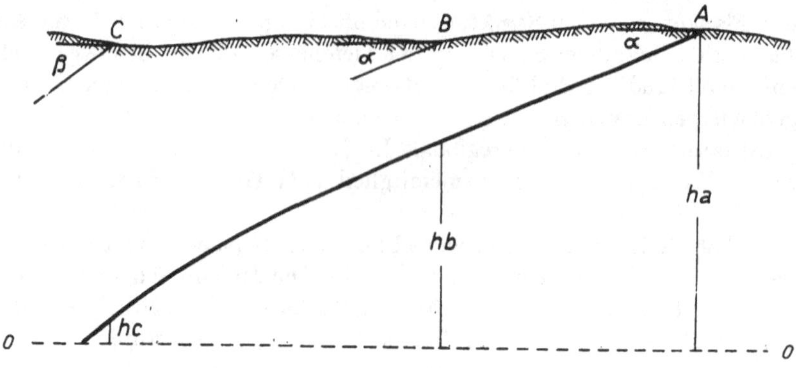

Abb. 41. Berechnung der Kennwerte einer Liegendschicht mit Hilfe der Lagerungselemente

gemessen worden. Das Streichen ist in allen drei Punkten gleich. Der Einfallwinkel im Punkt B ist gleich dem Einfallwinkel im Punkt A. Im Punkt C ist der Einfallwinkel größer. Daraus folgt, daß die Leitschicht im Abschnitt AB mit einem konstanten Winkel α einfällt, während sie sich zwischen den Punkten BC zu verbiegen beginnt. Die Höhe der Leitschicht, bezogen auf den Meeresspiegel, beträgt im Punkt B

$$hb = ha - AB \cdot \operatorname{tg} \alpha;$$

hier ist AB der in der Karte senkrecht zum Streichen gemessene Abstand.

Bei $ha > AB - \operatorname{tg} \alpha$ ist die Größe hb positiv, die Schicht lagert über dem Meeresspiegel; bei $ha < AB - \operatorname{tg} \alpha$ lagert die Schicht im Punkt B unter dem Meeresspiegel.

Für den Punkt C kann die Lage der Leitschicht nach der Annäherungsformel

$$hc = hb - BC \cdot \frac{\alpha + \beta}{2}$$

bestimmt werden.

Bei der Berechnung nach dieser Formel wird der Verlauf der Schicht zwischen den Punkten B und C als eben angenommen, mit einem Einfallwinkel, der dem arithmetischen Mittel der Einfallwinkel in den Punkten B und C entspricht. Diese Formel ist anwendbar, wenn die Einfallwinkel 45° nicht übersteigen und der Unterschied der Einfallwinkel in den Punkten B und C 11° nicht überschreitet. Bei steilerem Schichteinfallen und bei größeren Differenzen der Einfallwinkel muß eine andere Formel angewandt werden. Wenn die Lage einer Leitschicht in einigen Punkten bestimmt ist, kann eine Strukturkarte entworfen werden.

Die Höhenlage einer Leitschicht kann auch graphisch durch Konstruktion von Profilen bestimmt werden. Abb. 42 zeigt das Schema einer nach Profilen aufgebauten Strukturkarte.

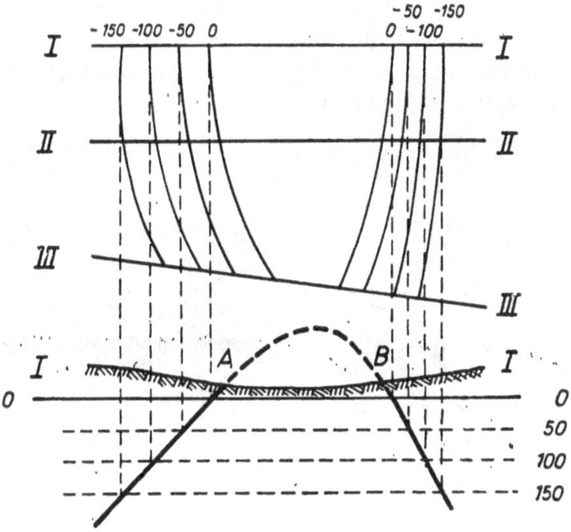

Abb. 42. Aufbau der Strukturkarte nach dem Profil

Die Richtungen der Profile werden in Abhängigkeit vom Ausstreichen der Schicht gewählt. Im gegebenen Falle handelt es sich um die Richtungen I–I, II–II, III–III. Betrachten wir das Profil I–I. Als Nulllinie wird der Meeresspiegel angenommen und vom Relief der Oberfläche aus nach den Meßpunkten A und B das Profil gezeichnet. Das Profil wird durch ein Höhennetz geteilt, das parallel zur Nullinie (im gegebenen Falle je 50 m Abstand) angelegt wird. Die Schnittpunkte der Leitschicht mit dem Netz werden auf die Profillinie I–I projiziert. Somit erhalten wir die Punkte mit den Höhenlagen 0, 50, 100, 150 m. Gleichermaßen verfährt man mit den Profillinien II–II und III–III. Wenn man die Punkte gleicher Höhenlage durch Linien verbindet, so erhält man eine Strukturkarte.

Die Konstruktion von Profilen ist eine der Hauptmethoden zur Klärung tektonischer Fragen. Daher sollen hier einige Probleme ihrer

Konstruktion behandelt werden, obwohl in Lehrbüchern der Feld- und Strukturgeologie ausführlich darüber berichtet wird.

In der Regel werden geologische Profile für eine relativ geringe Tiefe konstruiert. Beim Aufsuchen und bei der Erkundung von Erdöl und Erdgas ist es erforderlich, tiefgehende Profile zu entwerfen, da die Lagerstätten sich häufig in großen Teufen befinden. Der Erdölgeologe braucht die Profile nicht nur zur Klärung der Tektonik, sondern auch zur Erforschung der Gesetzmäßigkeiten der Lagerstättenverteilung, zur prognostischen Bestimmung der höffigsten Strukturabschnitte und zur Auswahl der Ansatzpunkte für Such- und Erkundungsbohrungen.

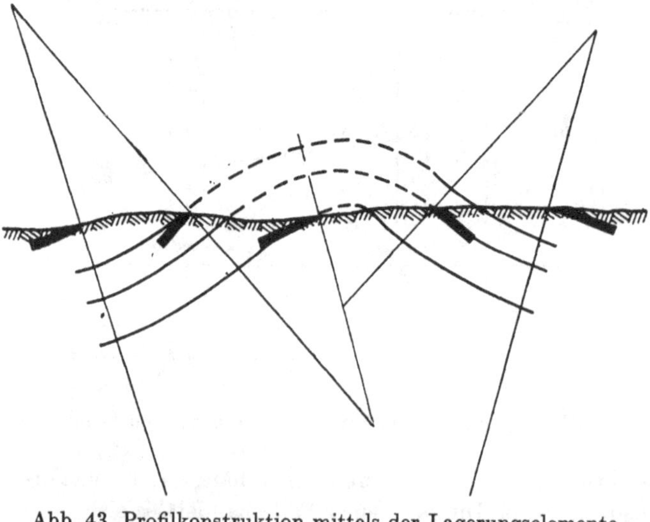

Abb. 43. Profilkonstruktion mittels der Lagerungselemente

Mit zunehmender Teufe verändern sich häufig die Mächtigkeiten der Schichten und Folgen und folglich auch die Einfallwinkel. Die an der Erdoberfläche beobachteten Werte entsprechen nicht unbedingt den Werten in der Tiefe. Die Profile werden deshalb mit zunehmender Teufe oft ungenauer.

Der komplizierte Kurvenverlauf der Schichten einer Falte kann oft nach den gemessenen Lagerungselementen nicht ohne Hilfe von besonderen Konstruktionsmethoden festgestellt werden. Liegt eine Reihe gemessener Werte vor, so werden diese in den entsprechenden Punkten in ein Reliefprofil eingetragen. Liegt der Schnitt schräg zum Streichen der Schichten, so sind die Einfallwinkel entsprechend zu korrigieren.

Zu jeder gemessenen und eingetragenen Schichtfläche wird die Normale reproduziert. Die Kreuzung zweier Normalen aus zwei benachbarten Eintragungen ergibt ein Kreiszentrum, von dem aus mit dem Radius r (= Abstand vom Schnittpunkt bis zum eingetragenen Schichtelement) Kreisbögen geschlagen werden (s. Abb. 43). Bei geringer Differenz der Einfallwinkel benachbarter Messungen kann der Schnittpunkt der Normalen außerhalb des Blattes liegen, auf dem das Profil gezeichnet wird. In diesem Falle kann man die Konstruktion der Kurven angenähert ausführen, da diese sich von einer Geraden kaum unterscheiden.

In Abb. 44 sind zwei Ausstriche abgebildet, die nur flache Einfallwinkel aufweisen. Die Normalen A–A' und B–B' kreuzen sich außerhalb des Randes der Zeichnung. Wenn die Punkte A und B verbunden werden und das Einfallen der Schicht in beiden Punkten bis zum Schnittpunkt C verlängert wird, so erhält man das Dreieck $A\ B\ C$. In den Grenzen dieses Dreiecks muß der Schichtverlauf liegen.

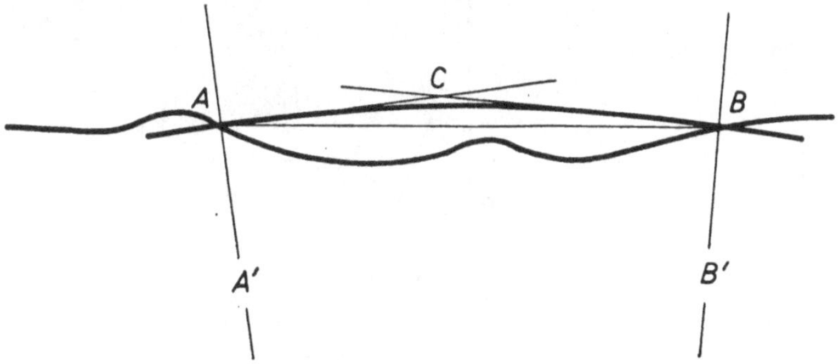

Abb. 44. Bogenkonstruktion zwischen zwei sich nicht kreuzenden Normalen

Die Konstruktionsgenauigkeit der Profile hängt von der Anzahl der gemessenen Flächen ab. Messungen müssen in allen Punkten durchgeführt werden, die eine Änderung des Einfallens kennzeichnen. Wenn die Struktur Elemente sekundärer Faltung aufweist, so können falsche Darstellungen entstehen. Es sind deshalb nur Messungen zu verwenden, die nicht sekundär beeinflußt sind. In der Regel sollen Messungen an plastischen Gesteinen ausgeschlossen werden.

Als Ursachen für eine ungenaue Konstruktion der Profile können auftreten: ungleichmäßige Mächtigkeit der Folgen an den Flanken, Fehler in der Reliefdarstellung und beim Eintragen der Meßwerte in die Karte usw.

Streicht ein und dieselbe Schicht an beiden Flanken der Falte aus, so kann man die Richtigkeit der Konstruktion graphisch überprüfen. Abb. 45 zeigt ein Profil, in dem ein und dieselbe Schicht in den Punkten *A* und *G* ausstreicht. Bei der Konstruktion nach den Schnittpunkten der

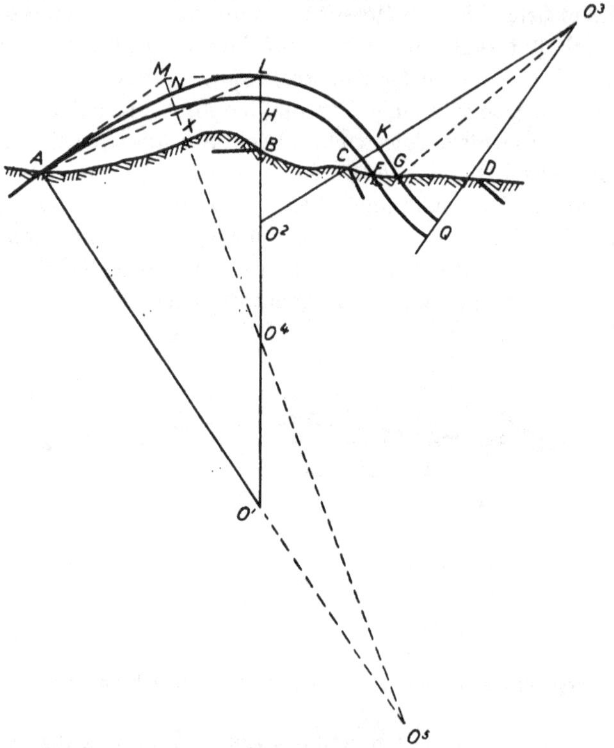

Abb. 45. Korrektur eines Profils

Normalen auf den Schichten in den Punkten *A*, *B*, *C* und *D* kommt die Schicht aus dem Punkt *A* in *F* zu liegen, während sie in Wirklichkeit im Punkt *G* ausstreicht. Der Austritt der Schicht im Punkt *G* wurde bei der Konstruktion nicht berücksichtigt. Die Normale zum Schichteinfallen im Punkt *G* verläuft durch das Zentrum O^3. Wenn man den Bogen vom Zentrum O^3, der durch den Punkt *G* verläuft, und vom Zentrum O^2 zieht, erhält man die Kurve *Q G K L*, die sich nicht mit dem Bogen *A H* trifft. Bei einer geringen Abweichung zwischen den Punkten *L* und *H* konstruieren wir im Punkt A die Senkrechte zu $A\ O^1$ und im Punkt L die Senkrechte zu $L\ O^1$ bis zur Kreuzung im Punkt M.

Die Punkte A und L werden verbunden. In dem Dreieck $A\ L\ M$ wird die Höhe errichtet und bis zum Schnitt mit der Erdoberfläche im Punkt X verlängert. Im Punkt X befindet sich die Stelle des fehlenden Lagerungselements. Die Verlängerung der Höhe ergibt die Schnittpunkte O^4 und O^5. Von diesen Zentren werden die Bögen $A\ N$ und $N\ L$ gezogen, die dem wahren Schichtverlauf entsprechen.

Wenn ein und dieselbe Schicht an den gegenüberliegenden Flanken nicht ausgewiesen werden kann, so kann das Profil graphisch nicht überprüft werden.

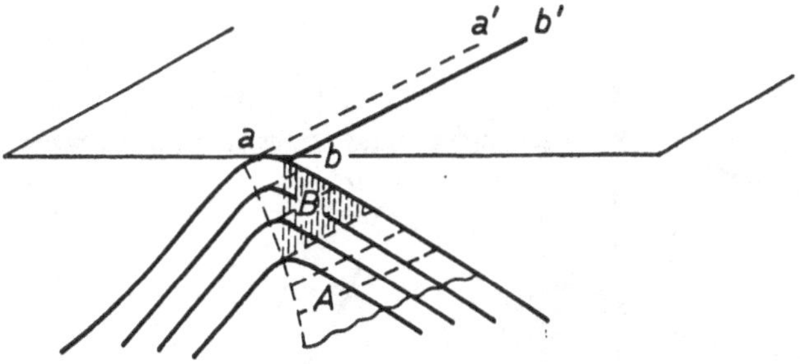

Abb. 46. Scheitelfläche und Scheitellinie einer asymmetrischen Falte

A – Achsenfläche; a – a' – Sattelachse
B – Scheitelfläche; b – b' – Kammlinie (Scheitellinie)

Für die Erdölerkundung ist es sehr wichtig, die Lage des Scheitels einer Falte in der Tiefe zu bestimmen, da in Scheitelnähe am häufigsten Erdöl- und Erdgaslagerstätten anzutreffen sind. Bei symmetrischen Falten wird diese Aufgabe durch eine geologische Kartierung mit Erfolg gelöst. Im Falle asymmetrischer Falten entspricht die Lage des Scheitels an der Oberfläche nicht der Lage des Scheitels in der Tiefe. Eine Bohrung, die auf dem Scheitel der Struktur angesetzt wurde, kann infolge von Asymmetrie in den tieferen Schichten an der Flanke zu stehen kommen und dadurch außerhalb der erdölführenden Kontur geraten. Um bei der Bestimmung der Lage des Faltenscheitels in der Tiefe Fehler zu vermeiden, ist die Bestimmung der einzelnen Faltenelemente erforderlich. Dazu werden eigens Profile entworfen. Die Achsenfläche einer Falte ist eine gedachte Fläche durch die Biegungen der Falte (Abb. 46). Bei symmetrischen Falten steht die Achsenfläche vertikal und bildet eine Ebene (Achsenebene). Bei asymmetrischen Falten hat sie eine komplizierte Form und kann nur bei sorgfältiger Kartierung der Aufschlüsse an der steilen Faltenflanke annähernd bestimmt werden. Bei der Kartierung der steilen Flanke muß man die Aufmerksamkeit nicht nur auf die Lagerungselemente in Scheitelnähe der Falte lenken, sondern auch auf die in die Synklinale übergehenden Teile; denn gerade dort, wo die Schichten bereits verflachen, liefern die Aufschlüsse oft Anhaltspunkte für die Konstruktion.

Abb. 47 zeigt das Profil einer asymmetrischen Falte. Die auf dem Scheitel der Schicht I angesetzte Bohrung 1 trifft die Schicht III an der Flanke. Die Bohrung Nr. 2, die den Scheitel der Schicht III erschlossen hat, steht nach dem Strukturbild der Schicht I an der Flanke.

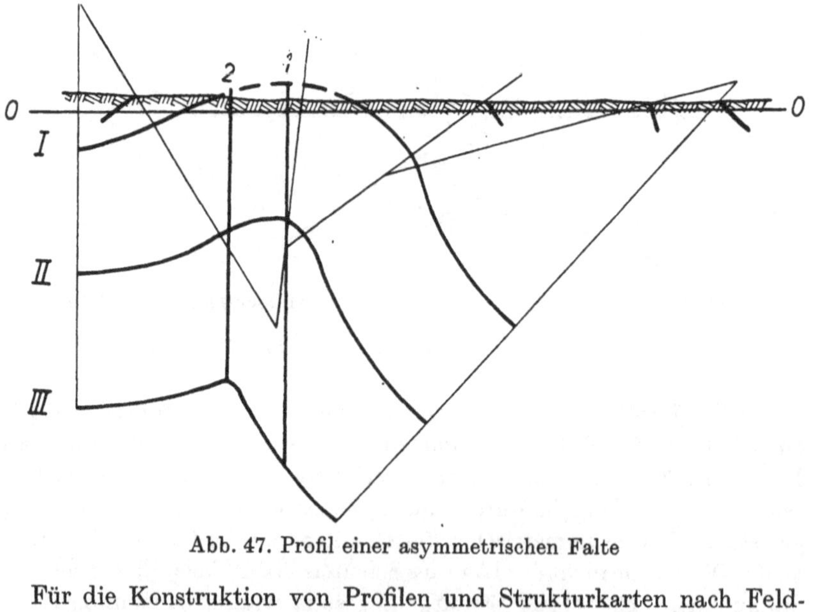

Abb. 47. Profil einer asymmetrischen Falte

Für die Konstruktion von Profilen und Strukturkarten nach Feldbeobachtungen bedeuten geophysikalische Arbeiten, insbesondere seismische Untersuchungen, eine Möglichkeit zur wesentlichen Erhöhung der Genauigkeit.

9.5. Aufschlußarbeiten bei der detaillierten geologischen Aufnahme

Bei unzureichenden Aufschlußverhältnissen werden die anstehenden Gesteine künstlich aufgeschlossen. Man unterscheidet:

1. Beräumung;
2. vertikale Aufschlüsse, Schurfschächte;
3. horizontale Aufschlüsse – Schurfgräben, seltener Stollen;
4. Bohrungen von Hand oder mechanisch.

Mit Hilfe von Schurfarbeiten werden die fehlenden Elemente der Gesteinslagerung bestimmt, die zu kartierenden Schichten verfolgt und ein Profil der Folgen usw. zusammengestellt. Säuberungsarbeiten werden bei geringer Mächtigkeit der Überdeckung, die 0,25 m nicht überschreitet, vorgenommen. Meist handelt es sich um die Beseitigung von Verwitterungsprodukten oder Gehängeschutt. Bei großen Mächtigkeiten ist es wirtschaftlicher, vertikale Aufschlüsse (Schurfschächte) zu schaffen.

Die Durchführung von künstlichen Aufschlüssen erfordert besonders bei harten Gesteinen bedeutende Mittel und Zeit. Auch bei detaillierten Aufnahmen ist es meist nicht notwendig, die Schichten zu durchteufen. Muß man unbedingt die Schichtenfolge und die Mächtigkeit einzelner Schichten genau bestimmen, so kann dies auch durch eine Kombination von mehreren flachen Schurfschächten und Schurfgräben erreicht werden. Gerade bei harten Schichten ist es ausreichend, die Ober- und Unterkante der Schicht freizulegen.

Zur Konstruktion lückenloser Profile werden hauptsächlich senkrecht zum Schichtstreichen angesetzte Schurfgräben angelegt. Ist die Streichrichtung der Schichten nicht bekannt, so kann man vorher einen flachen Schurfschacht ansetzen. Seltener werden Schurfgräben im Streichen angesetzt, um Veränderungen in der Ausbildung der Schichten zu verfolgen.

Aus Gründen der Zweckmäßigkeit soll man versuchen, bei der Anlage von Schurfschächten ohne Ausbau auszukommen, d.h., die Teufe gering zu halten. In der Praxis werden vertikale Aufschlüsse nicht tiefer als 10–12 m niedergebracht. Bei tieferer Lage des aufzuschließenden Objektes ist schon der Einsatz von Bohrgeräten sinnvoll.

Vor noch relativ kurzer Zeit mußten Aufschlußarbeiten von Hand ausgeführt werden. Jetzt stehen verschiedene Geräte, wie Grabenbagger und spezielle Anlagen zum Abteufen von Schurfschächten, zur Verfügung. Dadurch werden die Arbeiten wesentlich beschleunigt und verbilligt. So kann ein Schurfschacht von 1500 mm Durchmesser und 15 m Tiefe mechanisch in 9–10 Stunden abgeteuft werden.

Die Dokumentation der künstlich geschaffenen Aufschlüsse sollte möglichst umgehend nach der Einstellung der Erdarbeiten beginnen, da sich sonst die Gesteine und ihr Bitumengehalt verändern können.

Die Aufnahme von Schurfgräben führt man in einer bestimmten Reihenfolge durch. An einem Grabenende wird begonnen. Nachdem durch den Schurfgraben ein Meßband gelegt wurde, werden die Schichten entweder in Richtung des Einfallens oder des Ansteigens beschrieben. Die Schichten werden vom Grabenende an numeriert und ihre scheinbare Mächtigkeit gemessen.

Bei einer Schurfaufnahme kann man sich in Form von Tabellen sehr handliche Notizen machen (Tabelle 25).

Tabelle 25

Nr. der Schicht	Nr. der Probe	Beschreibung des Gesteins	Horizontaler Abstand vom Anfangspunkt bis zur Ober- oder Unterkante der Schicht	Lagerungselemente		Scheinbare Mächtigkeit	Wahre Mächtigkeit	Lagerungstiefe des Hangenden oder Liegenden der Schicht von Null bis zur wahren Mächtigkeit	Anmerkung
				Einfallwinkel	Azimut				

Bei der Aufnahme von Schurfschächten wird die Teufe von der Erdoberfläche, und zwar von Null an gemessen. Notizen lassen sich nach folgendem Schema machen:

Tabelle 26

Schurf-Nr.: ....
Höhe der Mündung über NN: ....
Profil welcher Wand: ....

Lfd. Nr.	Nr. der Probe	Teufe in m	Beschreibung des Gesteins	Lagerungselemente		Anmerkung
				Einfallwinkel	Azimut	

Bei der Durchführung von künstlichen Aufschlußarbeiten muß der Geologe seine besondere Aufmerksamkeit auf die technische Sicherheit lenken. Der Arbeitsschutz erfordert folgende Maßnahmen:

1. Vor Arbeitsaufnahme müssen neueingestellte Arbeiter mit den Arbeitsschutzmaßnahmen bekannt gemacht werden. In der UdSSR werden mindestens einmal im Monat Belehrungen durchgeführt.

2. Aufzugseinrichtungen, wie Drahtseile, Kübel, Bremsvorrichtungen usw., sind regelmäßig zu kontrollieren.
3. Beim Abteufen von tiefen Schurfschächten ist die Einrichtung von Schutzbühnen erforderlich.
4. Die Mündung der Schurfschächte muß zum Schutz gegen Herabfallen von Gestein und Gerät und gegen Absaufen durch Absteifung gesichert sein.
5. Die Standfestigkeit der Wandungen ist täglich zu überprüfen, um gegebenenfalls eine rechtzeitige Absteifung vornehmen zu können.
6. Die Haltbarkeit der Absteifung ist zu überwachen.
7. Bei einer Abbautiefe von über 5 m ist künstliche Beleuchtung erforderlich.
8. Schurfschächte müssen eingezäunt werden, um ein Hineinfallen von Menschen und Tieren zu verhüten.
9. Sondert sich Gas ab, so dürfen Arbeiter nicht eher abgelassen werden, bevor nicht eine Bewetterung und eine Prüfung der Reinheit der Luft durchgeführt sind. Bei Arbeiten in einem gashaltigen Gestein müssen in Abständen von zwei bis drei Tagen Luftproben entnommen werden.
10. Bei den ersten Anzeichen einer Gasabsonderung ist Feuer- und Rauchverbot anzuordnen.
11. Nach der Dokumentation werden Schurfschächte und Schurfgräben vollständig verfüllt.
12. Vor der Besichtigung alter Aufschürfungen ist der Zustand der Wandungen und der Luft zu prüfen. Eine Befahrung alter Abbauten darf nicht von Einzelpersonen vorgenommen werden. Über Tage ist jemand zurückzulassen, der erforderlichenfalls Hilfe leisten kann. Eine Besichtigung von der Erdoberfläche aus ist im Liegen durchzuführen.

9.5.1. Bestimmung der Lagerungselemente in Schurfschächten

In Schürfen kann man die Lagerungselemente oft direkt messen, wenn es gelingt, eine Schichtfläche freizulegen. Nicht immer ist jedoch eine einwandfreie Meßfläche vorhanden. Wenn an den Schurfwänden eine Schichtung zu erkennen ist, kann man folgendermaßen verfahren: Zu der Schichtung im Punkt A (Abb. 48) wird auf der benachbarten Wand der Punkt B gesucht, der horizontal zum Punkt A liegt, was man mit Hilfe eines Lineals oder einer Wasserwaage erreichen kann. Die Linie

AB gibt dann die Streichrichtung an. Nun kann das Azimut des Streichens gemessen werden. Die senkrecht zum Streichen in der Schichtungsebene liegende Gerade *CD* gibt das Einfallen an. Der Einfallwinkel der Schicht kann dann bestimmt werden.

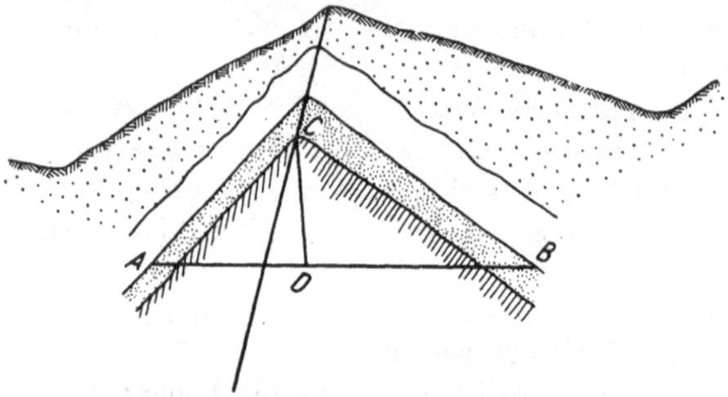

Abb. 48. Studium der Lagerungselemente im Schurf

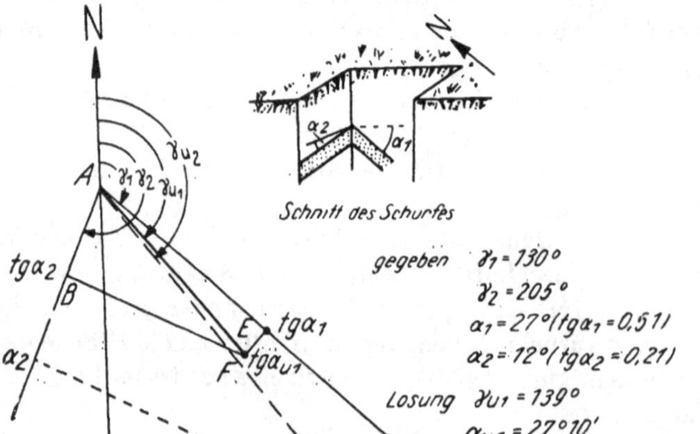

Abb. 49. Vektormethode zur Bestimmung der Lagerungsverhältnisse nach den Meßwerten der scheinbaren Einfallwinkel am Schurfstoß

Es gibt auch Verfahren zur indirekten Bestimmung der Lagerungselemente. Das einfachste und genaueste Verfahren ist das Vektorverfahren. An benachbarten Wänden eines Schurfschachtes (s. Abb. 49) werden die Winkel $\alpha_1 = 27°$ und $\alpha_2 = 12°$ und die Azimute der Seiten $\gamma_1 = 130°$ und $\gamma_2 = 205°$ gemessen. Vom Punkt A, durch den der Meridian geht, tragen wir die Richtungen γ_1 und γ_2 ab. Auf diese Linien werden, im angenommenen Maßstab, die Tangenswerte der Winkel α_1 und α_2 aufgetragen.

$$\text{tg } 12° = 0{,}212; \qquad \text{tg } 27° = 0{,}57$$

Von den Punkten A und C wird das Lot bis zu ihrer Kreuzung im Punkt F gefällt. Die Punkte A und F werden durch eine Linie verbunden. Der erhaltene Vektor ist gleich der Einfallrichtung der Schicht und die Länge des Vektors gleich dem Tangenswert des wahren Einfallwinkels.

Die Richtung des wahren Einfallens γ_{w1} wird mit dem Winkelmesser auf der Zeichnung gemessen und ist gleich 139°. Die Größe des wahren Einfallwinkels α_{w1} wird durch die Länge des Vektors bestimmt und beträgt 27° 10′.

Die Messungen der Winkel und die Konstruktion lassen allerdings Fehler zu, die jedoch unbedeutend sind. Bei flachen Winkeln fallen die Ergebnisse genauer aus. Im betrachteten Fall (Abb. 49) ist das wahre Azimut gleich 141°, und der wahre Einfallwinkel beträgt 27° 30′.

Es werden auch andere Verfahren der graphischen Bestimmung der Lagerungselemente der Schichten an Hand des scheinbaren Schichteinfallens an den Schurfwandungen angewandt.

9.6. Kartierungsbohrungen (Strukturbohrungen)

Bei einer durchgehenden mächtigen Bedeckung ist das Stoßen von flachen Bohrungen die Hauptmethode der geologischen Kartierung. Diese Bohrungen haben das Ziel, die Schichten zu verfolgen, ein Normalprofil aufzubauen, die Grenzen der Verbreitung der Folgen und Schichten zu bestimmen, die Strukturformen zu erkunden und Erdöl- und Erdgasanzeichen festzustellen. Oft, besonders in Tafelgebieten, kann das Profil der entwickelten Schichtenfolge nach den Aufschlüssen nicht einwandfrei zusammengestellt werden. Selbst bei relativ guten Aufschlußverhältnissen müssen zu diesem Zweck flache Bohrungen niedergebracht werden.

Bei schlechten Aufschlußverhältnissen kann ohne Kartierungsbohrungen keine geologische Karte entworfen werden, da häufig die

Anzahl der Beobachtungspunkte selbst für die Zusammenstellung von großmaßstäblichen Karten nicht ausreicht. Dieser Mangel wird durch die Niederbringung von Bohrungen behoben. Nach den Ergebnissen der Kartierungsbohrungen werden Profilschnitte und Strukturkarten konstruiert. Die Bohrungen müssen nicht unbedingt auf große Teufen niedergebracht werden. Nachdem die Deckschichten durchteuft und das anstehende Gebirge erreicht wurde, können die Bohrungen eingestellt werden.

Das Hauptziel dieser flachen Kartierungsbohrungen ist die Anlage künstlicher „Aufschlüsse", was durch das Ausbringen von Gesteinsproben erreicht wird.

Kartierungsbohrungen werden mit verschiedenen Verfahren niedergebracht:

1. Das Bohren von Hand wird nur bis zu Teufen von 20–25 m und nur in seltenen Fällen tiefer durchgeführt.
2. Das mechanische Bohren wird mit stationären und fahrbaren Anlagen im Schlag- und Rotary-Verfahren durchgeführt.

Die Anlagentypen, die Ausrüstung, das Werkzeug und das technologische Bohrverfahren, sowohl des Bohrens von Hand als auch des mechanischen Bohrens, werden in speziellen Büchern beschrieben, und daher ist es hier nicht erforderlich, diese Fragen zu behandeln. Das Bohren von Hand ist zur Zeit durch das mechanische Bohren fast vollständig ersetzt und wird nur noch von Feldtrupps angewandt, die die übliche geologische Aufnahme durchführen.

Durch Niederbringung einiger flacher Bohrungen in geologisch interessanten verdeckten Gebieten erübrigen sich bergmännische Aufschlüsse. Das Ziel der Bohrungen ist im gegebenen Falle meist die Verfolgung der Schichtgrenzen ohne Bestimmung der Elemente ihrer Lagerung.

Abgesehen von den relativ geringen Kosten des Kartierungsbohrens, entstehen im Vergleich zu der Anlage von Schurfschächten und -gräben einige Nachteile, und zwar:

1. Es ist nicht möglich, die Lagerungsverhältnisse der Schichten unmittelbar zu beobachten; außerdem sind die Gesteinsproben aus Bohrungen klein.
2. Das Sammeln der Fauna, besonders in Bohrungen von geringem Durchmesser, ist erschwert.
3. Es ist nicht möglich, ein vollständiges geologisches Profil, besonders von lockeren Gesteinen, zu bekommen, da ein bedeutender Teil der Proben nicht ausgetragen wird.

4. Charakteristisch ist eine geringe Meßgenauigkeit des Streichens und Einfallens an Gesteinsproben aus einer Bohrung.
5. Die Untersuchung der Gesteinsklüftung ist erschwert und manchmal ausgeschlossen.
6. Die Niederbringung von flachen Bohrungen in Schottern und in klüftigen Gesteinen ist erschwert.
7. Erforderlich sind qualifizierte Arbeitskräfte usw.

Da das Ziel der Strukturbohrungen die Entnahme von Gesteinsproben ist, müssen die von der Bohrlochsohle ausgebrachten Gesteinsproben nach Quantität und Qualität zufriedenstellend sein. Um das Ausbringen qualitativer Bohrkerne zu gewährleisten, muß das Bohrregime in Übereinstimmung mit den geologisch-technischen Bohrverhältnissen gewählt werden.

Das mechanische Bohren erfolgt unter Verwendung einer Spülflüssigkeit, wobei meist Wasser oder Tonspülung verwandt wird. Häufig ist die Verwendung von Wasser als Spülflüssigkeit wegen Komplikationen im Bohrvorgang nicht erwünscht. Für eine Tonspülung werden nachstehende Parameter empfohlen: spezifisches Gewicht 1,18–1,20; Viskosität 22–30 Sek., Wasserabgabe bis zu 10 cm^3 in 30 Min.; Sandgehalt nicht über 4%.

Lockermassen durchteuft man gewöhnlich ohne Kernentnahme, was den Bohrfortschritt erhöht. Wenn es die geologischen Verhältnisse gestatten, müssen in den ersten Bohrungen auch in den Alluvionen Kerne entnommen werden.

Die Kerngewinnung erfolgt mit speziellen Kernrohren und Bohrkronen. Am vollständigsten werden Kerne harter und fester Gesteine ausgebracht. Die Menge des ausgebrachten Bohrkerns hängt beim Bohren in harten und festen Gesteinen hauptsächlich vom richtigen Verkeilen des Bohrkerns im Kernrohr und von seinem Festhalten im Kernrohr beim Ausbau der Bohrgarnitur ab. Um die Kerngewinnung zu verbessern, ist es notwendig, das richtige technologische Regime einzuhalten. Es ist ein gerades Einfachkernrohr zu verwenden, das beim Drehen des Kernrohrs um die Achse keine merkliche Abweichung hat und ein sicheres Verkeilen des Bohrkerns gestattet.

Beim Kernen in klüftigen und spröden Gesteinen, die von der Tonspülung nicht zerspült werden, muß die Kernmarschlänge auf 0,5 bis 1,0 m beschränkt werden. Beim Kernen in klüftigen und brüchigen Gesteinen, die zerspült werden, wird empfohlen, für die Kerngewinnung

Kernrohre mit maximal zulässigem Durchmesser zu verwenden und den Durchgang der Spülflüssigkeit auf ein Minimum zu verringern.

Beim Kernen in plastischen Gesteinen, z. B. in Tonen, müssen Kronen verwandt werden, die mit harter Legierung armiert sind, und zwar so, daß der schneidende Teil der harten Legierung seitlich hervorsteht. Wenn das Gestein zerspült wird, muß der Durchgang der Spülflüssigkeit verringert und die Kernmarschlänge bis auf einen Meter und darunter herabgesetzt werden.

Beim Kernen in plastischen Tonen, klüftigen und lockeren, leicht zerspülbaren Gesteinen wird gewöhnlich die Verwendung von Doppelkernrohren empfohlen, bei denen das Innenrohr nicht rotiert.

Eine wesentliche Rolle bei der Erhöhung des Kerngewinns spielt der sogenannte Kernfänger, eine Vorrichtung, die den Bohrkern im Kernrohr festhält und ihn von der Bohrlochsohle abreißt. Dazu werden entweder längliche Blattfedern oder ein geteilter federnder Ring mit länglichen Innenrippen benutzt. Die Ringkernfänger werden bei der Gewinnung fester Gesteine bevorzugt.

Gelingt es nicht, den Kern loszureißen, so wird er verkeilt. Der Spülkopf wird abgeschraubt, und Verkeilmittel (grober Quarzsand, zerschlagenes Glas, Schlacke u. a.) werden in das Bohrgestänge geschüttet. Nachdem der Spülkopf wieder aufgeschraubt ist, drückt man das Verkeilmittel durch die Tonspülung auf die Bohrlochsohle. Die Menge des Verkeilmittels beträgt etwa 100–150 g.

Beträgt nach dem Abreißen die Höhe der zurückgebliebenen, ausgebohrten Gesteinssäule mehr als 5–6 cm, so darf nicht mit einer Krone weitergebohrt werden, da die Bohrdiamanten oder die harten Legierungen herausbrechen können. In diesem Falle muß neues Verkeilen versucht oder die Gesteinssäule mit einem Meißel zerbohrt werden.

Beim Kernen von Tonen oder tonigen Sanden ist es besser, Federkernfänger zu verwenden. Zur Sicherheit stellt man die Spülpumpe vor dem Ausbau der Bohrgarnitur ab und durchteuft bei geringen Drehzahlen des Drehtisches einige Zentimeter ohne Spülung.

Für das Kernen in lockeren Sanden wurden spezielle Probenehmer konstruiert, die, ohne zu rotieren, gleichmäßig in die Bohrlochsohle eingedrückt werden. Unter dem Druck des Gewichtes der Bohrgarnitur schließen sich die Zähne des Probenehmers und halten die Probe fest. Vollkommene Kernrohre, die in lockeren Gesteinen eine vollständige Kernentnahme gestatten, gibt es noch nicht.

Außer Kartierungsbohrungen werden noch Strukturbohrungen niedergebracht. Diese haben den Zweck, tief lagernde Strukturen, die durch die Geophysik oder nach allgemeingeologischen Erwägungen angenommen werden, festzustellen. In einem solchen Falle ist es notwendig, relativ tiefe Bohrungen bis zu 1000 m und darunter niederzubringen. Strukturbohrungen werden meist mit kleinerem Durchmesser, mit vereinfachter Konstruktion usw. durchgeführt.

Wenn selbst bei flachen Bohrungen die Möglichkeit gegeben ist, gasführende Schichten anzutreffen, so müssen der Einbau einer Leitrohrtour und die Montage eines Absperrschiebers oder eines Preventers vorgesehen werden. So wurden z. B. in einigen Gebieten in Aserbaidshan unter horizontal lagernden altkaspischen Ablagerungen (Postpliozän) bedeutende Gasansammlungen in Sandlinsen angetroffen, die zwischen den altkaspischen Ablagerungen und den produktiven Schichten (mittleres Pliozän) lagerten. Bei der Niederbringung von Bohrungen von einigen hundert Meter Teufe in offensichtlich erdöl-erdgasführenden Gebieten ist der Einbau der Leitrohrtour mit durchgehender Zementation bis zur Bohrlochmündung und die Montage eines Preventers Vorschrift. Die Nichtbeachtung dieser Vorschrift kann zu offenen Eruptionen, Havariearbeiten und Unglücksfällen führen.

Während des Abteufens von Kartierungs- und Strukturbohrungen müssen die Erdöl-, Erdgas- und Wasseranzeichen sorgfältig beobachtet werden. Diese Fragen werden im Buch „Geologische Betreuung von Erdöl- und Erdgasbohrungen" ausführlich behandelt.

9.6.1. Entnahme orientierter Bohrkerne

Unter Umständen ist es wichtig, an Bohrkernen die Lagerungselemente zu bestimmen. Das übliche Kernrohr (Abb. 50) besteht aus einem Stahlrohr, dessen Durchmesser kleiner als der Bohrlochdurchmesser ist. Unten hat das Kernrohr ein scharfes Ende und im oberen Teil Öffnungen zum Austritt der Spülflüssigkeit beim Ausbau des Kernes. Mit diesem Kernrohr ist es jedoch nicht möglich, orientierte Kerne zu gewinnen. Die Kernentnahme mit einem solchen Kernrohr wird folgendermaßen durchgeführt:

Man läßt das Kernrohr am Bohrgestänge bis zur Bohrlochsohle hinab. Danach hebt man es um 1–2 m an und läßt es auf die Bohrlochsohle herunterfallen. Das Kernrohr schneidet sich um einige Zentimeter in das

Gestein ein. Nach dem Ausbau stößt oder klopft man den Bohrkern heraus.

Vollkommener ist das Kernrohr mit einer konischen Innenfläche (Abb. 51). Wenn das Gestein durch den verengten Teil des Konus dringt, so hat es einen kleineren Durchmesser als der Innendurchmesser des zylindrischen Kernrohrteils. Im unteren Teil hat dieses Kernrohr einen Dorn, der beim Hineinwachsen des Bohrkerns in das Kernrohr am Gestein eine Furche zieht.

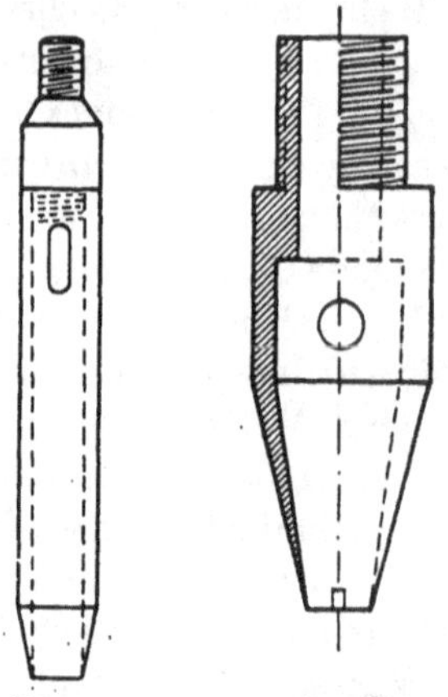

Abb. 50 Abb. 51

Abb. 50. Gewöhnliches Kernrohr

Abb. 51. Kernrohr mit konischer Innenfläche

Eine gelungene Konstruktion stellt das Kernrohr von Brod & Kalmykow dar (Abb. 52). Das Innenkernrohr besteht aus einer Hülse, die in das Außenkernrohr eingesetzt wird und mit dem Kopf verbunden ist. Die Hülse nimmt durch den Dorn im Außenkernrohr eine bestimmte Lage ein. Sie besteht aus zwei Hälften. Auf der Hülsenoberfläche sind an den Rändern der Hälften Linien markiert, die eine mit spitzem Winkel nach unten gerichtete „Fichte" bilden. Auf der äußeren Fläche des Kernrohrkörpers entspricht der „Fichte" eine Markierung (Einkerbung). Die Einkerbungen werden auch auf dem Bohrgestänge angebracht. Das Bohrgestänge wird bis zur Übereinstimmung der Einkerbungen zusammengeschraubt. Die Orientierung des abgeworfenen Kernrohrs und folglich auch des Bohrkerns wird nach der Einkerbung auf der oberen Bohrstange vorgenommen. Nachdem man die Richtung an der oberen Bohrstange gemessen hat, baut man das Gestänge aus und prüft, ob sich die Einkerbungen nicht verschoben haben. Danach wird die Hülse aus dem Kernrohr herausgezogen (Abb. 53). Vorsichtig hebt man einen Teil (Abb. 54) ab, zieht mit einem Messer eine Linie, die die Stoßstelle der Hülsenteile – die Lage der „Fichte" – fixiert. Danach nimmt man die zweite Hälfte herunter und trägt mit einem Messer oder einem Bleistift die „Fichte" auf. Unter einem spitzen Winkel kreuzen sich die Linien und weisen auf den unteren Teil des Bohrkerns. Auf diese Weise erhält man einen auf den Meridian orientierten Bohrkern. Ist das Gestein geschichtet, so wird der Einfallwinkel mit dem Kompaß oder

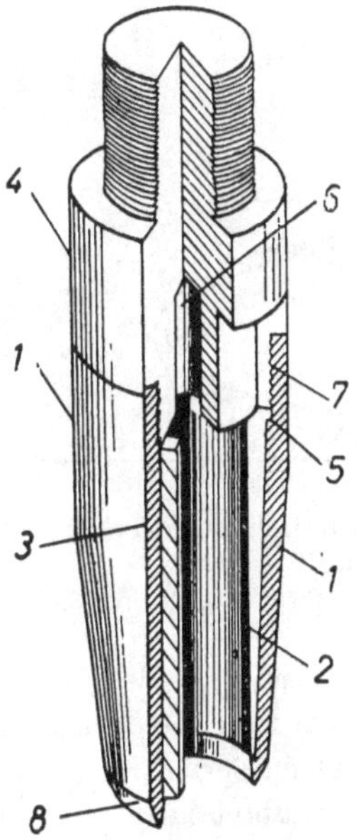

Abb. 52. Kernrohr in Gesamtansicht

1 – Kernrohrkörper; 2 – Hülse; 3 – Hülse mit der halben Rillung der „Fichte"; 4 – Kopf; 5 – Narbe; 6 – Kanal zur Abführung von Schlamm und Wasser; 7 – Gewinde zum Zusammenschrauben des Kernrohrkörpers mit dem Kopf; 8 – Rohrschuh

Abb. 53. Herausschlagen der Hülse mit dem Kernmarsch aus dem Kernrohrkörper

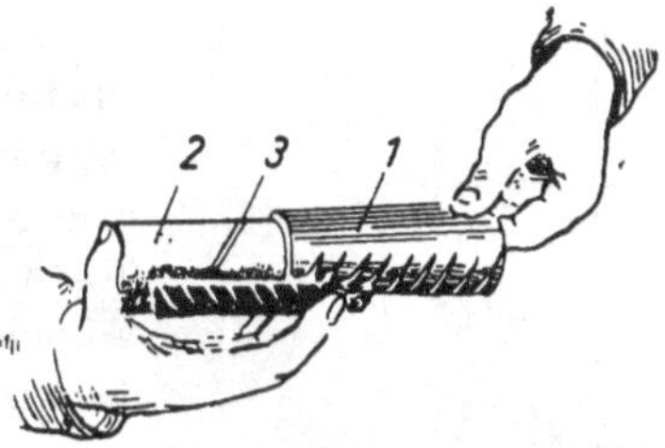

Abb. 54. Herausziehen von schichtigem Gestein aus der Hülse

1 – eine Hälfte der Hülse; 2 – Gesteinskern des schichtigen Gesteins; 3 – Schichtfläche als Spaltfläche im Gesteinskern

Winkelmesser bestimmt. Abb. 55 zeigt die Messung der Lagerungselemente.

Fehlt spezielles Gestänge mit Einkerbungen, so kann man einen orientierten Kern auch mit üblichem Gestänge heben, indem man vor dem Ausbau des Kernrohrs an der oberen Stange mit Kreide ein Merkzeichen macht. Da man die Orientierung dieses Merkzeichens kennt und es infolgedessen von einer Stange auf die andere überträgt, so überträgt man das Merkzeichen auch von den Stangen auf das Kernrohr und von letzterem auf den Bohrkern.

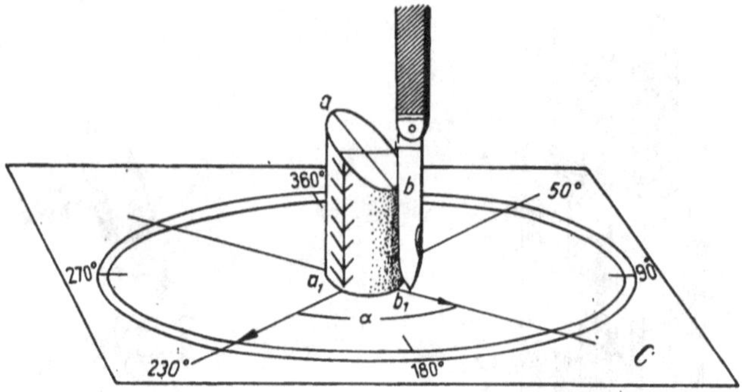

Abb. 55. Einmessen des Einfallazimuts am Bohrkern eines schichtigen Gesteins mit Hilfe eines Kreises

Die Übertragung der Merkzeichen kann z. B. auf folgende Weise durchgeführt werden: An der Bohrlochmündung wird ein Zeichen markiert, das dem Merkzeichen an der obersten Stange entspricht. Dieses Merkzeichen wird auf den oberen Teil des Dreifußbohrturms übertragen. Beim Ausbau der Gestänge vereinigt sich das Merkzeichen mit dem Merkzeichen am oberen Ende des Bohrkerns, und an der Mündung trägt man ein neues Merkzeichen auf.

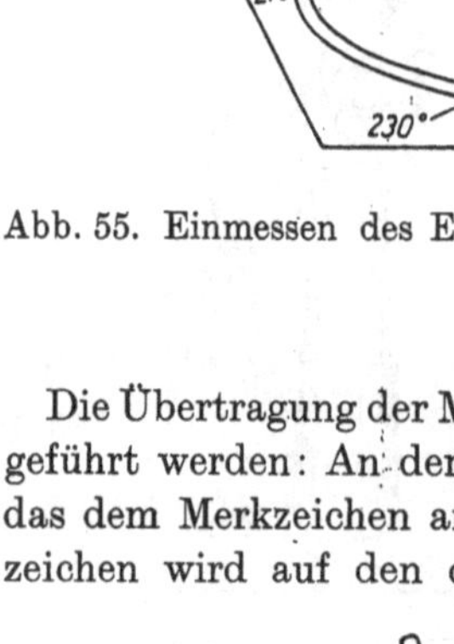

Abb. 56. Orientierung des Kernrohrs mit dem Kernmarsch mit Hilfe der Visierlinie

In Aserbaidshan führt man einen orientierten Ausbau mit Hilfe von zwei Visierlinealen durch, die mit vertikalen Dioptern ausgestattet sind. Die Lineale werden mit Hilfe von Rohrschellen am Gestänge befestigt. Nach dem Einbau des Kernrohrs und dem Abbohren des Kernes wird am überstehenden Gestängeende das Visierlineal *B* befestigt (Abb. 56), das auf den Streb *D* orientiert ist. Wenn dieses Lineal bis zur Arbeitsbühne im oberen Teil des Dreifußes gehoben ist, dreht man das Gestänge so, daß die Visierlinie auf den Streb zeigt. Über der Mündung *A* stellt man das Visierlineal *C* auf, das auf den Streb *D* orientiert wird, und das Lineal *B* wird entfernt.

9.6.2. Bestimmung der projektierten Bohrlochteufen

Beim Ansetzen von Struktur- und Kartierungsbohrungen muß ihre projektierte Teufe bestimmt werden. Am einfachsten ist die Bestimmung der Teufe von Bohrungen, wenn die zu erreichende Schicht zutage ausstreicht und gleichmäßig einfällt. Wenn der Abstand vom Ansatzpunkt der Bohrung Nr. 1 bis zum Ausstrich der Schicht gleich L, der Einfall-

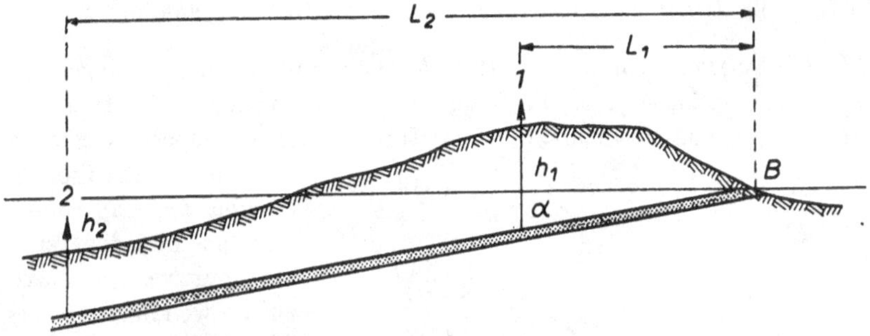

Abb. 57. Bestimmung der geplanten Bohrlochteufen

winkel der Schicht α und h_1 der Höhenunterschied zwischen der Bohrlochmündung und der Stelle des Ausstreichens der Schicht ist (Abb. 57), dann beträgt die Teufe von der Oberfläche bis zur Oberkante der Leitschicht:

$$H_1 = L_1 \cdot C \cdot \operatorname{tg} \alpha + h_1$$

Die projektierte Teufe der Bohrung Nr. 2 beträgt:

$$H_2 = L_2 \cdot C \cdot \operatorname{tg} \alpha - h_2$$

Der Abstand von der Leitschicht bis zu einer beliebigen anderen, tiefer lagernden Schicht wird üblicherweise nach dem Normalprofil bestimmt. Bei Einfallwinkeln der Schichten von über 6° muß eine entsprechende Korrektur vorgenommen werden. Fällt eine Schicht nicht unter ein und demselben Winkel ein, wie dies in Abb. 57 der Fall ist, wird die Bestimmung der projektierten Teufen mit Hilfe von graphischen Konstruktionen vorgenommen.

Unter Berücksichtigung der Änderung der Einfallwinkel einer Leitschicht wird ein Profilschnitt aufgebaut, und an Hand des Profils werden die Teufen bestimmt.

Sehr häufig bestimmt man die projektierte Bohrlochteufe ohne besondere Berechnungen und Konstruktionen. Zur Mächtigkeit des Deckgebirges addiert man die Anzahl von Bohrmetern, um die man in das anstehende Gebirge einzudringen wünscht. Dies ergibt die projektierte Teufe einer Bohrung. Bei der Projektierung von Bohrungen über 100 m ist die Bestimmung der Bohrlochteufen durch den Aufbau von Profilschnitten Vorschrift, da von der Bohrlochteufe die Wahl des Bohranlagentyps abhängt.

9.6.3. Bestimmung der Lagerungselemente mit Hilfe von Bohrungen

Die Entnahme von orientierten Kernen aus tiefen Bohrungen ist äußerst kompliziert, und die Ergebnisse sind ungenau. Mit Hilfe von drei Bohrungen, die nicht auf einer Geraden liegen, jedoch die gleiche Schicht aufschließen, können die Lagerungselemente in jeder Teufe bestimmt werden. Dazu ist notwendig, daß die Oberfläche der Schicht keine komplizierte gekrümmte Fläche darstellt, sondern einer geneigten Ebene nahekommt.

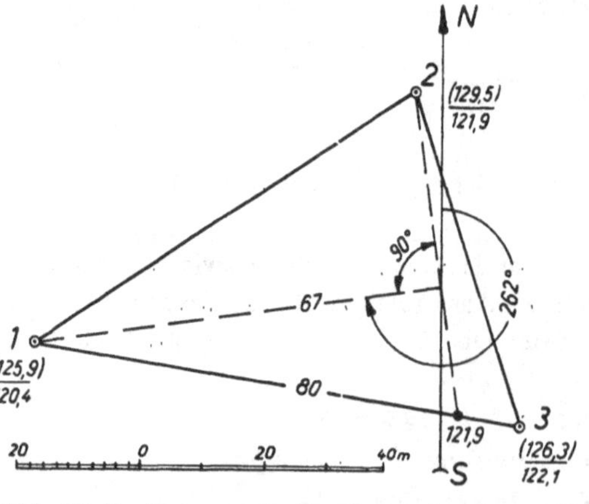

Abb. 58. Bestimmung der Lagerungselemente nach der Lage des Leithorizonts in drei Bohrungen

Die Lagerungselemente kann man graphisch durch proportionale Teilung oder mit Vektoren der Tangensfunktion bestimmen. Nehmen wir an, die drei Bohrungen Nr. 1, 2 und 3 (Abb. 58) haben die gleiche Schicht in den Teufen von 5,5 m, 7,6 m und 4,2 m erschlossen. Da die Höhenlage der Bohrlochmündungen, bezogen auf den Meeresspiegel oder auf eine andere angenommene Ebene, bekannt ist, kann die Lage des Leithorizonts berechnet werden:

Bohrung Nr. 1	125,9 – 5,5 = 120,4
Bohrung Nr. 2	129,5 – 7,6 = 121,9
Bohrung Nr. 3	126,3 – 4,2 = 122,1

Zur Bestimmung des Streichens werden die Bohrungen mit der höchsten und tiefsten Lage der Leitschicht verbunden und der Abstand gemessen. In unserem Falle sind dies die Bohrungen Nr. 1 und Nr. 3; der Abstand beträgt 80 m. Auf der Verbindungslinie befindet sich ein Punkt, der der Lage der Schicht in der Bohrung Nr. 2 entspricht. Dieser Punkt wird durch folgende Proportion gefunden:

$$\frac{\text{Linie } 1-3}{122{,}1-120{,}4}=\frac{x}{121{,}9-120{,}4} \text{ oder } \frac{80\,\text{m}}{1{,}7}=\frac{x\,\text{m}}{1{,}5}$$

Hieraus folgt:

$$x=\frac{80\cdot 1{,}5}{1{,}7}=70{,}5\,\text{m}$$

Die Verbindungslinie von diesem Punkt auf der Geraden 1–3 mit der Bohrung Nr. 2 entspricht dem Streichen. Fällt man von der Bohrung Nr. 1 (tiefste Lage der Schicht) auf die Streichlinie das Lot, so erhält man die Richtung des Einfallens. Die Richtung des Einfallens kann von der Nord–Süd-Richtung aus im Grundriß mit einem Winkelmesser gemessen werden. In unserem Falle beträgt die Richtung des Einfallens 262° SW.

Der Einfallwinkel kann aus dem Dreieck errechnet werden, das aus dem Unterschied der Schichtlage in der Bohrung Nr. 1 und auf der projizierten Streichlinie durch die Bohrung Nr. 2 entsteht. Der Abstand von der Bohrung Nr. 1 zur Streichlinie wird gemessen. Er beträgt 67 m.

Dann ist

$$\operatorname{tg}\alpha=\frac{121{,}9-120{,}4}{67}=0{,}022 \text{ oder } \alpha=1°17'.$$

9.6.4. Aufstellung eines detaillierten Schichtenprofils einer Folge

Ein zusammenhängendes und schichtenweises Profil einer Gesteinsfolge kann nach natürlichen und künstlichen Aufschlüssen zusammengestellt werden. An Hand von Schurfschächten und Schurfgräben ist eine vollständige Beschreibung der Schichten noch am leichtesten möglich, da bei Bohrungen ein geschlossenes Profil nur schwer durch eine vollständige Kernfolge zu belegen ist.

Bei flachem Einfallen der Gesteine sind Bohrungen häufig das einzige Mittel, Gesteinsproben zu gewinnen. Von den vorhandenen Bohranlagen für flache Bohrungen ist die Counterflush-Anlage, die mit umgekehrter Spülung arbeitet, am besten geeignet. Die Spülflüssigkeit wird nicht im Bohrgestänge, sondern im Raum zwischen der Bohrlochwandung und dem Bohrgestänge zur Bohrlochsohle geführt. Gebohrt wird mit Kronen. Die ausgebohrten Gesteinssäulen (Bohrkerne) und das Bohrklein werden im Bohrgestänge von der Spülflüssigkeit zur Oberfläche befördert und auf ein Sieb geschüttet, von wo die Bohrkerne und Schlammproben fortlaufend entnommen werden. Indem man die Gesteinsproben mit der Bohrlochteufe korreliert, erhält man Teufenangaben. In Anbetracht der geringen Teufe und bei der schnellen Herausbeförderung des Bohrkerns kann man die Dauer des Aufstiegs des Materials vernachlässigen. Mit Counterflush-Geräten kann bis zu einer Tiefe von 300–500 m ein durch geschlossene Kernfolgen belegtes Schichtenprofil aufgestellt werden.

Die Gewinnung eines zusammenhängenden Profils beim Bohren mit üblichen Anlagen ist mit einem bedeutenden Zeitverlust verbunden. Proben lockerer Gesteine lassen sich mit solchen Geräten nur schwer gewinnen.

Bei hinreichend steilem Einfallen der Gesteine erübrigt sich die Niederbringung von „tiefen" Bohrungen. Eine tiefe Bohrung kann durch mehrere senkrecht zum Einfallen in Abständen angeordnete Bohrungen (Abb. 59) ersetzt werden. Hierbei ist es erforderlich, daß ein und dieselbe Schicht mindestens von zwei Bohrungen angetroffen wird. In der angeführten Abbildung wurde die Leitschicht A durch einen Schurfschacht und durch die Bohrungen Nr. 1 und Nr. 2 erschlossen. Die Schicht B wurde durch die Bohrungen Nr. 2 und Nr. 3 angetroffen. Somit können wir das Profil von der Schicht A bis zur Schicht C zusammenstellen. Wenn das Schichteinfallen konstant bleibt, ist es einfach, den Abstand zwischen den Bohrungen zu bestimmen (s. Abb. 57). Verändert sich das Einfallen, so können die projektierten Bohrlochteufen während des Abteufens berichtigt werden.

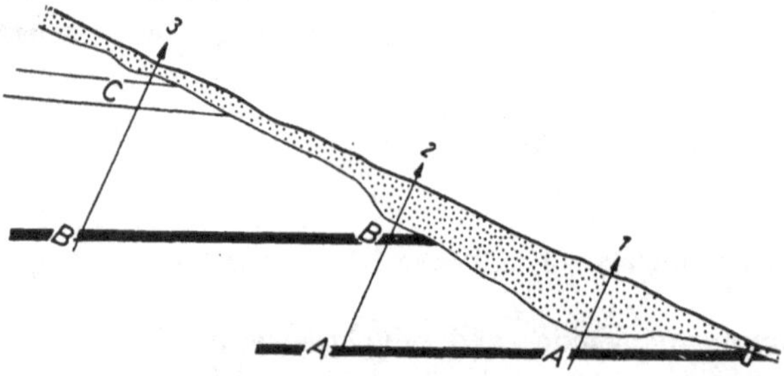

Abb. 59. Erforschung des Profils einer Schichtenfolge

Der Abstand zwischen den Bohrungen wird in Abhängigkeit vom Schichteinfallen gewählt. Bei steilem Einfallen betragen die Abstände etwa 100–200 m und bei flacher Lagerung bis zu 1000 m. Die Bohrungen müssen nicht unbedingt auf einem Profil angesetzt werden. Häufig ist dies, bedingt durch das Relief, nicht angebracht. Bei der Korrelation der Bohrlochprofile ist die Ausscheidung von sicheren Leithorizonten, die in benachbarten Bohrungen verfolgt werden können, wichtig. Bei gleichförmiger Wechsellagerung einfarbiger Gesteine ist dies oft sehr kompliziert. Um bei der Korrelation der Profile Fehler zu vermeiden, ist es zweckmäßig, Bohrlochmessungen durchzuführen. Der Vergleich der Bohrlochmeßkurven gestattet, die Korrelation der Profile mit großer Genauigkeit vorzunehmen.

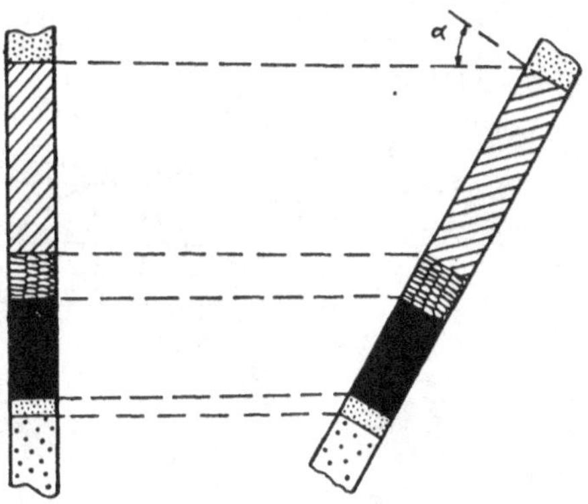

Abb. 60. Konstruktion des Normalprofils nach dem Bohrprofil

Zur Aufstellung eines Normalprofils aus Schichtenverzeichnissen der Bohrungen muß eine Korrektur der Mächtigkeit entsprechend dem Einfallen vorgenommen werden. Die Korrektur kann durch Berechnung oder graphisch erfolgen. Abb. 60 zeigt das Schema eines Normalprofils; hierbei ist α der Einfallwinkel der Schichten.

9.6.5. Konstruktion von Strukturkarten nach den Ergebnissen der Kartierungsbohrungen

In diesem Abschnitt soll nicht die Frage der Konstruktion von Strukturkarten für eine durch viele Bohrungen erschlossene Leitschicht betrachtet werden. Diese Fragen werden im Buch „Geologische Betreuung von Erdöl- und Erdgasbohrungen“ behandelt. Hier soll die Konstruktion von Strukturkarten nach den Lagerungselementen verschiedener Schichten, die durch Bohrungen erschlossen wurden, behandelt werden.

Auf einem Profil wurden eine Anzahl Bohrungen niedergebracht und orientierte Kerne entnommen. Die Bohrungen werden entsprechend ihrer Lage in ein Reliefprofil eingetragen und maßstäblich dargestellt

(Abb. 61). Von den Messungen der Lagerungselemente an den Bohrkernen werden die sichersten ausgewählt, evtl. werden Mittelwerte genommen. Stark abweichende Messungen werden vernachlässigt. Das

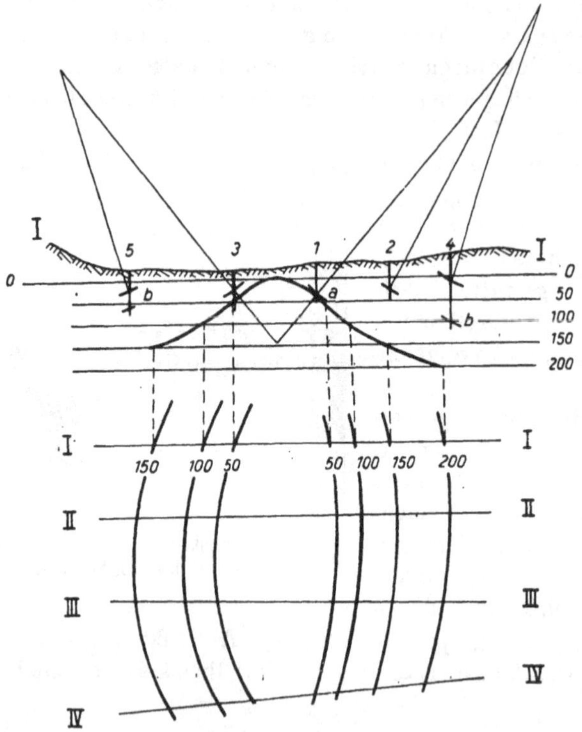

Abb. 61. Konstruktion der Strukturkarte nach den Lagerungselementen, die durch Kartierungsbohrungen bestimmt wurden

gemessene Einfallen wird entsprechend der Teufe in das Profil eingetragen. Dazu ist notwendig, daß das Azimut des Einfallens der Schicht und das Azimut der Profillinie übereinstimmen oder die Differenz 10° nicht überschreitet.

Bei einem Unterschied der Azimute von über 10° muß vor der Eintragung der gemessene Einfallwinkel umgerechnet werden:

$$\operatorname{tg} \beta = \operatorname{tg} \alpha \cos (\omega_a - \omega_p) \text{ oder } (\omega_p - \omega_a)$$

Hierin bedeuten: β = errechneter Neigungswinkel;
α = gemessener Einfallwinkel;
ω_a = Azimut des Schichteinfallens;
ω_p = Azimut der Profillinie.

Zur schnelleren Bestimmung der wahren Winkel gibt es Tabellen und Nomogramme.

Für die Leitschicht *a* kann nun nach Errichtung der Normalen von den Schnittpunkten aus der Verlauf der Schicht konstruiert werden. Von der Nullinie aus werden horizontale Schnitte (im gegebenen Falle in 50 m Abstand voneinander) gelegt. Die Schnittpunkte der Schicht mit diesen Schnitten werden auf die Profillinie in der Karte projiziert. Bei den anderen Profilen (II–II; III–III; IV–IV usw.) wird in der gleichen Weise verfahren. Die Verbindung gleicher Punkte ergibt eine schematische Strukturkarte der Schicht *a*. Die Karte spiegelt die Tektonik nur in dem Falle richtig wider, wenn disjunktive Dislokationen fehlen.

Die Richtigkeit der Konstruktion einer Strukturkarte nach in Kartierungsbohrungen ermittelten Lagerungselementen kann überprüft werden, wenn eine Schicht in Bohrungen auf beiden Flanken beobachtet wird. So kann z. B. in der Bohrung Nr. 4 und Nr. 5 die Schicht *b* verfolgt werden. Wenn wir auf Grund des Normalprofils den Abstand zwischen den Schichten *a* und *b* kennen, so können wir über die Genauigkeit der Konstruktion urteilen. Eine solche Nachprüfung schließt das Auftreten von Störungen zwischen diesen Bohrungen nicht aus, die Folgerungen sind jedoch beweiskräftiger. Sogar bei gewisser Ungenauigkeit der Konstruktion von Strukturkarten werden die Lage und die Form des Scheitels angedeutet.

9.6.6. Anordnung der Kartierungs- und Strukturbohrungen

Bei der Projektierung von Struktur- und Kartierungsbohrungen muß der Geologe bestrebt sein, die gestellten Aufgaben mit der geringsten Anzahl von Bohrungen und bei möglichst geringen Teufen zu lösen. Mit der Niederbringung von Strukturbohrungen wird begonnen, wenn der geologische Bau der zu erforschenden Fläche in großen Zügen geklärt ist. Die Strukturbohrungen haben zum Ziel, den geologischen Bau, der durch die geologische Aufnahme oder durch geophysikalische Methoden ermittelt wurde, zu präzisieren. Folglich werden Struktur- und Kartierungsbohrungen meist auf der Grundlage von geologischen und geophysikalischen Karten und nur selten unabhängig vom geologischen Bau angesetzt.

Die geringste Anzahl von Bohrungen ist bei der Kartierung von Monoklinalen erforderlich, die auch durch Brüche kompliziert sein können, und die größte Anzahl von Bohrungen bei der Kartierung von Falten, deren Schichtenfolge durch Störungen kompliziert ist.

In der Praxis werden in der Regel in Gebieten mit relativ einfachem Bau auf 10 km^2 6–9 Bohrungen bei übersichtsmäßigen Arbeiten niedergebracht. Bei detaillierten Untersuchungen erhöht sich die Anzahl der Bohrungen auf 30, und in sehr komplizierten Gebieten können bis zu 100 Bohrungen auf 10 km^2 notwendig sein. In Tafelgebieten werden zur Untersuchung einer Struktur je nach ihrer Größe 12–30 Strukturbohrungen mit einem Bohrmeteraufwand von 2000 bis 6000 m abgeteuft.

Theoretisch kann jede Strukturform auf eine durch Ebenen begrenzte geometrische Figur zurückgeführt werden. An dieser Figur kann man die Anzahl der Punkte (Bohrungen) berechnen, die zu ihrer Bestimmung notwendig sind.

Selbst bei sorgfältigster Untersuchung von Strukturen durch Bohrungen werden in komplizierten und überdeckten Gebieten nicht immer alle Besonderheiten des geologischen Baues festgestellt. Als Beispiel sei die Schubakinsker Falte auf der Halbinsel Apscheron angeführt. Bei guten Aufschlußverhältnissen aller Schichten der produktiven Folge wurde sorgfältig eine geologische Karte aufgenommen, die die Einzelheiten der Tektonik widerspiegelte. Nach einigen Jahren wurde durch Tiefbohrungen eine mit Erdöl gesättigte Folge entdeckt. Diese Folge ist nicht am Aufbau des scheitelnahen Teils der Falte beteiligt und konnte deshalb auch nicht kartiert werden. Da sie auf einer der tief abtauchenden Flanken lagert, konnte sie auch durch flache Strukturbohrungen nicht erreicht werden. Durch flache Bohrungen konnten ebenfalls nicht die stratigraphischen Lagerstätten in Kala, Kara-Tschuchur und in anderen Feldern der Halbinsel Apscheron aufgefunden werden. Es gibt auch Beispiele aus anderen erdölführenden Provinzen, die zeigen, daß der geologische Bau der durch flache Bohrungen untersuchten Schichten nicht die Tektonik der erdölführenden Folgen widerspiegelt.

Heute haben Strukturbohrungen und teils auch Kartierungsbohrungen die Aufgabe, die geologisch oder geophysikalisch angenommenen oder festgestellten Strukturen zu bestätigen.

Vor dem Bohrbeginn muß der Geologe bestimmte Vorstellungen über die Strukturform besitzen und sich bei der Wahl der Ansatzpunkte für

Struktur- und Kartierungsbohrungen davon leiten lassen. Es wäre falsch, die Bohrungen streng nach einem geometrischen Netz, in den Ecken von Quadraten oder Dreiecken anzusetzen. Gewöhnlich liegen die Bohrungen auf Profilen quer zur Faltenachse. Die erste Bohrung wird auf dem vermuteten Scheitel angesetzt und die nachfolgenden auf den vermuteten Flanken. Die Abstände zwischen den Bohrungen hängen von dem Einfallwinkel und von der Mächtigkeit der Überdeckung ab. Je steiler die Schichten einfallen, um so geringere Abstände zwischen den Bohrungen sind notwendig. Durch die Einfallwinkel und durch die Mächtigkeit der Überdeckung werden auch die projektierten Bohrlochteufen bestimmt. Die ersten drei Bohrungen reichen nicht immer aus, um den Scheitel der Struktur zu fixieren. Um die Lage der Achse auf der Profillinie genau zu bestimmen, benötigt man mindestens 4–5 Bohrungen.

In der Regel sollte man erst nach der Niederbringung der ersten drei Bohrungen die weiteren Ansatzpunkte festlegen. Gewöhnlich reichen drei Quer- und ein Längsprofil aus, um die Lage des Strukturscheitels zu bestimmen. Bei kompliziertem Bau oder bei einer großen Struktur muß die Anzahl der Profile erhöht werden.

Struktur- und Kartierungsbohrungen werden erst nach den geophysikalischen Felduntersuchungen angesetzt. Die Geophysik und besonders die Seismik bestimmen die Lage der Strukturen sehr genau. Eine „Geophysikalische Struktur“ (eine Struktur, die durch geophysikalische Methoden ermittelt wurde) muß aber durch Struktur- und Kartierungsbohrungen bestätigt und genauer untersucht werden.

M. J. Peissik schlägt für die Untersuchung von „Geophysikalischen Strukturen“ zwei Arbeitsetappen vor. In der ersten Etappe werden die Hauptbohrungen niedergebracht, die die Lage der Struktur und die Orientierung der Achse bestimmen. In der zweiten Etappe werden Zusatzbohrungen niedergebracht, die die Einzelheiten des Strukturaufbaus genauer untersuchen. Die ersten Bohrungen werden in einem Kreis angeordnet, dessen Zentrum der Top der Struktur oder die Mitte der geophysikalischen Anomalie bildet. Den Durchmesser des Kreises legt man fest als Durchschnittslänge der Querachsen der benachbarten erkundeten Strukturen. Auf dem Kreis werden sechs Bohrungen gleichmäßig verteilt. Eine Bohrung wird im Zentrum des Kreises niedergebracht (Bohrungen Nr. 1, 2, 3, 4, 5, 6, Abb. 62 a).

Für die Lage der Strukturachsen ergeben sich dann drei Varianten:

1. Die höchste Lage einer Schicht wird in gegenüberliegenden Bohrungen angetroffen (z. B. in den Bohrungen Nr. 2 und Nr. 5,

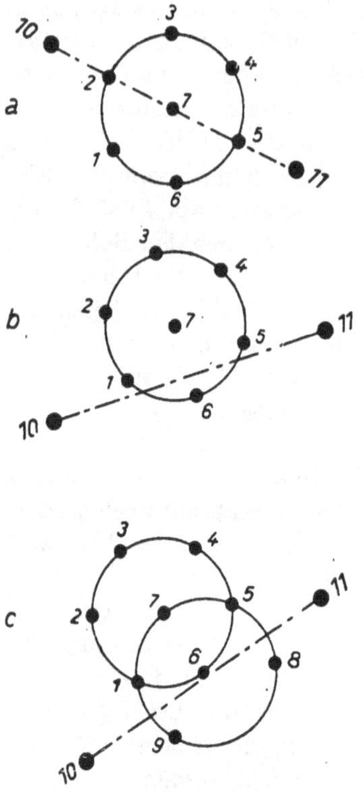

Abb. 62. Anordnung der Bohrungen bei der Erkundung von geophysikalischen Anomalien (nach M. J. Peissik)

Abb. 62a). Folglich liegt die Achse der Struktur in der Nähe dieser Bohrungen.

2. Die höchste Lage wird in Bohrungen angetroffen, die im Kreis nebeneinander liegen, d. h., die Strukturachse ist von der zentralen Bohrung seitlich zu diesen Bohrungen versetzt (Bohrungen Nr. 1, 5 und 6). Folglich verläuft die Strukturachse zwischen diesen Bohrungen (Abb. 62 b).
3. Die höchste Lage wird nur in einer Bohrung angetroffen, z. B. in der Bohrung Nr. 6 (Abb. 62 c). Von dieser Bohrung aus wird ein Kreis mit dem gleichen Radius gezogen, und die Bohrungen Nr. 8 und 9 werden angesetzt, die dann auch die Lage der Faltenachse bestimmen.

Auf der festgestellten Achse werden die Bohrungen Nr. 10 und 11 angesetzt, um den weiteren Verlauf der Achse zu verfolgen. Danach beginnt die zweite Etappe zur genaueren Auskartierung der Struktur.

Diese Verfahrensweise kann bei flacher Lagerung und bei relativ einfachem tektonischem Bau angewandt werden. Bei der Untersuchung von durch Systeme von Brüchen komplizierten Strukturen und bei Disharmonie des Baues in verschiedenen stratigraphischen Komplexen ist die von M. J. Peissik vorgeschlagene Methode nicht anwendbar. Am zweckmäßigsten ist in diesem Falle das Abteufen von Bohrungen im Komplex mit seismischen Untersuchungen.

Als Beispiel wollen wir die komplexe Vorbereitung der Olischewsker Struktur (Ukrainische SSR) nach den Angaben von M. W. Tschirwinska anführen. Für die Vorbereitung dieser Struktur zur Erkundung durch Tiefbohrungen wären 57 Strukturbohrungen erforderlich gewesen, davon 50 Bohrungen zu 700 m und 7 Bohrungen zu 1200–1300 m. Durch die Koppelung von Strukturbohrungen und seismischer Erkundung konnte ein Teil der projektierten Bohrungen entfallen. Durch gemeinschaftliche Bearbeitung des gesamten Materials durch einen Geophysiker und einen Geologen konnten die seismischen Ergebnisse einen Teil der Bohrungen ersetzen. Zur Vorbereitung der Struktur waren nur noch 22 Bohrungen zu je 600 m und 2 Bohrungen zu 1 200–1 300 m notwendig.

Dank der Verringerung des Umfangs der Bohrarbeiten wurde die Vorbereitungszeit der Struktur von zwei Jahren auf ein Jahr verkürzt, was eine Einsparung von über 1 Million DM ergab.

Mit den Unterlagen der seismischen Messungen wurden von zwei reflektierenden Horizonten Strukturkarten aufgebaut. Durch die Boh-

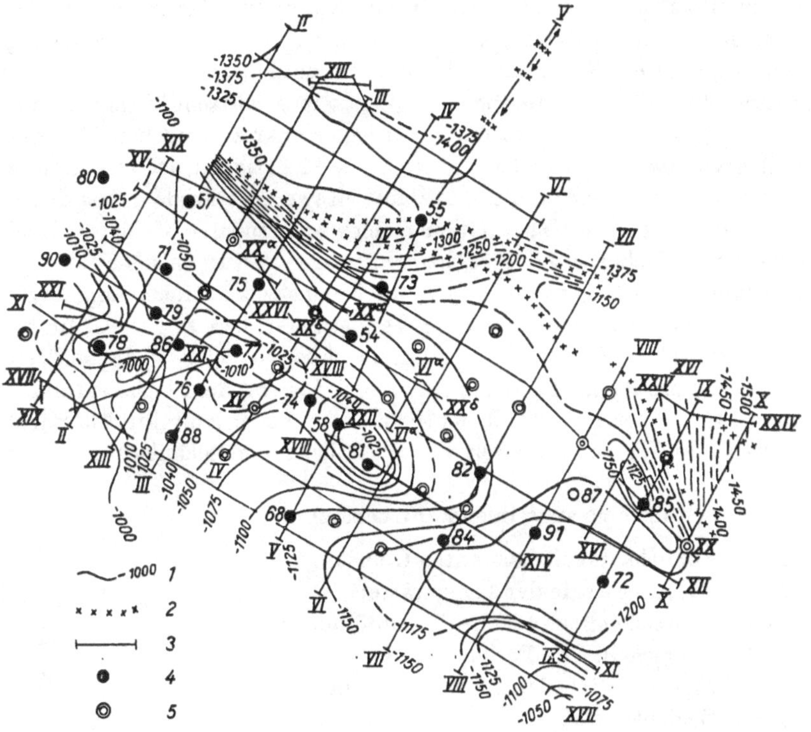

Abb. 63. Strukturkarte der Antiklinale Olischew, gezeichnet als Resultat der komplexen seismischen Erkundung und des Struktur-Suchbohrens. Zusammengestellt von I. I. Schapowal, M. I. Buzewa und A. A. Romanjuk

1 – Isohypsen des Hangenden des unteren Perms; 2 – Bruchstörung; 3 – seismische Profile; 4 – Struktur-Suchbohrungen; 5 – geplante Bohrungen, deren Daten durch seismische Erkundung ersetzt wurden

rungen konnten die petrographisch-faziellen Verhältnisse der Schichtenfolge und das stratigraphische Alter der reflektierenden Schicht geklärt werden. Bohrungen dienten auch zur Klärung des geologischen Baues in Gebieten fehlender Reflexionen. Durch diese komplexen Arbeiten konnten die Falten mit einer Amplitude von 20–50 m in Schnitten und Karten in genügender Genauigkeit dargestellt werden (Abb. 63).

9.7. Bericht über die detaillierten Sucharbeiten

Im Ergebnis detaillierter Sucharbeiten muß geklärt werden, ob eine bestimmte Fläche Perspektiven für eine Erdöl- oder Erdgasführung besitzt und ob der Ansatz von Tiefbohrungen zur weiteren Erkundung gerechtfertigt ist. Nicht immer kann durch detaillierte Sucharbeiten das untersuchte Gebiet eindeutig bezüglich seiner wirtschaftlichen Erdöl- oder Erdgasführung eingeschätzt werden. Konkrete Angaben über den Fallentyp, die Größe der Lagerstätten, die Mächtigkeit der produktiven Horizonte usw. können oft nur zum Teil gemacht werden. Aus diesen Gründen müssen zur Einschätzung eines untersuchten Gebietes durch detaillierte Sucharbeiten Verallgemeinerungen der Kenntnisse über die gesetzmäßige Verteilung von Erdöl- und Erdgaslagerstätten herangezogen werden, oder man muß konkrete Vergleiche zu bereits gut bekannten Gebieten ziehen. Im Bereich des untersuchten Gebietes ist die höffigste Fläche auszuwählen. Im Allgemeinfalle wird zuerst die Fläche erkundet, die besser vorbereitet ist, die deutliche direkte oder indirekte Anzeichen aufweist und deren Abbohren wirtschaftlicher und technisch einfacher ist.

Kriterien für eine auswählende Einschätzung sind:

1. die Ähnlichkeit mit bekannten Gebieten;
2. die Lagerungsteufe der Lagerstätte;
3. die wahrscheinliche Fläche der Erdölführung;
4. die wahrscheinliche Fördermenge;
5. die Eigenschaften der Speichergesteine;
6. das Schichtregime;
7. die Qualität des Erdöls;
8. die Vorbereitung der Fläche und evtl. zusätzliche Untersuchungen;
9. die geologisch-technischen Bohrverhältnisse;
10. die ökonomischen Bedingungen des Gebietes;
11. die prognostischen Vorräte an Erdöl und Erdgas.

Die detaillierten Sucharbeiten bestehen aus einem Komplex von Untersuchungen. Dazu gehören:

1. geophysikalische Arbeiten;
2. geologische Kartierungen;
3. geochemische Untersuchungen;
4. Aufschlußarbeiten;
5. Bohrarbeiten;
6. thematische und Laboruntersuchungen usw.

Die Fragen des technischen Berichtes und des Finanzberichtes sowie die Dokumentation der Markscheide- und einiger anderer Arbeiten, für die besondere Instruktionen bestehen, werden hier nicht behandelt.

Die Grundlage für den geologischen Bericht bildet die primäre Dokumentation, die sich zusammensetzt aus: der Beschreibung der Aufschlüsse, der künstlichen Aufschlußarbeiten und der Bohrlochprofile; den Notizen über die Tektonik, die Erdölführung und andere im Feld gemachte Beobachtungen sowie den Ergebnissen der Laboratoriumsuntersuchung der Gesteins-, Erdöl-, Erdgas- und Wasserproben; Karten, Profilen, Skizzen, Fotos usw.

In der UdSSR ist es üblich, einen vorläufigen Bericht und den Abschlußbericht auszuarbeiten.

Der vorläufige Bericht wird kurz nach Beendigung der Feldarbeiten zusammengestellt. Gewöhnlich braucht man dazu 1–2 Monate. In Abhängigkeit von den durchgeführten Arbeiten enthält der Bericht geologische Karten und Strukturkarten, ein schematisches Normalprofil und geologische Schnitte. Der vorläufige Bericht gibt eine Zusammenfassung der einzelnen Beobachtungen und besitzt informatorischen Charakter. Im vorläufigen Bericht werden die Vorstellungen über den geologischen Bau mitgeteilt und Empfehlungen zu weiteren Untersuchungen gegeben.

Im Abschlußbericht wird das gesamte gesammelte Material, darunter auch die Laboruntersuchungen, beschrieben und ausgewertet. Zum Zeitpunkt der Ausarbeitung des Abschlußberichtes sind die Spezialuntersuchungen (Erdöl, Wasser, Erdgas, Petrographie, Paläontologie) noch nicht abgeschlossen. Es müssen deshalb Analysen und Bestimmungen mit kurzen Folgerungen eingearbeitet werden. Die Untersuchungen werden weitergeführt und Spezialberichte später veröffentlicht.

Nachstehende Gliederung des Abschlußberichtes wird empfohlen:

1. Vorwort
2. Einleitung

3. Übersicht über die vorangegangenen geologischen, geophysikalischen und anderen Arbeiten
4. Geographische und wirtschaftliche Beschreibung des Gebietes
5. Stratigraphie
6. Tektonik
7. Geomorphologie
8. Hauptetappen der geologischen Entwicklung
9. Erdöl- und Erdgasführung
10. Hydrogeologie
11. Nutzbare Bodenschätze
12. Die Erdöl- und Erdgashöffigkeit
13. Praktische Vorschläge
14. Geologisch-technische Vorschläge
15. Anlagen
16. Literaturverzeichnis der veröffentlichten und unveröffentlichten Arbeiten

Nachstehend wird in etwas abgeänderter Form die Inhaltsbeschreibung der einzelnen Abschnitte nach I. O. Brod angeführt.

1. Vorwort

Im Vorwort werden allgemeine Bemerkungen zur Durchführung der geologischen Sucharbeiten gemacht und die spezifischen Besonderheiten einzelner Abschnitte des Berichtes erwähnt.

2. Einleitung

Der Abschnitt beginnt mit der Schilderung der geographischen und verwaltungsmäßigen Lage des untersuchten Bezirkes. Angeführt werden: die Koordinaten der Kartenblätter des Arbeitsgebiets, die Zusammensetzung der Arbeitsgruppe, die Aufgaben der Untersuchung, der Maßstab der Aufnahme, die vorhandenen topographischen, geologischen und geophysikalischen Karten und ihre Maßstäbe, die Arbeitsbedingungen (Charakter des Reliefs, Aufschlußverhältnisse), die Art der durchgeführten Arbeiten (geologische Aufnahme, geologische Strukturaufnahme, Struktur- und Kartierungsbohren usw.), der Umfang der geplanten und ausgeführten Arbeiten und Angaben darüber, welche Laboratorien und welche Wissenschaftler sich an der Bearbeitung des Materials beteiligten.

3. Übersicht über die vorangegangenen geologischen, geophysikalischen und anderen Arbeiten

Dieser Abschnitt besteht aus einer kurzen Beschreibung aller veröffentlichten und unveröffentlichten Arbeiten über Orographie, Geologie, Erdöl- und Erdgasführung, über geophysikalische Untersuchungen usw., die sich auf das betreffende Gebiet beziehen. Die Arbeiten werden in chronologischer Reihenfolge beschrieben, sind jedoch nach der Thematik gegliedert, und zwar nach geologischen und geophysikalischen Untersuchungen usw. Bei der Beschreibung der Arbeiten werden Schlußfolgerungen angeführt. Auf neue Daten, falsche Schlußfolgerungen und Lücken in den Arbeiten wird hingewiesen. Besonders erwähnt werden die Forscher, die als erste auf die Erdöl- und Erdgashöffigkeit des untersuchten Gebietes hinwiesen.

4. Geographische und wirtschaftliche Beschreibung des Gebietes

Dieser Abschnitt muß bei relativ wenig erforschten Gebieten ausführlich, und kann bei gut erforschten Gebieten schematisch dargestellt werden. Beschrieben werden die Topographie und das Flußnetz. Die orographischen Elemente werden klassifiziert: Wasserscheiden, Täler, Schluchten usw. Behandelt werden die hydrographischen Elemente: Flüsse, Bäche, Sümpfe, Seen u. a. mit Angaben über Strömungsgeschwindigkeit in Abhängigkeit von der Jahreszeit, der Tiefe usw. Angeführt werden: die chemische und bakteriologische Charakteristik der Wässer; die jahreszeitlichen Temperaturschwankungen und die Verteilung der Niederschläge; die mechanische Beschaffenheit, Porosität, Feuchtigkeit und die Filtrationseigenschaften des Bodens. Kurze Angaben über die Wirtschaftsstruktur des Gebietes werden gemacht. Der Zustand der Straßen und Brücken, die Entfernung von der Eisenbahn und von den Energiezentren werden erwähnt.

5. Stratigraphie

Das stratigraphische Profil wird nach der allgemein üblichen Reihenfolge von unten nach oben beschrieben. Eine solche Beschreibung entspricht der Sedimentation und erleichtert die Darlegung der geologischen Geschichte und der Paläogeographie. Unter Umständen ist es zweckmäßig, das Profil von oben nach unten in der Reihenfolge zu beschreiben, in der es von den Bohrungen durchteuft wurde. Die Beschreibung des Profils muß durch Fossilbestimmungen und petrographische Untersuchungen ergänzt werden und Hinweise auf die wichtigsten natürlichen und künstlichen Aufschlüsse enthalten. Die Leitfauna wird ausgewiesen. Der Beschreibung der Mächtigkeitsschwankungen und der petrographischen Zusammensetzung der erdölhöffigen Folgen ist besondere Aufmerksamkeit zu widmen.

Bei der Beschreibung möglicher Erdöl- und Erdgasspeichergesteine sind außer der lithologischen und petrographischen Charakteristik Angaben über Porosität, Permeabilität, Klüftung und Kavernenbildung anzuführen. Werden durch die neuen Unterlagen grundlegende oder teilweise Änderungen der stratigraphischen Gliederung bedingt, so müssen diese Änderungen ausführlich begründet werden. Graphische Anlagen werden als Illustration beigefügt: ein zusammengefaßtes lithologisch-stratigraphisches Profil, Skizzen oder Photographien der Aufschlüsse, ein Korrelationsschema einzelner Profile, eine geologische Karte, eine Strukturkarte und Schnitte, eine Parallelisierung der Bohrlochprofile usw.

6. *Tektonik*

Eingangs werden die allgemeinen Züge der tektonischen Großeinheit beschrieben, in der die untersuchte Fläche liegt. Die Besonderheiten des untersuchten Gebietes und die tektonischen Formen werden erläutert. Leithorizonte, nach denen Strukturkarten konstruiert wurden, werden beschrieben. Durch eine Analyse der Strukturkarten, der geologischen Karte und der geophysikalischen Unterlagen werden Aussagen über die Lagerung der tieferen Schichten gemacht. Störungen und der Charakter der Klüfte werden beschrieben. Für die Bildung von Erdöl- und Erdgaslagerstätten günstige Fallen werden ausgewiesen und klassifiziert.

Zu den graphischen Anlagen gehören: eine tektonische Übersichtskarte mit Angabe des untersuchten Gebietes, Strukturkarten, Mächtigkeitskarten, Konvergenzkarten und Schnitte.

7. *Geomorphologie*

Das Relief wird als Ergebnis der Wechselwirkung exogener und endogener Kräfte beschrieben. Der Zusammenhang der bestehenden Reliefformen mit der Petrographie, den strukturellen Besonderheiten des Gebietes und den epirogenen Bewegungen der Erdkruste wird dargelegt. Die Entwicklungsgeschichte der wichtigsten orographischen und hydrographischen Elemente wird erläutert. Das Alter der Erosionszyklen und die Verwitterungsprozesse werden behandelt. Als Anlage wird eine geomorphologische Karte beigefügt.

8. Hauptetappen der geologischen Entwicklung

In diesem Abschnitt wird die Geschichte des Sedimentationsbeckens behandelt. Es werden die für die Entstehung von Erdölmutter- und speichergesteinen günstigen Etappen der geologischen Geschichte ausgewiesen und beschrieben. Dieser Abschnitt wird nur aufgenommen, wenn es sich bei dem untersuchten Gebiet um eine größere tektonische Einheit handelt.

9. Erdöl- und Erdgasführung

Alle bekannten und neuentdeckten direkten und indirekten Anzeichen einer Erdöl- und Erdgasführung werden beschrieben. Von neuen Erdöl- oder Erdgasfunden werden die Analysen angeführt. Das Alter und die Lagerungstiefe der erdöl- und erdgasführenden Schichten werden behandelt.

10. Hydrogeologie

Außer allen angetroffenen Wasseranzeichen und der Ausweisung wasserführender Schichten wird auch das regionale hydrogeologische Milieu beschrieben. Die Unterlagen über die Schichtwässer werden systematisiert. Die Möglichkeit eines evtl. vorhandenen Wasserdruckregimes wird dargelegt. Überlegungen über den Zusammenhang der wasserführenden Schichten mit anderen Schichten des Profils und die chemische Charakteristik der Schichtwässer werden angeführt.

11. Nutzbare Bodenschätze

Außer Erdöl und Erdgas können auch andere nutzbare Bodenschätze angetroffen werden. Bei den Untersuchungen ist das Augenmerk auf alle nutzbaren Bodenschätze zu richten, auch auf Baumaterial wie Ton, Sand, Kies usw. Bei der Beschreibung der nutzbaren Bodenschätze werden die Qualität des Materials und die geologischen Verhältnisse seiner Lagerung charakterisiert, die Vorräte geschätzt und die Aufschlußmöglichkeiten erwogen.

12. Die Erdöl- und Erdgashöffigkeit

In diesem Abschnitt werden die Perspektiven einer wirtschaftlichen Erdöl- und Erdgasführung dargelegt. Zu diesem Zwecke müssen Vergleiche mit anderen bekannten erdöl- und erdgasführenden Provinzen und Parallelen gezogen werden. Über die Lagerungstiefe möglicher erdöl- und erdgasführender Schichten, ihre Mächtigkeit, über Speichergesteine wie über ein mögliches Schichtregime angestellte Erwägungen sind anzuführen. Es ist darauf hinzuweisen, welche Arten von Lagerstätten angetroffen werden können.

13. Praktische Vorschläge

Dieser Abschnitt enthält konkrete Vorschläge und den Plan weiterer Arbeiten. Die Ansatzpunkte der ersten Erkundungsbohrungen, ihre Teufe und Anzahl werden angegeben. Dazu gehört eine Karte der Ansatzpunkte und der Vorprofile der Bohrungen.

14. Geologisch-technische Vorschläge

Um ein Projekt für die weiteren Untersuchungen aufzustellen, müssen die geologisch-technischen Eigenschaften der Gesteine bekannt sein. Soweit hierüber Unterlagen vorhanden sind, werden im Profil die Gesteinshärten angegeben und Zonen mit möglichem Nachfall, Spülungsverlust, Wasserzuflüssen, Erdöl- und Erdgaszuflüssen usw. ausgewiesen. Erwägungen über die Versorgung der Bohrstelle mit Wasser und Ton für die Spülung und andere geologisch-technische Vorschläge sind unbedingt anzuführen.

15. Anlagen

Hierher gehören: die Beschreibung der Aufschlüsse, der Aufschlußarbeiten und der Bohrlochprofile, eine geologische Karte, eine Karte des Tatsachenmaterials, geophysikalische Karten, Mächtigkeitskarten und anderes graphisches Material wie auch die im Text erwähnten Tabellen und Analysen. Ein Verzeichnis aller Anlagen ist anzufertigen.

16. Literaturverzeichnis der veröffentlichten und unveröffentlichten Arbeiten

Dem Bericht ist unbedingt ein vollständiges Verzeichnis der veröffentlichten und unveröffentlichten Arbeiten beizufügen. Die Verzeichnisse sind getrennt für die veröffentlichten und für die unveröffentlichten Arbeiten zu führen. Es ist zweckentsprechend, die Arbeiten alphabetisch zu ordnen. Bei Hinweisen auf Arbeiten im Text soll nicht nur die laufende Nummer, unter der die Arbeit im Verzeichnis enthalten ist, sondern auch die Seite angegeben werden, damit die Benutzung des Materials erleichtert wird.

10. Such- und Erkundungsbohrungen

10.1. Allgemeine Bemerkungen

Auf Grund der vorangegangenen Arbeiten wird über die Zweckmäßigkeit von Suchbohrungen entschieden, die das Ziel haben, wirtschaftliche Erdöl- und Erdgaslagerstätten nachzuweisen. Bohrungen sind das einzige Mittel zum direkten Nachweis der Erdölführung. Bei der Entscheidung über den Ansatz von Suchbohrungen muß der Geologe nicht allein von den geologischen Voraussetzungen ausgehen, sondern die mit der Niederbringung von Bohrungen zusammenhängenden technischen und ökonomischen Fragen berücksichtigen.

Vor dem Ansatz von Suchbohrungen sind nachstehende Hauptfragen zu klären:

1. Welche Teufen (welche Folge oder Schicht) sollen die Suchbohrungen erreichen?
2. Wo sollen die ersten Bohrungen angesetzt werden?
3. Wieviel Bohrungen müssen projektiert werden und mit welchem Ziel?
4. Wieviel Anlagen sind für das Programm erforderlich?
5. In welcher Reihenfolge sind die angetroffenen erdöl- und erdgasführenden Schichten zu testen?

In günstigen Fällen ergibt sich aus den vorangegangenen Arbeiten die Antwort auf einige dieser Fragen. Meist sind die Unterlagen aber allgemeinerer Art und reichen offensichtlich nicht aus.

Wenn durch detaillierte Sucharbeiten erdöl- und erdgasführende Folgen, Speichergesteine, eine Struktur und einige andere Faktoren ermittelt wurden, die die Fläche als höffig kennzeichnen, so können im Prinzip drei charakteristische Möglichkeiten, in Abhängigkeit von den geologischen Verhältnissen, vorliegen:

1. Die Fläche ist hinreichend aufgeschlossen. Die detaillierte geologische Karte spiegelt den geologischen Bau in der Tiefe wider. Dies wird durch geophysikalische Untersuchungen und durch Struktur- und Kartierungsbohrungen bestätigt.
2. Die Aufschlußverhältnisse sind unzureichend. Der geologische Bau wurde nach den Ergebnissen geophysikalischer Untersuchungen und nach Struktur- und Kartierungsbohrungen bestimmt.

3. Die Fläche ist durch mächtige Lockermassen überdeckt. Der geologische Bau in der Tiefe wurde durch geophysikalische Untersuchungen und durch Struktur- und Kartierungsbohrungen ermittelt. Es herrscht disharmonische Lagerung in den einzelnen Stockwerken.

Im zweiten und dritten Fall kann es notwendig sein, außer Suchbohrungen auch noch weitere Strukturbohrungen niederzubringen und zusätzliche geophysikalische Untersuchungen anzusetzen. Ergänzende geophysikalische Arbeiten werden parallel zu den Suchbohrungen durchgeführt und beschleunigen und verbilligen die Arbeiten wesentlich. Auch wenn bereits Erdöl oder Erdgas angetroffen wurde, wirken sich die geophysikalischen Arbeiten auf die weitere Erkundung positiv aus.

Sind Erdöl und Erdgas durch Suchbohrungen entdeckt worden, so beginnt eine neue Etappe, und zwar die Etappe der Erkundung der Lagerstättengröße. Wenn die erste fündige Bohrung auch einen bedeutenden Erdöl- oder Erdgaszufluß aufweist, so bedeutet das nicht unbedingt, daß eine große Lagerstätte entdeckt wurde. Das Endziel der Erkundung ist die Vorbereitung der entdeckten Lagerstätte zur Ausbeutung. Folglich muß die Erdöllagerstätte nach der Entdeckung konturiert werden. Während der Such- und Erkundungsarbeiten werden Bohrungen unterschiedlicher Bestimmung ausgeführt. Die technischen Bedingungen der Niederbringung, die Anzahl und die Regeln des Ansatzes dieser Bohrungen unterscheiden sich.

10.2. Kategorien der Erkundungsbohrungen

Von der Bestimmung der Erkundungsbohrungen ausgehend, können folgende Kategorien unterschieden werden:

1. Suchbohrungen
2. Konturierungsbohrungen
3. Bewertungsbohrungen

} Erkundungsbohrungen

Die Bohrungen dieser Etappe unterscheiden sich von den Strukturbohrungen dadurch, daß sie mit einer speziellen Bohrlochkonstruktion niedergebracht werden, die einen Test der angetroffenen erdöl- und erdgasführenden Schichten gestattet.

Suchbohrungen werden bis zu einer bestimmten projektierten Teufe oder bis in eine bestimmte Folge niedergebracht, um eine wirtschaftliche Erdölführung nachzuweisen.

Konturierungsbohrungen werden auf eine bestimmte Schicht niedergebracht, deren wirtschaftliche Erdöl- oder Erdgasführung bereits festgestellt ist. Die Bohrungen haben den Zweck, die Größe der Lagerstätte und die Zunahme der industriellen Vorräte zu bestimmen. Außerdem stellt man mit ihrer Hilfe die Öl—Gas-Kontakte fest. Geklärt werden muß auch die Frage, ob eine Erdöllagerstätte eine Gaskappe oder eine Erdgaslagerstätte einen Ölsaum hat.

Bewertungsbohrungen werden auf eine Schicht mit einem bereits umgrenzten Erdöl- oder Erdgaslager niedergebracht. Mit ihnen verfolgt man das Ziel, einzelne Fragen des geologischen Baues zu erforschen, die Parameter der konkreten Schicht festzustellen, das Arbeitsregime der Schicht und mögliche abgetrennte Felder genauer zu bestimmen. Nach den Ergebnissen der Bewertungsbohrungen wird das Regime der Ausbeutung und der Förderung dieser konkreten Schicht festgelegt.

Während der Niederbringung kann die Zielsetzung einer Bohrung geändert werden, d. h., sie kann aus einer Kategorie in eine andere umgestuft werden. So kann eine Konturierungsbohrung, die bis zu einer bestimmten Schicht niedergebracht wurde und ihr Ziel erreicht hat, weiter als Suchbohrung in tiefere Horizonte getrieben werden.

Die Einstufung der Bohrungen in Kategorien steht mit den Besonderheiten der Niederbringung, mit dem Umfang der geologischen Beobachtungen und Untersuchungen und folglich auch mit den Bohrkosten in Zusammenhang. Die umfangreichsten Beobachtungen und Untersuchungen werden bei Suchbohrungen durchgeführt. Bei diesen Bohrungen wird viel gekernt. Die Bohrlochkonstruktion muß die Möglichkeit bieten, alle erschlossenen Schichten zu testen. Die Konturierungs- und Bewertungsbohrungen werden nur auf eine bestimmte Schicht niedergebracht. Der Umfang an Beobachtungen und Untersuchungen und insbesondere die Kernentnahme sind bei ihnen wesentlich geringer.

Die oben beschriebene Einstufung der Bohrungen ist in der UdSSR üblich. Bei der Durchführung von Erkundungsarbeiten genügt es in der Regel, diese drei Kategorien von Erkundungsbohrungen zu unterscheiden.

In Westdeutschland und in anderen Ländern liegen andere Einteilungen vor. Tabelle 27 zeigt die Einstufung der Erkundungsbohrungen nach G. Cherting & R. Schmidt. Es sei darauf hingewiesen, daß die Bohrungen der Kategorien B_2 und B_{2c} die gleiche Zielsetzung haben.

Die Gruppe B_{2c} der in Westdeutschland üblichen Klassifizierung entspricht nicht den Bohrungen internationaler Einteilung.

Tabelle 27

Die in Westdeutschland übliche Klassifizierung der Erkundungsbohrungen bei der Erkundung von Erdöl- und Erdgaslagerstätten und die internationale Klassifizierung der Erkundungsbohrungen

(nach G. CHERTING & R. SCHMIDT)

Bestimmung der Bohrungen	In Westdeutschland übliche Klassifizierung der Erkundungsbohrungen		Internationale Klassifizierung der Erkundungsbohrungen
Geologische Bestimmung	A	Suchbohrungen	1. Suchbohrungen
Erkundung einer Lagerstätte	B	Erkundungsbohrungen	2. Bohrungen auf einer neuen Lagerstätte
	B_1	Erkundung einer neuen Erdöl- oder Erdgaslagerstätte	
Ausführliche Erkundung	B_2	Genauere Bestimmung der Erdöl- oder Erdgaskontur und der Lagerstättenvorräte	
	B_{2a}	Erkundung eines neuen Abschnitts außerhalb der Lagerstättengrenze	3. Erkundungsbohrungen in neuen Abschnitten
	B_{2b}	Erkundung eines neuen Horizonts	4. Tiefe Bohrungen zur Erschließung neuer Horizonte
	B_{2c}	Ausführliche Erkundung eines früher erkundeten Horizonts	5. Tiefe Bohrungen zur Erkundung neuer Horizonte

10.3. Komplex der Suchbohrungen

Im Verlauf von Such- und Erkundungsarbeiten können zwei Etappen unterschieden werden. Die erste Etappe endet im positiven Falle mit dem Nachweis einer wirtschaftlichen Erdöl- oder Erdgasführung. Während der zweiten Etappe wird die Abbauwürdigkeit eingeschätzt und die Ausbeutung vorbereitet.

Wegen der Vielfalt und Kompliziertheit der Faktoren, die zur Bildung, Erhaltung und Verbreitung von Erdöl- und Erdgaslagerstätten führen, bestehen bei verschiedenen Bearbeitern oft unterschiedliche Konzeptionen für den Ansatz der Suchbohrungen. Die unterschiedlichen Auffassungen bedingen in der Regel mehrere Varianten des Erkundungsprogramms. Dieser Umstand ist in der Praxis der Erdölgeologie eine übliche Erscheinung und wird hauptsächlich durch die unzureichenden Kenntnisse über den Bau der tieferen Stockwerke vor Beginn der Erkundung verursacht.

Als Beispiel sei hier die Diskussion über die Richtung der Erkundungsbohrungen auf Lagerstätten an Salzstöcken im Gebiet von Hannover angeführt. Da verschiedene Vorstellungen über die Bildung von Erdöllagerstätten vorlagen, wurden drei Varianten des Suchprogramms vorgeschlagen:

1. die Niederbringung von Bohrungen auf mesozoische Sedimente in der Umgebung von Salzstöcken;
2. die Niederbringung von Bohrungen auf mesozoische Sedimente in der Umgebung von Salzstöcken und auf paläozoische Sedimente durch Ansatz der Bohrungen auf den Top der Salzstöcke;
3. die Niederbringung von Bohrungen auf paläozoische Sedimente zwischen den Salzstöcken in Entfernungen, wo bereits eine ungestörte Lagerung vorliegt.

Die Entdeckung von Erdöl ist schließlich durch alle drei Varianten möglich; beginnen sollte man aber mit der Variante, die am schnellsten den Nachweis einer Erdölführung erbringt.

In erster Linie ist zur Festlegung der Richtung des Suchprogramms die Schichtenfolge auszuwählen, auf die die Bohrungen projektiert werden sollen. Die Auswahl geschieht entweder durch Analogieschlüsse zu bekannten Lagerstätten oder durch Auswertung der direkten und indirekten Erdölanzeichen.

Die Wahl der Ansatzpunkte für die Suchbohrungen hängt vom Stand des Wissens über das zu untersuchende Gebiet ab. Bei bereits vorliegenden guten Kenntnissen verfolgt man mit der Bohrung das Ziel, einen Nachweis über Erdöl- und Erdgaslagerstätten zu erbringen. Ist die Fläche schlecht vorbereitet, so muß die Bohrung teils Aufgaben einer Strukturbohrung, teils einer Suchbohrung erfüllen.

Die Anzahl der Bohrungen zum Nachweis einer Lagerstätte hängt von der Art der Falle, von der Größe der Lagerstätte, vom Vorhandensein oder Fehlen von Störungen und von der Mächtigkeit der erdölführenden Folge (der Anzahl der erdöl- und erdgasführenden Schichten) ab. In der

UdSSR sind im Durchschnitt 50% der Such- und Erkundungsbohrungen erfolgreich. In neu zu erschließenden Feldern ist der Prozentsatz etwas geringer und beträgt etwa 30%.

Bei Übereinstimmung des strukturellen Baues der anstehenden Schichten mit dem Bau der erdölführenden Folge in der Tiefe ist im Prinzip eine auf dem Scheitel angesetzte Suchbohrung zur Entdeckung einer Lagerstätte ausreichend. Bei asymmetrischen Strukturen ist eine Bohrung meist unzureichend.

In diesem Falle werden quer zur Faltenachse mindestens drei Suchbohrungen angesetzt.

Ist eine günstige Struktur durch Störungen in Blöcke zerlegt, so bedeutet das Fehlen von Erdöl im obersten Block nicht das Fehlen einer Erdölführung. Die Sucharbeiten dürfen nicht eher eingestellt werden, bevor nicht alle Blöcke untersucht sind.

Die Aussagekraft der Suchbohrungen über die Erdölführung wird von den Speichereigenschaften (Porosität und Permeabilität) nicht bedeutend beeinflußt. Die Speichereigenschaften bestimmen zwar den Grad der Erdöl- und Erdgassättigung und der Erdöl- und Erdgasabgabe, aber selbst bei einer wesentlichen Verschlechterung der Speichereigenschaften bleiben in der Schicht so viel Erdöl und Erdgas zurück, um sie als erdölführend auszuweisen. Etwas komplizierter verhält sich die Sache bei klüftigen Speichergesteinen, da die Klüftung nicht unbedingt an den Strukturscheitel gebunden sein muß und oft an den Flanken auftritt.

Prinzipiell kann während der Niederbringung von Suchbohrungen die Perspektive eines Gebietes nicht eher negativ eingeschätzt werden, bevor nicht das gesamte Schichtpaket eines Sedimentationsbeckens durchteuft wurde. Suchbohrungen müßten deshalb eigentlich bis in die kristalline oder metamorphosierte Unterlage des Beckens niedergebracht werden. Meist läßt sich dies aus technischen oder wirtschaftlichen Gründen nicht durchführen.

Aus der Erkundungspraxis der meisten Lagerstätten der Welt ist bekannt, daß die Untersuchung der Erdölführung in der Tiefe wie auch die Beherrschung der Lagerstätten mit der Entwicklung der Bohrtechnik parallel verlaufen ist. Vor dreißig Jahren zählten die auf 2500–3000 m Teufe niedergebrachten Bohrungen zu den übertiefen und erforderten für ihre Niederbringung lange Zeit. Jetzt sind Tiefen bis zu 5000 m bereits geläufig, und es werden Vorbereitungen getroffen, um Bohrungen bis auf 10000 m Teufe niederzubringen. Die Erkundung großer Tiefen ist außergewöhnlich wichtig, da in vielen Bezirken die Hauptvorräte an

Erdöl, Kondensat und Erdgas gerade in großen Teufen lagern und die richtige Einschätzung der Perspektiven und die Organisation der Ausbeutung nur bei einer möglichst vollkommenen Untersuchung der Erdöl- und Erdgasführung der gesamten Sedimentfolge möglich sind.

Die Teufe der Suchbohrungen hängt von den vorgesehenen Testen der erschlossenen Schichten ab. Die moderne Bohr- und Testtechnik gestattet sowohl die Durchführung von Testen während des Niederbringens der Bohrung als auch das Testen der einzelnen Horizonte nach der Erreichung der projektierten Teufe und der Verrohrung des Bohrlochs.

Beim Abteufen von Suchbohrungen ist es zweckmäßig, nach Erreichen der projektierten Teufe und nach Untersuchung der Erdöl- und Erdgasanzeichen des Profils an Hand der Bohrkerne und der Bohrlochgeophysik alle erdöl- oder erdgashöffigen Schichten fortlaufend von unten nach oben zu testen. Dies nimmt jedoch häufig lange Zeit in Anspruch. In neuentdeckten Gebieten werden deshalb meist die höffigsten oder die tiefsten Schichten mit den besten Erdöl- und Erdgasanzeichen getestet. Das Testen der höffigsten Schichten beschleunigt das Erkundungstempo und sichert eine schnelle Übergabe der fündigen Schichten an die Produktion. Bei einem solchen Erkundungssystem muß das Testen der übrigen höffigen Schichten unbedingt später in anderen Bohrungen durchgeführt werden.

Die begründete negative Einschätzung eines Gebietes gehört zu den schwierigsten Aufgaben eines Erdölgeologen. Eine Fläche kann erst dann als aussichtslos bezeichnet werden, wenn alle möglicherweise erdöl- und erdgasführenden Schichten erschlossen und im Bereich möglicher Fallen gründlich untersucht wurden.

10.4. Die Erkundung unterschiedlicher Lagerstättentypen

Der Ansatz und die Anordnung von Bohrungen richten sich nach dem Typ der Fallen und Lager. Für alle Lagerstättentypen ist jedoch die Anordnung der Such- und Erkundungsbohrungen auf Profilen charakteristisch.

Folgende Aufgaben müssen durch den Ansatz und die Anordnung der Bohrungen gelöst werden:

1. das Auffinden eines Lagers durch Suchbohrungen;
2. die Konturierung des entdeckten Lagers.

Im weiteren werden die Besonderheiten der Suche und der Erkundung der wichtigsten Fallen- und Lagertypen untersucht.

10.4.1. Antiklinalstrukturen

Beim Aufsuchen von Lagern in symmetrischen Antiklinalstrukturen muß die erste, auf dem Scheitel der Struktur angesetzte Bohrung bereits den Nachweis erbringen, ob ein Lager vorhanden ist oder nicht. Beim Vorhandensein eines Erdöllagers wird mit der Abgrenzung begonnen. Angesetzt werden vier weitere Bohrungen auf einem Kreuzprofil zur ersten Topbohrung. Eine solche Anordnung gewährleistet das Testen des Lagers an mehreren Stellen der Struktur, die teilweise Konturierung und folglich auch die teilweise Bewertung.

Der Abstand zwischen den einzelnen Bohrungen hängt von der Größe der Struktur, dem Schichteinfallen und der Lagergröße ab. Bei günstigen Bedingungen kann schon nach den Ergebnissen des Testens der ersten fündigen Bohrung die ungefähre Größe des Lagers bestimmt werden (s. Abschnitt 10.5.).

Die Ausdehnungen von Lagern in Faltungsgebieten sind meist nicht groß. Die Lager haben meistens eine Länge von 1–2 km und nur selten von 10–15 km. Die Höhe der einzelnen Lager schwankt im Bereich von 150–300 m und erreicht nur selten über 500 m.

In den Tafelgebieten sind die Ausdehnungen der Lager größer als in den Faltungszonen. Die Länge übersteigt häufig 15 km und die Breite 5 km. Die Höhe der Lager in Tafelgebieten beträgt nur selten über 50 m.

In den Faltungszonen sind die Speichereigenschaften innerhalb der Kontur eines Lagers meist relativ konstant, während in Tafelgebieten sowohl die lithologische Zusammensetzung des Speichergesteins als auch dessen Mächtigkeit stark veränderlich sein kann.

Ausgehend von der Lagergröße, wählt man die Abstände zwischen den einzelnen Erkundungsbohrungen in Faltungszonen im Bereich zwischen 500 und 1000 m und in Tafelgebieten im Bereich bis zu 5000 m. Die Bohrlochabstände an der Erdoberfläche müssen unter Berücksichtigung des Schichteinfallens gewählt werden. Die oben angeführten Bohrlochabstände in Faltungszonen beziehen sich auf die Oberfläche einer Schicht und nicht auf die Erdoberfläche. In Tafelgebieten hat infolge der flachen Lagerung das Einfallen der Schichten keine Bedeutung.

Die auf dem Strukturscheitel angesetzte Bohrung kommt oft in der Gaskappe zu stehen. Der Test dieser ersten fündigen Bohrung ermöglicht es nicht, zu entscheiden, ob die Gaskappe eines Erdöllagers oder ein Erdgaslager vorliegt. Deshalb sind zusätzliche Bohrungen niederzubringen, die seitlich vom Scheitel der Struktur angesetzt werden. Eine

Schicht kann nur dann als erkundet und folglich auch als zur Ausbeutung vorbereitet angesehen werden, wenn der Kontakt des Erdgases mit dem Erdöl oder des Erdgases mit dem Wasser ermittelt wurde.

Beim Aufsuchen und bei der Erkundung von Lagern an asymmetrischen Strukturen muß die erste Suchbohrung unter Berücksichtigung der Verlagerung des Scheitels in der Teufe angesetzt werden. Ein Querprofil aus drei Bohrungen gestattet, die Lage des Scheitels genauer zu bestimmen. Anschließend werden dann die periklinalen Enden der Struktur abgebohrt.

Bei der Komplizierung von Antiklinalstrukturen durch Schlammvulkane, Salzaufpressungen, durch Erosion des Scheitels und spätere diskordante Überdeckung ist der Ansatz der ersten Suchbohrungen sehr schwierig. Bei Strukturen dieses Typs können Schichten in der Scheitelzone fehlen, an den Flanken oder an einer Flanke aber auftreten. Die Schichten können bereits während der Sedimentation nicht zur Ablagerung gekommen, können aber auch durch tektonische Vorgänge ausgepreßt sein. In diesen Fällen ist es unzweckmäßig, die ersten Suchbohrungen auf dem Scheitel anzusetzen. Auf der Halbinsel Apscheron fehlen in einigen Strukturen in der Scheitelzone die unteren Teile der produktiven Schichtenfolge, während sie an den Strukturflanken angetroffen wurden.

Noch komplizierter ist die Suche und Erkundung von Lagern an gestörten Strukturen. Störungen können nicht nur Ursache der Lagerbildung sein, indem ein Flügel der Störung abschirmend wirkt, sie können auch die teilweise oder vollständige Zerstörung der Lager bedingen.

Häufig bleibt trotz zahlreicher Störungen die Kontur der Erdölführung regelmäßig. Es gibt jedoch auch Fälle, wo im Bereich einer Struktur nur einzelne tektonische Blöcke produktiv sind. Die Erkundung solcher Strukturen ist erst dann beendet, wenn alle tektonisch isolierten Blöcke erbohrt wurden. Bei Lagerstätten an großen Bruchstörungen, wie z. B. der Steinberger Verwerfung im Wiener Becken, sind die Erdöllager oft Abschnitten mit Querstörungen zugeordnet. Deshalb müssen bei solchen Strukturen die Suchbohrungen zu beiden Seiten der Querstörung angesetzt werden.

Bei Strukturen, die durch Überschiebungen gestört sind (Halbinsel Apscheron, Gebiet von Grosny, Karpaten), stimmen die Konturen der Erdölführung einer Schicht im überschobenen und im unterschobenen Flügel meist nicht überein. Unter der Überschiebung kann das Einfallen sehr steil sein (Gebiet von Grosny). Bei der Untersuchung solcher Strukturen und bei der Suche und Erkundung zugeordneter Lager können die geophysikalischen Arbeiten wenig Unterstützung geben. Diese Aufgaben können nur durch Strukturbohrungen gelöst bzw. vorbereitet werden.

Bei der Suche von Erdöl–Erdgas-Lagern in klüftigen Speichergesteinen sind die Abschnitte der Struktur mit stärkerer Klüftigkeit vorrangig zu untersuchen. Stärkere Klüftigkeit tritt gewöhnlich in Störungszonen und in den Zonen der stärksten Verbiegung der Schichten auf.

10.4.2. Salzstöcke

Bei der Suche von Erdöl- und Erdgaslagern an Salzstöcken tauchen zwei Fragen auf, und zwar: Welcher Salzstock ist als erster zu erkunden, und wie sind die Bohrungen im Bereich des Salzstocks anzuordnen?

Die erste Frage wird dadurch bedingt, daß Salzstöcke niemals einzeln auftreten. Die Lage von Salzstöcken wird in der Regel durch die gravimetrische Aufnahme ermittelt. Die Anordnung der Salzstöcke unterliegt einer bestimmten Gesetzmäßigkeit. Zwischen Zonen maximaler Mächtigkeit der Sedimente und damit bestimmter Schwereanomalien und dem Auftreten von Salzstöcken lassen sich Zusammenhänge erkennen. Im Gebiet der Erdölprovinz von Emba wurde eine gesetzmäßige Zuordnung der Salzstöcke zu den Isopachen der Kreideablagerungen festgestellt, die das Salz überdecken (Abb. 64). Auf den Zusammenhang zwischen den Falten und den Konturen der größeren Struktureinheiten hat bereits Akademiemitglied A. P. Karpinski 1894 hingewiesen. Kennzeichnend ist, daß Salzstöcke mit Erdöl- und Erdgaslagern im Embagebiet bestimmten Mächtigkeiten der Kreideablagerungen zugeordnet sind. Höchstwahrscheinlich liegen ähnliche Gesetzmäßigkeiten der Anordnung der Salzstöcke auch in der Deutschen Demokratischen Republik vor.

Folgende Arbeitshypothese kann das Vorhandensein oder Fehlen von Erdöl- und Erdgaslagern an bestimmten Salzstöcken erklären: Angenommen, es fand eine seitliche Migration aus Schichten statt, die jüngeren Ursprungs als das Salz sind, so war das Erdöleinzugsgebiet bis zur Anlage der ersten Salzstöcke größer. Folglich werden am höffigsten die Fallen sein, die durch die ersten Salzstöcke gebildet wurden. Somit kann in erster Annäherung die Einschätzung der Höffigkeit nach dem Alter

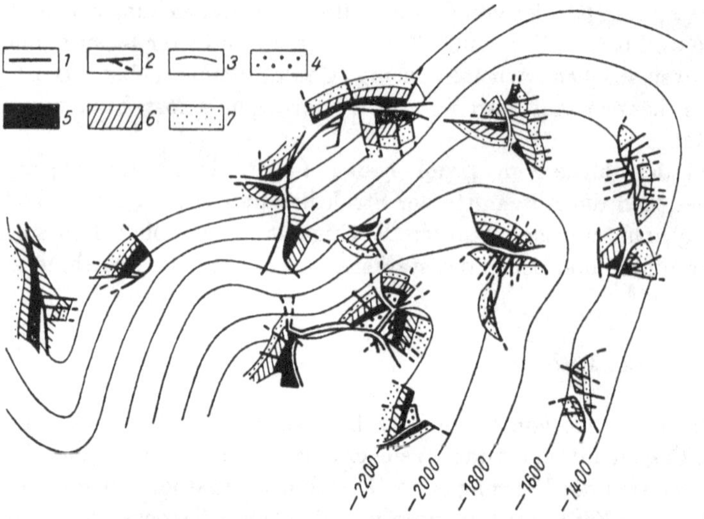

Abb. 64. Gegenüberstellung der Erstreckung der Salzstrukturen zur Richtung der Linien gleicher Mächtigkeit (nach N. W. NJEWOLIN)
1 – Isolinien der gesamten Kreideablagerungen; 2 – Störungen; 3 – geologische Grenzen; 4 – Permotrias; 5 – Jura; 6 – Untere Kreide; 7 – Obere Kreide

der Strukturen und nach der wechselseitigen Beziehung zu den Erdölmuttergesteinsfolgen und den Erdöleinzugsgebieten vorgenommen werden. Lagern die Erdölmuttergesteinsfolgen unter den Salzablagerungen und sind für eine vertikale und horizontale Migration günstige Bedingungen vorhanden, so trifft diese Gesetzmäßigkeit nicht zu.

Bei der Wahl des Ansatzpunktes der Suchbohrungen auf einen bestimmten Salzstock muß berücksichtigt werden, daß die Lager im Hut (caprock) und an den Flanken des Salzstocks auftreten können. Die Untersuchung des Tops der Salzstöcke erfolgt nur in dem Falle, wenn der Salzstock von hinreichend mächtigen Sedimentschichten bedeckt ist, in denen Fallen erwartet werden können. Wenn die Hutgesteine ausstreichen, sind gewöhnlich keine Erdöllagerstätten zu erwarten. Bei günstigen Bedingungen wird die erste Suchbohrung direkt auf dem Scheitel angesetzt. Die Bohrung wird bis in das Salz niedergebracht. Traf die Bohrung auf ein Erdöl- oder Erdgaslager, so wird die Konturierung in Angriff genommen. Stieß die Bohrung auf kein Erdöl- oder Erdgaslager, so ist zu klären, ob eine isolierte tektonische Scholle vorliegt, die das Erdöl verloren hat. Bekanntlich sind die über einem Salzstock lagernden Gesteine häufig durch Verwerfungen gestört. Unter Umständen können die Klüfte, deren Bildung durch Störungen bedingt ist, als Speicher dienen (Abb. 65). Das Ansetzen von nachfolgenden Suchbohrungen ist nur dann zweckmäßig, wenn in der ersten Bohrung wenigstens unbedeutende Erdöl- und Erdgasanzeichen vorhanden waren oder wenn es sich um einen großen Salzstock handelt.

Erdöl- und Erdgaslager in den Hutgesteinen treten nur in Zonen der Kalzitentwicklung auf. Die Speichereigenschaften dieser Gesteine werden durch die Klüftung des Kalzits und auch durch seine teilweise Auflösung bedingt. Im allgemeinen werden in den Hutgesteinen Erdöl und Erdgas in wirtschaftlichen Mengen nur bei Salzstöcken angetroffen, die in geringen Teufen lagern. Tieflagernde Salzstöcke haben gewöhnlich

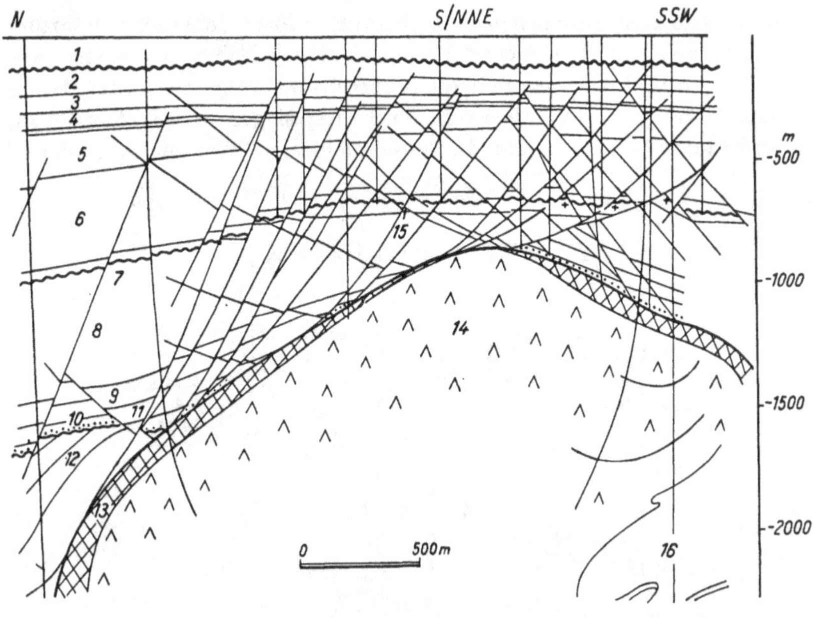

Abb. 65. Profil durch den Salzstock und durch das Erdöllager Reitbrook, Westdeutschland

Das Profil zeigt die charakteristische Zusammensetzung von Verwerfungen, die häufig Salzintrusionen begleiten. Das Hauptspeichergestein des Erdöls ist an die Klüfte und Brüche der Kalke der Oberen Kreide gebunden. Das Hauptspeichergestein des Erdgases stellen die Sandsteine des Unteren Eozäns und Oligozäns dar.

1 – Quartär; 2 – Oberes Miozän; 3 – Oberes Oligozän; 4 – Mittleres Oligozän; 5 – Oberes Eozän; 6 – Unteres Eozän; 7 – Paläozän; 8 – Obere Kreide; 9 – Cenoman; 10 – Apt; 11 – Alb; 12 – Lias; 13 – Anhydrit; 14 – Salz; 15 – Erdölzone; 16 – bunte Tone und Salz

nur schwach ausgebildete Hüte mit schlechten Speichereigenschaften. Über die Erdöl- oder Erdgasführung im Hutgestein kann bereits die erste Suchbohrung Auskunft geben.

Fehlt Erdöl über dem Salzstock, so werden die den Salzstock umgebenden Schichten untersucht. An den Flanken der Salzstöcke herrscht häufig steiles Einfallen vor. Die Fallen sind an einer Seite durch Salz oder eine Brekzie und in Richtung des Schichteinfallens (wenn ein Lager vorhanden ist) durch Wasser begrenzt. An der Peripherie der Salzstöcke treten häufig Verwerfungen auf, die die Fallen in isolierte Schollen zerlegen. In Richtung des Einfallens, mit zunehmender Entfernung vom Salzstock, verschlechtern sich häufig die Speichereigenschaften der Fallen infolge der Änderung der lithologischen Zusammensetzung, so z. B. durch den Wechsel von sandigen zu tonigen Schichten.

Wenn die zum Aufsuchen des „Flankenerdöls" angesetzte Bohrung kein Lager angetroffen hat, so kann vom selben Bohrloch aus eine Abweichung in Richtung des Salzstocks gebohrt werden. Infolge des steilen Schichteinfallens haben die Erdöl- und Erdgaslager an den Flanken im Grundriß nur geringe Breite, die selten mehr als 200 m beträgt; folglich

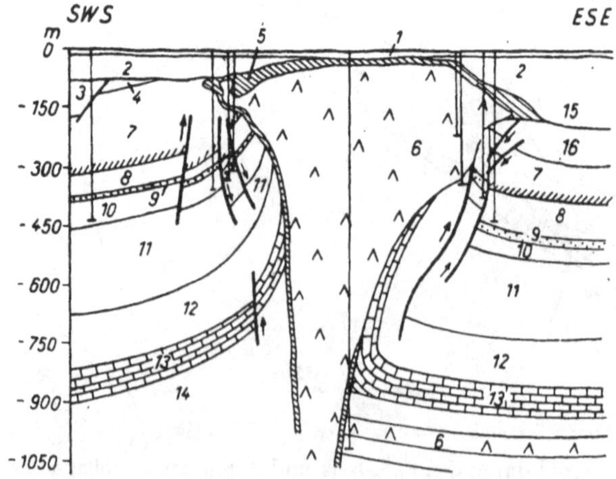

Abb. 66. Profil des Salzstocks Wienhausen/Eicklingen, 11 km südöstlich von Celle, Westdeutschland

Bemerkenswert sind der breite Überhang des Salzstocks auf beiden Seiten, das Überschieben der Verwerfungen und das Auspressen der durchbrochenen Formationen

1 – Alluvium; 2 – Tertiär; 3 – Turon; 4 – Cenoman; 5 – Anhydrit; 6 – Salz; 7 – Alb und Apt; 8 – Hauterive; 9 – Valendis; 10 – Wealden; 11 – Lias; 12 – Keuper; 13 – Muschelkalk; 14 – Buntsandstein; 15 – Hangendes des Senon; 16 – Senon

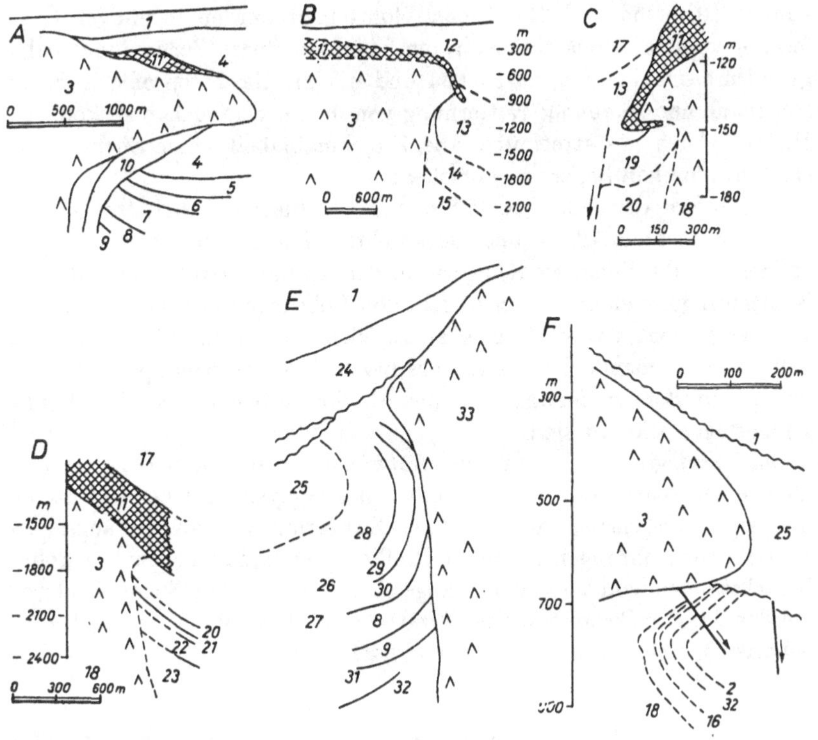

Abb. 67. Salzdomprofil mit der Beschreibung der Erscheinung und der Einzelheiten der Überhänge des cap rock und der Bedingungen, die häufig den Rand des intrusiven Salzstocks charakterisieren

A – Wienhausen-Eicklingen-Salzstock, Westdeutschland; B – Barbers Hill, Texas; C – High-Island, Louisiana; D – Jennings, Louisiana; E – Gretham-Hademsdorf, Westdeutschland; F – Hänigsen, Westdeutschland

1 – Tertiär; 2 – Erdöl aus dem Valendis; 3 – Salz; 4 – Senon; 5 – Turon; 6 – Cenoman; 7 – Alb; 8 – Apt, Barrême; 9 – Hauterive; 10 – Muschelkalk; 11 – cap rock; 12 – Pleistozän und Pliozän; 13 – Miozän; 14 – Oligozän; 15 – Vicksburg; 16 – Oberer Lias; 17 – Pliozän; 18 – Unterer Lias; 19 – Erdöl aus der Zone Marginulina/Discorbis/Vicksburg; 20 – Discorbis-Schichtenfolge; 21 – Zone Heterostegina; 22 – Zone Marginulina; 23 – Erdöl aus der Formation Vicksburg; 24 – Obersenon; 25 – Obere Kreide; 26 – Unteralb; 27 – Kreide; 28 – Obere; 29 – Mittlere; 30 – Untere; 31 – Valendis; 32 – Wealden; 33 – Salzstock Gretham

ist die Möglichkeit nicht ausgeschlossen, daß die Bohrung die Lagerstätte verfehlt hat. Weist die Bohrung im gegebenen Abschnitt negative Ergebnisse auf, so werden an der Peripherie des Salzstocks neue Bohrungen angesetzt. Gelangt die an der Flanke angesetzte Bohrung in das Salz, so soll man sie nicht sofort einstellen. Häufig bilden Salzstöcke Überhänge, unter denen Erdöl- und Erdgaslager angetroffen werden können (Abb. 66 und 67). Einige Bohrungen werden in einiger Entfernung vom Salzstock angesetzt, um Lager, die durch Verwerfungen abgeschirmt sein können, zu suchen und um die Gesteinsprofile in Salzstocknähe und in einiger Entfernung von diesen vergleichen zu können. Der Vergleich gestattet, über die Zweckmäßigkeit einer Suche nach stratigraphischen Lagern zu entscheiden.

Ungeachtet der hohen Erdölförderung je Flächeneinheit infolge des steilen Schichteinfallens und der Mehrstöckigkeit der Flankenlagerstätten, ist die Suche von Lagern an den Flanken zeitraubend, da die Niederbringung einer großen Anzahl von Bohrungen notwendig ist.

Nach Ansicht von W. L. Russel ist nicht ein einziger Salzstock der Golfküste in einem solchen Grad erkundet, daß man behaupten könnte, daß alle im Bereich der angrenzenden Abschnitte befindlichen Erdöl- und Erdgaslager bekannt sind.

Zur Vermeidung unproduktiver Aufwände müssen die Suchbohrungen nach einer sehr sorgfältigen komplexen geophysikalischen und geologischen Vorbereitung, einschließlich Kartierungsbohrungen, angesetzt werden. Die Bohrungen werden in Profilen quer zum Streichen mit Bohrlochabständen von 250–300 m angeordnet. Die ersten Suchbohrungen werden an der Peripherie des Salzstocks in etwa 300 m Abstand vom scharfen Umbiegen der Salzstockoberfläche angesetzt.

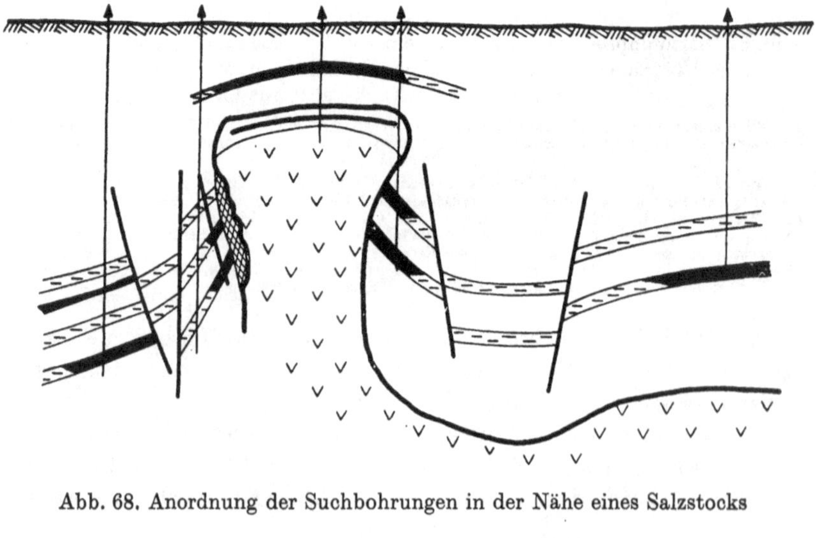

Abb. 68. Anordnung der Suchbohrungen in der Nähe eines Salzstocks

Die Suche und Erkundung von Lagern an Salzstöcken muß auch auf die Lager im Gebiet zwischen den Salzstöcken ausgedehnt werden. Die Bildung von Salzstöcken ist verbunden mit der Anlage von Senkungszonen oder Ringsynklinalen, die viele Salzstöcke umgeben. In einigen Fällen beträgt die Einsenkung in der Umgebung der Salzstöcke 600 bis 900 m. Die Bildung der Ringsynklinalen führt zum Auftreten von Resthochlagen zwischen den Salzstöcken. Diese Resthochlagen stellen breite und flach einfallende Antiklinalstrukturen dar. Als Beispiel für eine Resthochlage kann eine der größten Gaskondensatlagerstätten der USA, die Lagerstätte Kayti, angesehen werden, die eine produktive Fläche von 13000 ha aufweist. (Einige Geologen sind der Meinung, daß diese Fläche eine Aufwölbung der Schichten über einem tieflagernden Salzstock darstellt.) Das Vorhandensein solcher Gewölbe kann seismisch ermittelt werden. Die Einschätzung der Erdölhöffigkeit geschieht durch Niederbringung einer Suchbohrung im strukturhöchsten Teil.

Erdöl- und Erdgaslager können auch unter den Salzstöcken angetroffen werden. Begründete Anhaltspunkte für das Ansetzen von Suchbohrungen in das Subsalinar, ausgehend von dem Zusammenhang der Tektonik des Subsalinars mit der Salztektonik, fehlen jedoch noch.

Abb. 68 zeigt ein Schema der Anordnung von Suchbohrungen in der Nähe eines Salzstocks.

10.4.3. Abgeschirmte Lager

Der Ausdruck „abgeschirmte Lager“ wurde von I. O. Brod vorgeschlagen. Als abgeschirmte Lager werden solche Lager bezeichnet, die sich infolge Unterbrechung der Erdölmigration durch eine Sperre undurchlässiger Gesteine gebildet haben. Die Abschirmung kann durch Flächen tektonischer Störungen und stratigraphischer Diskordanzen, aber auch durch Änderungen der lithologischen Zusammensetzung verursacht werden. Die Suche und die Erkundung von abgeschirmten Lagern haben ihre Besonderheiten. Wenn man berücksichtigt, daß sich die Erdöl- und Erdgaslager in Abhängigkeit von der Art der Abschirmung genetisch unterscheiden, so muß man die Prinzipien ihrer Suche und ihrer Erkundung getrennt behandeln. *Tektonisch abgeschirmte Lager* werden an den Flanken und den periklinalen Enden von Falten, an Monoklinalen und an Homoklinalen angetroffen. Die Störungsflächen verhindern das Weiterwandern des Erdöls. Genetische Unterschiede bestehen dabei zwischen Erdöl- oder Erdgaslagern, die sich an Störungen gebildet haben, und den Lagern, die infolge einer Abschirmung durch Verwerfungen von einer völligen Zerstörung verschont geblieben sind. Abb. 69 zeigt das Schema eines tektonisch abgeschirmten Lagers. Die Verwerfung entstand vor der Bildung des Lagers und führte zur Unterbrechung der Migration und folglich auch zur Bildung des Lagers. Abb. 70 a zeigt ein Erdöllager, das an eine typische Antiklinalfalte ge-

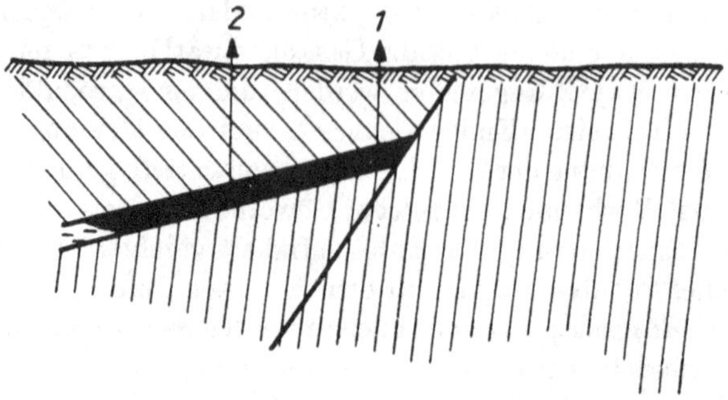

Abb. 69. Schema eines tektonisch abgeschirmten Lagers

bunden ist. Im Zuge der weiteren tektonischen Entwicklung entstanden Verwerfungen (Abb. 70 b). Aus einem Teil des Lagers migrierte das Erdöl entlang einer Störungsfläche zur Oberfläche, während es sich in einer der Flanken erhalten hat.

Im gegebenen Falle erfolgte die Bildung des Lagers vor dem Verwurf. Vom Standpunkt des Erdölgeologen ist der Zeitpunkt der Bildung der Lager und der Verwerfungen von wesentlicher Bedeutung. Wenn die Verwerfung (s. Abb. 69) nach der Migration des Erdöls aus dem Erdölmuttergestein entsteht, bildet sich kein Erdöllager. Wenn die auf dem höchsten Teil der Schicht angesetzte Bohrung Nr. 1 Wasser erschließt, treffen auch weitere Suchbohrungen (Nr. 2 usw.) auf kein Erdöl. Im zweiten Fall ist die Erkundung jeder Scholle erforderlich und der Ansatz von drei Bohrungen gerechtfertigt (Abb. 70).

Fallen können auch entstehen, wenn flach lagernde Schichten von geneigten Verwurfsflächen gekreuzt werden.

Abb. 71 zeigt schematisch die Bildung von Fallen in einer ebenen Schicht, die durch synthetisches und antithetisches Einfallen von geneigten Störungsflächen geschnitten wird. Um den Erfolg der Suche von Lagern an solchen Fallen zu gewährleisten, muß die Tektonik durch Strukturbohrungen und durch geophysikalische Untersuchungen sorgfältig voruntersucht werden. Die Erdöllager, die an Fallen dieses Typs gebunden sind, haben in der Regel keinen großen Grundriß, und ohne eine ausreichende und ausführliche Erforschung der Tektonik ist die Erschließung eines in großer Tiefe liegenden Lagers eine komplizierte Aufgabe, die mitunter viele Suchbohrungen erfordert.

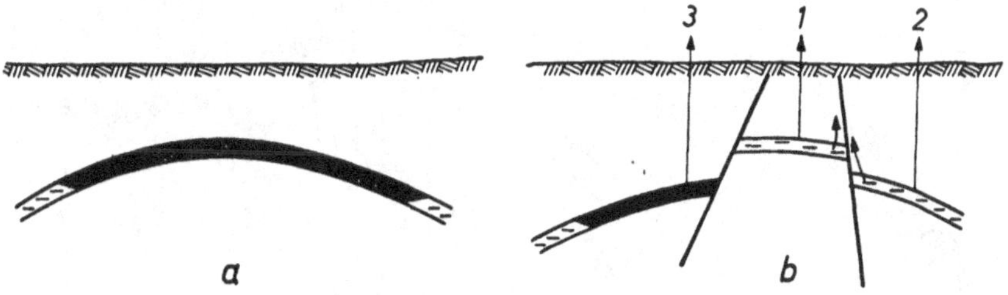

a — vor der Anlage der Störungen b — nach der Anlage der Störungen

Abb. 70. Teilweise Zerstörung eines Erdöllagers, die infolge der Erdölmigration längs einer Störung stattgefunden hat

Abb. 72 zeigt das Schema einer Falle, die durch eine verbogene Schicht gebildet wird. Das Erdöllager ist typisch halbmondförmig. Die Ausdehnung solcher Lager ist gewöhnlich größer als die der in Abb. 71 angeführten, aber ihre Erkundung erfordert ebenfalls eine ausführliche vorbereitende Erforschung.

Die Suchbohrungen müssen zu 2–3 Profilen je 2–3 Bohrungen angeordnet werden, damit die Zone der möglichen Lager gekreuzt wird. Wird ein Lager durch eine Bohrung des zentralen Profils erschlossen, so wird es durch die Bohrungen der beiden anderen Profile erkundet.

Bei der Voruntersuchung der Fläche muß man dem Charakter der Projektion der Störungsfläche auf die Horizonte, dem Einfallen der Störungsfläche und den Gesteinen, an die die Speichergesteine grenzen, besondere Aufmerksamkeit widmen.

Meist entsteht an der Verwerfungsfläche eine Reibungsbrekzie, die eine gute Isolierung der angrenzenden Schichten gewährleistet. Wenn aber die Schicht, die die Falle bildet, jenseits der Störungsfläche an eine gut durchlässige Schicht grenzt, ist mitunter eine Abdichtung nicht gegeben.

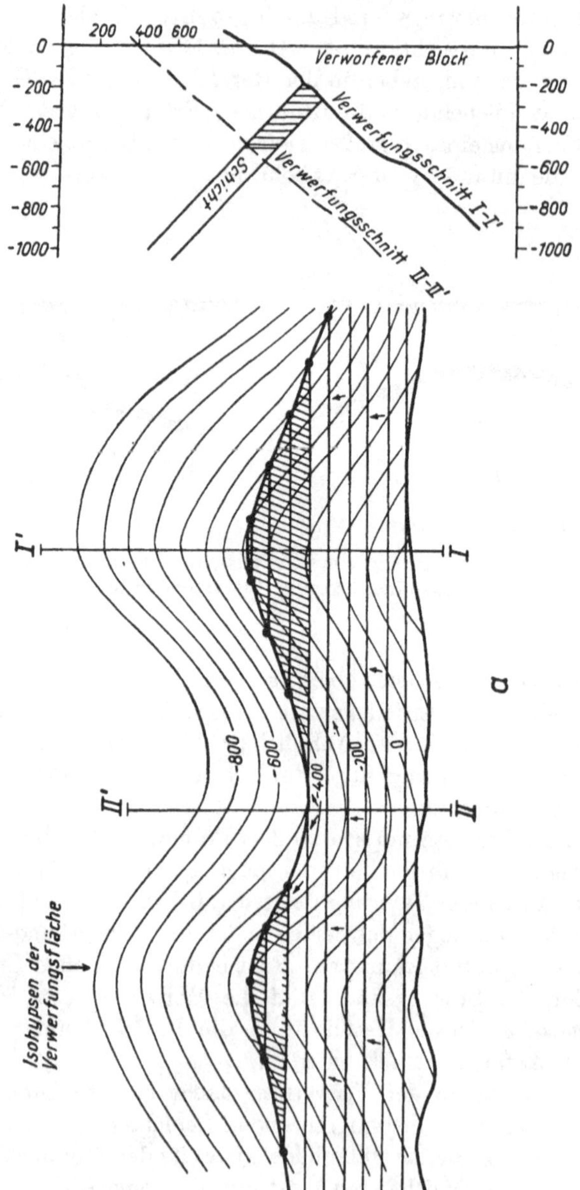

Abb. 71. In einer flachen Schicht gebildete Falle, die durch eine gekrümmte Fläche abgeschnitten ist (nach I. O. Brod und E. F. Frolow)

a) Schichteinfallen und Neigung der Fläche nach verschiedenen Seiten

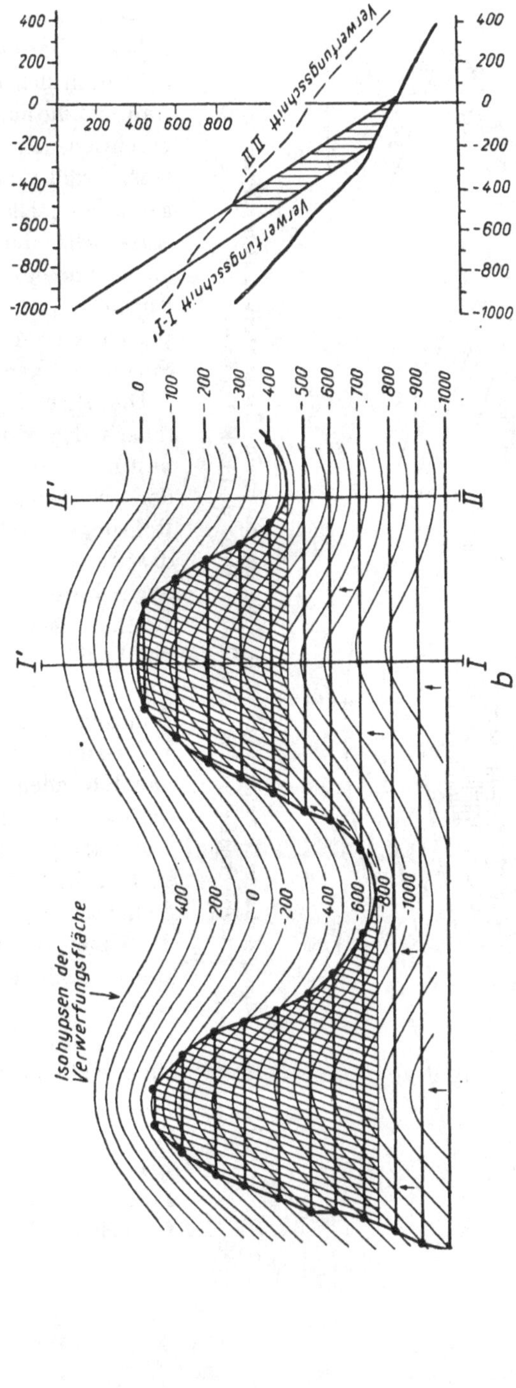

b) Schichteinfallen und Neigung der Fläche nach einer Seite

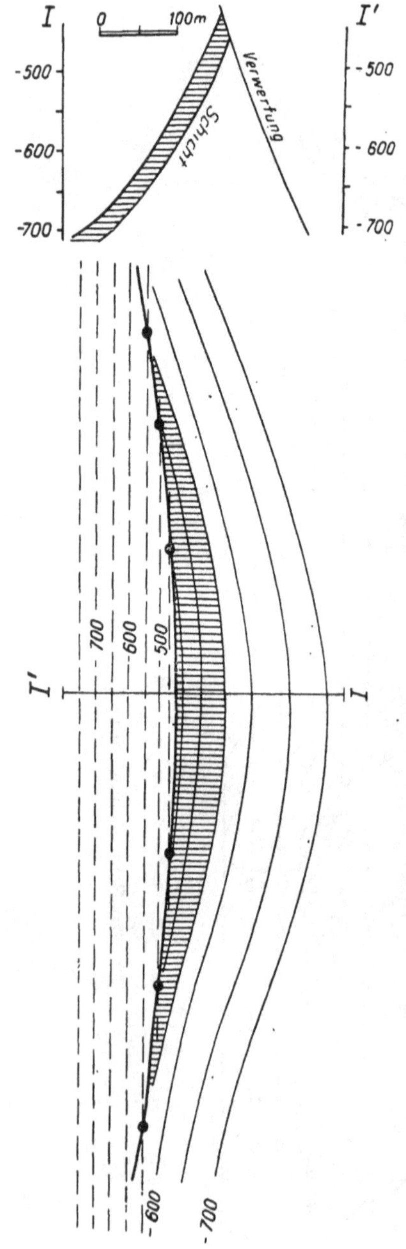

Abb. 72. In einer gekrümmten Schicht gebildete Falle, die durch eine flache Störung abgeschirmt ist (typisches Schirmlager) (nach I. O. Brod und E. F. Frolow)

Abb. 73 a zeigt ein Schema, bei dem eine der Schichten sicher isoliert ist, während die andere aus den beschriebenen Gründen kein Erdöl führt. Aufsteigende Solquellen längs des Ausstrichs der Störungsfläche sind ein ungünstiges Anzeichen; dies schließt jedoch das Ansetzen von Suchbohrungen nicht aus.

Die Richtung des Einfallens der Verwurfsfläche bestimmt die Reihenfolge der Niederbringung der Bohrungen. Abb. 73 b zeigt das Schema eines tektonisch abgeschirmten Lagers mit synthetischem Einfallen der Schicht und der Verwerfungsfläche. Die erste Bohrung wird unweit der Verwerfung angesetzt. Die nachfolgenden Bohrungen, die weiter im Einfallen angesetzt werden, untersuchen die tiefer lagernden Schichten und konturieren das Lager, das in der obersten Schicht gefunden wurde.

Bei diskordanter Lagerung der Schichten und der Verwerfungsfläche (Abb. 73 c) ist zur Suche und zur Erkundung eine große Anzahl von Bohrungen erforderlich. Häufig treten

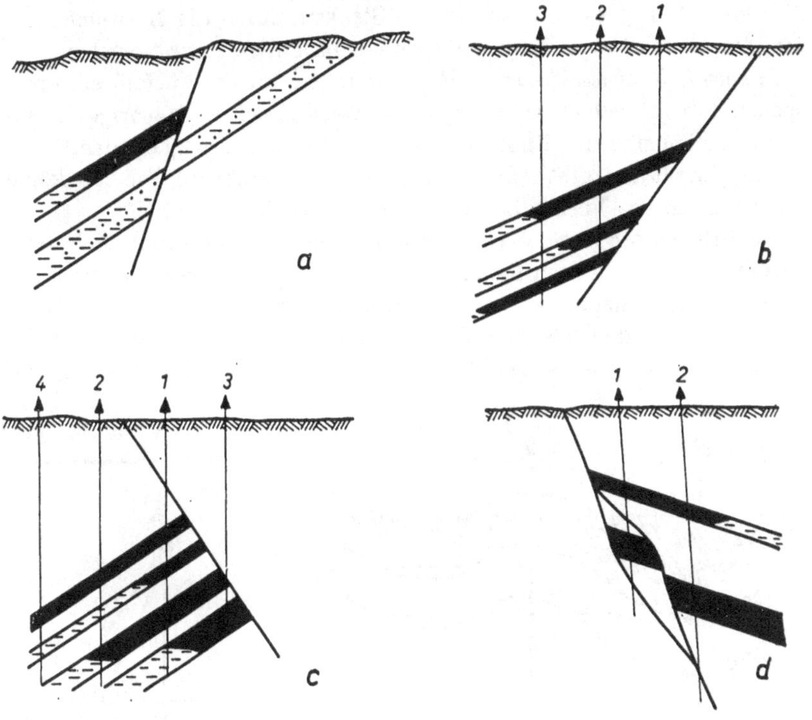

Abb. 73. Abschirmung der Schichten durch Verwerfungen

bei großen Verwerfungen Verzweigungen auf (Abb. 73 d). Dabei kann es zur Bildung von schmalen Blöcken zwischen den Verwerfungsflächen kommen. Die Verteilung des Erdöls und des Erdgases in einer solchen Zone kann sich von der Verteilung des Erdöls und des Erdgases außerhalb der Störungszone unterscheiden. Das Testen der Schichten zwischen den Flächen einer verzweigten Verwerfung kann andere Parameter als für die Schichten außerhalb der Störungszone ergeben.

Bei der Erkundung tektonisch abgeschirmter Lager ist das Auffinden von Lagern zu beiden Seiten der Störung nicht ausgeschlossen. Dies ist z. B. im Wiener Becken der Fall. Die Lager sind in der Regel an andere Fallentypen gebunden, was bei der Vorbereitung der Flächen berücksichtigt werden muß. Ein Teil dieser Erdöllager kann sich auf Kosten der Migration aus abgesunkenen Fallen gebildet haben; deshalb weist die Entdeckung des Erdöls in diesen Strukturen auf die Notwendigkeit hin, die an den Verwerfungen abgesunkenen Fallen zu untersuchen.

Lithologisch abgeschirmte Fallen entstehen durch Ausfall einzelner speicherfähiger Schichten infolge der Abnahme ihrer Mächtigkeit. An solche Fallen sind die lithologisch abgeschirmten Lager gebunden.

Die Kartierung gibt selbst bei guten Aufschlußverhältnissen keine Hinweise auf das Vorhandensein solcher Fallen in der Tiefe.

Die lithologisch abgeschirmten und in gleichem Maße auch die stratigraphisch abgeschirmten Fallen stehen fast immer mit regionalen Strukturen im Zusammenhang. Die lithologischen und stratigraphischen Fallen bilden sich an den Flanken und Hängen von Aufwölbungen, bei der Ablagerung speicherfähiger Gesteine entlang alter Strandlinien, an

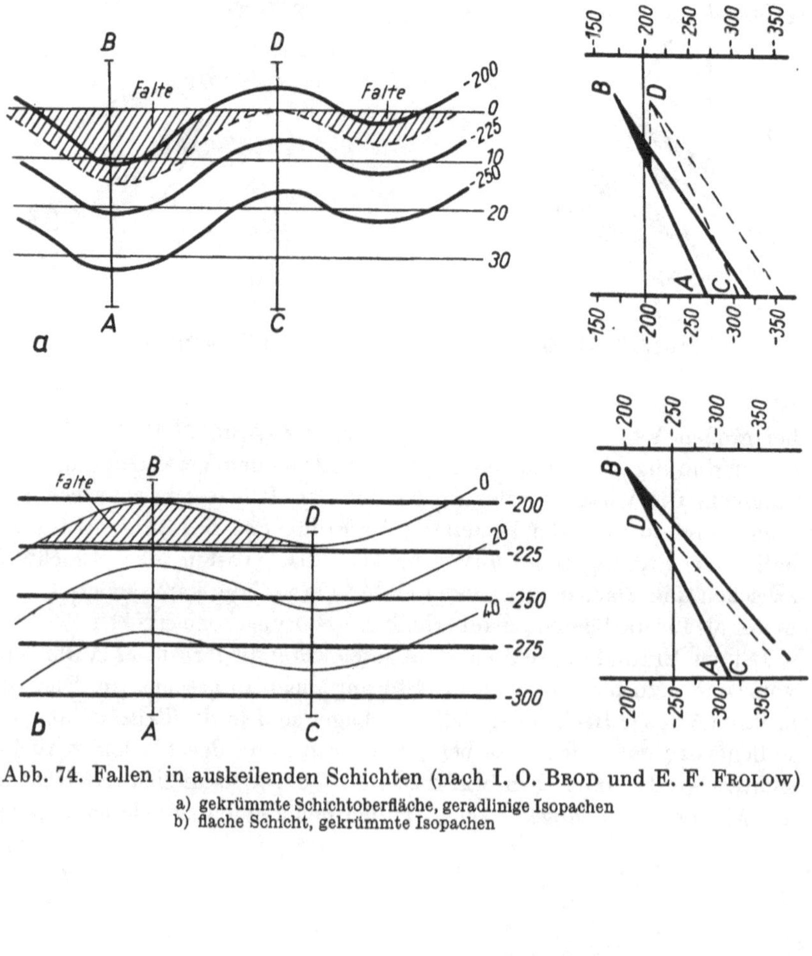

Abb. 74. Fallen in auskeilenden Schichten (nach I. O. Brod und E. F. Frolow)

a) gekrümmte Schichtoberfläche, geradlinige Isopachen
b) flache Schicht, gekrümmte Isopachen

Barren oder in Zonen der höchsten Erhebungen einer Struktur, durch Abtragung der Schichten und ihre nachfolgende Überdeckung.

Bei der Suche lithologisch und stratigraphisch abgeschirmter Lager werden Struktur- und Suchbohrungen kombiniert angesetzt; die Strukturbohrungen werden in der Regel mit Hilfe von leichten Bohranlagen niedergebracht.

Auf Grund von regionalen Isopachenkarten, die für die einzelnen Folgen konstruiert werden, können Gebiete ausgeschieden werden, in denen Schichten auskeilen und folglich die Bildung von Fallen wahrscheinlich war. Die Fallen können sich sowohl bei der Verbiegung des Schichtenkomplexes, in den die auskeilende Schicht eingeschlossen ist, als auch bei der Verlagerung der Linie des Auskeilens bilden (Linie der

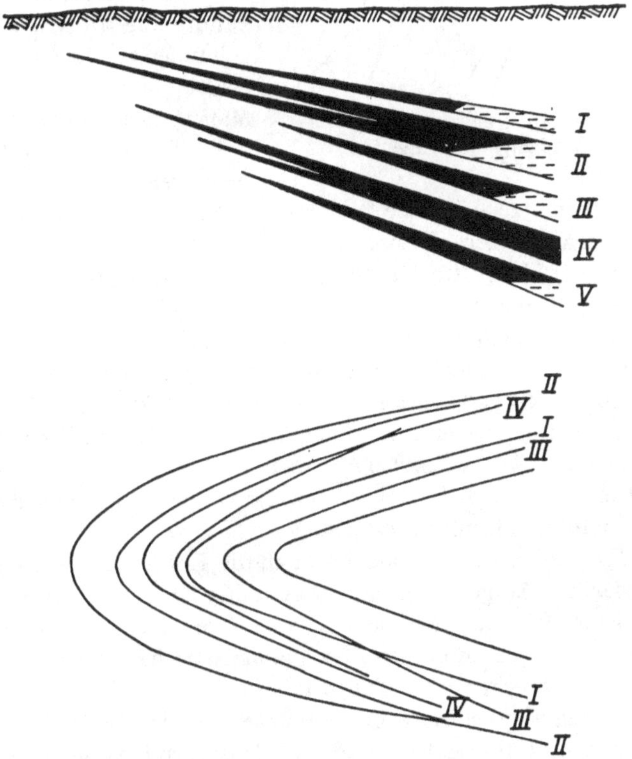

Abb. 75. Querprofil eines Lagers mit auskeilenden Schichten und die Karte der Umgrenzungen der auskeilenden Schichten

Schicht, die eine Nullmächtigkeit hat). Abb. 74 a zeigt das Schema von Fallen, die durch Querverbiegung einer monoklinal einfallenden Schichtenfolge bei geradliniger Anordnung der Nullinie gebildet wurden. Abb. 74 b zeigt das Schema von Fallen, die durch eine Schicht gebildet wurden, die eine flache Oberfläche und gekrümmte Isopachen aufweist. Dies bedingt eine unterschiedliche hypsometrische Lage der Nullinie der Mächtigkeit.

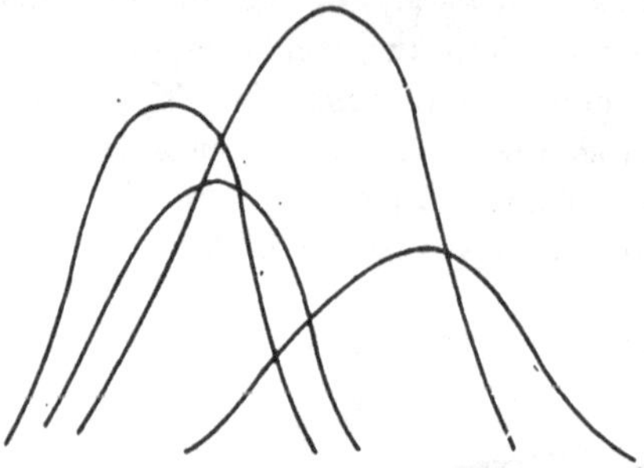

Abb. 76. Umgrenzungen der auskeilenden Schichten

In der UdSSR sind lithologisch abgeschirmte Lager häufig im Gebiet von Maikop vertreten. G. A. Helkwist, der dieses Gebiet untersuchte, nannte die an solche Fallen gebundenen Lager „zonale Lager". Für das Gebiet von Maikop ist charakteristisch, daß sich die Lagerstätten aus mehreren auskeilenden Schichten zusammensetzen. Da die Schichten in Richtung des Einfallens an Mächtigkeit zunehmen, vereinigen sie sich unter Umständen zu einer mächtigeren Schicht. Im Grundriß überlagern sich die Konturen der auskeilenden Schichten (Abb. 75). Oft sind die Konturen der einzelnen auskeilenden Schichten seitlich versetzt (Abb. 76). Bei der Konstruktion von Isopachenkarten muß diese Verschiebung berücksichtigt werden. Die Mächtigkeitskarte der gesamten produktiven Schichtenfolge läßt den Bau der einzelnen Fallen nicht erkennen, und nur die Mächtigkeitskarten für einzelne Fallen gestatten, die Grenzen ihrer Verbreitung und folglich auch die zweckmäßige Anordnung der Such- und Erkundungsbohrungen festzustellen.

G. A. Helkwist weist darauf hin, daß die Entdeckung solcher Lager die schwierigste Aufgabe der Erdölerkundung ist. Bei guten Aufschlußverhältnissen können Sandausstriche in Tonfolgen Hinweise geben. Bohrungen, die im Einfallen der Sandausstriche angesetzt werden, können zur Entdeckung von Fallen führen.

Lithologisch abgeschirmte Lager können an Flanken und periklinale Enden von Antiklinalfalten und an Strukturreliefs gebunden sein. Abb. 77 zeigt das Schema eines lithologisch abgeschirmten Lagers, das an eine Periklinale gebunden ist.

Die Suchbohrungen werden zu Querprofilen mit je 2–3 Bohrungen angeordnet. Im Verlauf der Sucharbeiten werden eine Strukturkarte und eine Isopachenkarte zusammengestellt, aus denen die Grenzen der Fallen ermittelt werden.

Abb. 79 zeigt das Schema der Erdöllager des Kuban-Schwarzmeer-Gebietes und Abb. 78 das Schema der Anordnung von Suchbohrungen auf diesen Fallentyp.

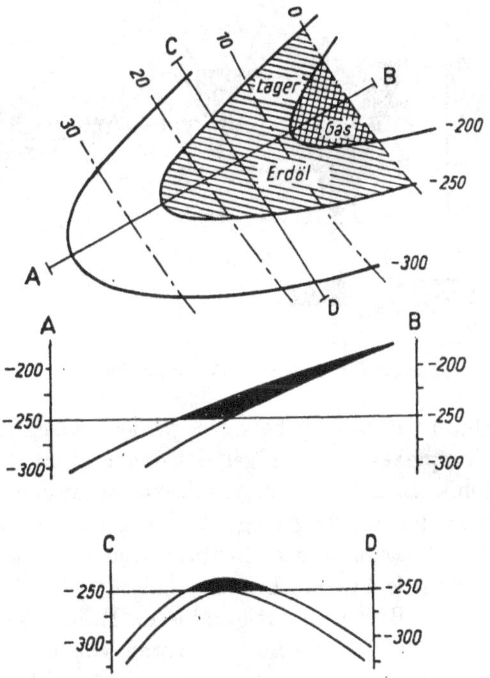

Abb. 77. Lithologisch abgeschirmtes Lager auf der Periklinale (nach I. O. Brod und E. F. Frolow)

Stratigraphisch abgeschirmte Fallen können annähernd bestimmt werden an Hand von geologisch-lithologischen Karten der Diskordanzflächen. Sehr häufig stehen günstige Erdöl- und Erdgasfallen unmittelbar mit lokalen oder regionalen Diskordanzen im Zusammenhang. Die geologische Kartierung gestattet meist nicht, die Tektonik des diskordant lagernden unteren Stockwerks zu beurteilen.

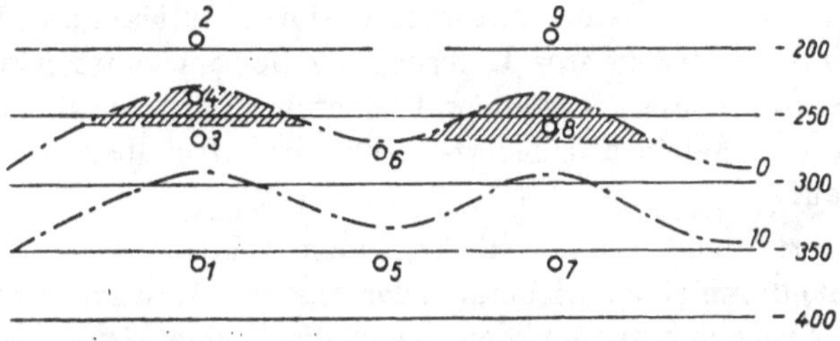

Abb. 78. Anordnung der Suchbohrungen bei der Erkundung von lithologisch abgeschirmten Lagern (nach I. O. Brod und E. F. Frolow)

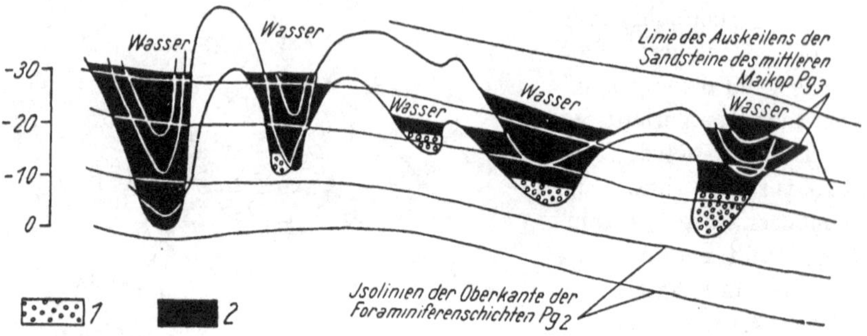

1 – Gas; 2 – Erdöl

Abb. 79. Lager im Kuban-Schwarzmeer-Gebiet (nach I. O. Brod)

Unter Umständen bestehen jedoch zwischen den Strukturen des unteren Komplexes und einigen Besonderheiten des oberen Komplexes (Tektonik, Lithologie usw.) indirekte Zusammenhänge. In diesem Falle kann eine eingehende geologische Kartierung wesentliche Hinweise geben bei der Festlegung der Richtung der Such- und Erkundungsarbeiten auf das verdeckte Stockwerk.

Dem Begriff „stratigraphische Falle“ sind im Prinzip alle durch eine Diskordanz abgeschnittenen und von undurchlässigen Schichten überlagerten Speichergesteine zuzuordnen. Mit Ausnahme der Linsen permeabler Gesteine, die von undurchlässigen Gesteinen eingeschlossen werden, sind alle stratigraphischen Fallen an gewisse Strukturelemente gebunden.

A. I. Levorsen gliedert die stratigraphischen Fallen in zwei Klassen: die primären Fallen, die während der Sedimentation oder der Diagenese der Gesteine gebildet wurden – dazu gehören Linsen, Faziesverzahnungen („shoe strings“) und Riffe; die sekundären stratigraphischen Fallen, die nach der Sedimentation z. B. durch Auflösen und Verkitten, aber auch durch diskordante Lagerung der Gesteine entstanden sind.

I. O. Brod, der aus der Mannigfaltigkeit der Fallen die stratigraphisch abgeschirmten Fallen ausgliederte, stellt drei Grundbedingungen ihrer Bildung auf:

a) Anschnitt einer monoklinal lagernden Schichtenserie (oder einer Schicht) durch eine horizontale oder geneigte Abrasionsfläche. Fallen können sich nur dann bilden, wenn die Schichtköpfe später durch undurchlässige Gesteine versiegelt werden. Abb. 80 zeigt ein schematisches geologisches Profil der Lagerstätte Kostschagil (Emba).

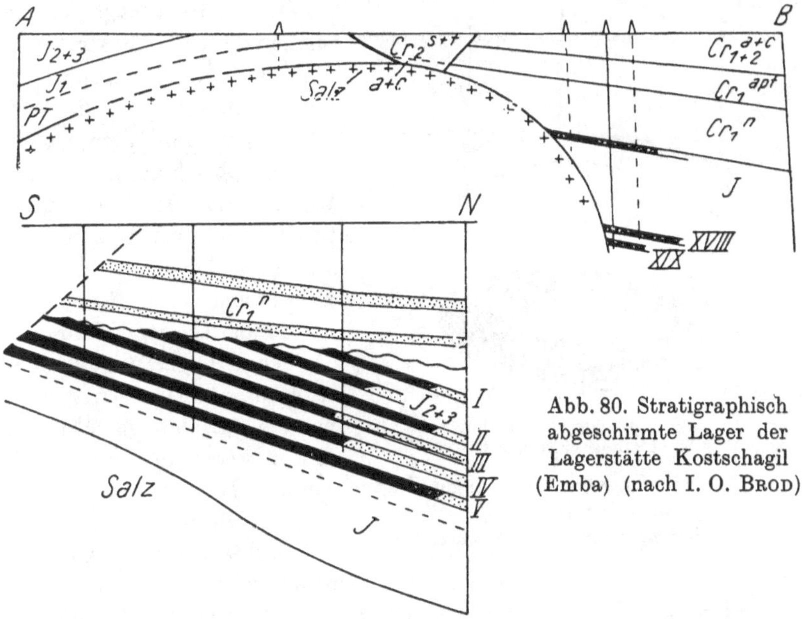

Abb. 80. Stratigraphisch abgeschirmte Lager der Lagerstätte Kostschagil (Emba) (nach I. O. BROD)

b) Strukturscheitel, die durch Diskordanzflächen abgeschnitten sind. Unter diesen Bedingungen kann sich ein Ringlager bilden. Im Prinzip ist bei jeder Antiklinalstruktur die teilweise oder vollständige Abtragung der Speichergesteine im Scheitel der Struktur möglich. Abb. 81 zeigt ein schematisches Ringlager unterhalb einer horizontalen Schichtlücke.

c) Fallen an alten Erosionsresten. Im Prinzip sind diese Fallen denen in Punkt a) ähnlich, aber die Kontur der Lager ist anders. Abb. 82 zeigt das Schema eines stratigraphisch abgeschirmten Lagers, das an einen Rest des Paläoreliefs gebunden ist, der durch den untertägigen Ausstrich einer Sandsteinschicht gebildet wird. Die Kontur eines Lagers in einer solchen Falle wird durch die Isohypsen des Paläoreliefs und die Isohypsen des Hangenden der Schicht bestimmt, die von Sedimenten einer alten Folge überdeckt ist.

Es steht außer Zweifel, daß die drei behandelten Fälle die gesamte Mannigfaltigkeit der möglichen stratigraphischen Diskordanzen nicht erfassen, diese drei Fälle sind jedoch charakteristisch für diesen Fallentyp.

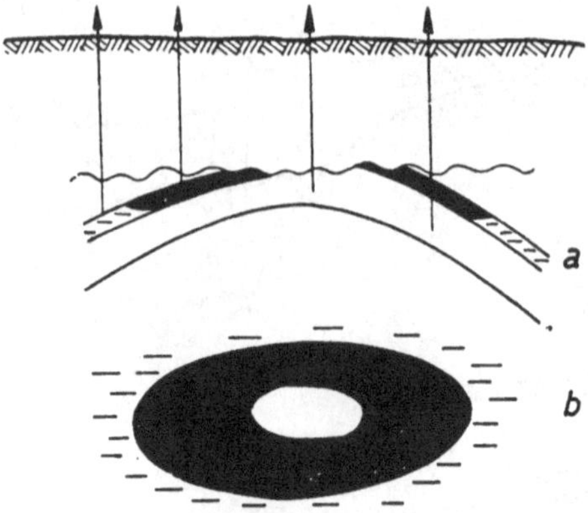

a) Profilschnitt
b) Lager im Grundriß

Abb. 81. Schema eines ringförmigen Lagers unterhalb einer stratigraphischen horizontalen Schichtlücke

Wie bereits gesagt, ist die Suche von Lagern in stratigraphischen Fallen kompliziert. Unkompliziert sind die Verhältnisse in den Fällen, wo die stratigraphisch abgeschirmten Lager mit Antiklinalstrukturen zusammenhängen. So ist z. B. die Suche und die Erkundung von Ringlagern ein Sonderfall der Erkundung der Scheitellager, aber zur Bestimmung der Grenzen ist hierbei eine größere Anzahl von Erkundungsbohrungen notwendig. Die Erkundung erinnert an die Erkundung einer Erdölschicht, die eine Gaskappe aufweist.

Der leitende Hauptgedanke ist die Bindung der stratigraphisch abgeschirmten Fallen an regionale Diskordanzen. Infolgedessen ist die Verteilung der Fallen und Lager in der Tiefe einer bestimmten linearen Gesetzmäßigkeit unterworfen. Diese Linie muß nicht unbedingt geradlinig verlaufen. Die Anordnung der Lager folgt oft dem Verlauf alter Strandlinien. Die Kenntnis der Sedimentationsbedingungen und der tektonischen Entwicklung des Gebietes gibt die Möglichkeit, die für die Bildung stratigraphisch abgeschirmter Lager günstigsten Abschnitte auszugliedern. Bei Sucharbeiten müssen durch Strukturbohrungen die Zonen für den Ansatz stratigraphischer Bohrungen gefunden werden. Manchmal wird diese Aufgabe erfolgreich durch die Seismik gelöst. Nachdem diese Zonen gefunden sind, wird im günstigsten Bereich ein Profil von Suchbohrungen angesetzt, um mögliche Lager zu entdecken und den Bau des untertägigen Reliefs genauer zu bestimmen.

Bei der Suche stratigraphisch abgeschirmter Lager haben die indirekten Erdölanzeichen größere Bedeutung als bei der Erkundung eines beliebigen anderen Lagertyps. Bei der Erkundung stratigraphischer Lager werden häufig Suchbohrungen angesetzt, ohne eine ausreichende Begründung hierfür zu haben. Zahlreiche Lager wurden beim Bohren auf Wasser, Kalisalze usw. entdeckt. Eine sorgfältige Untersuchung des

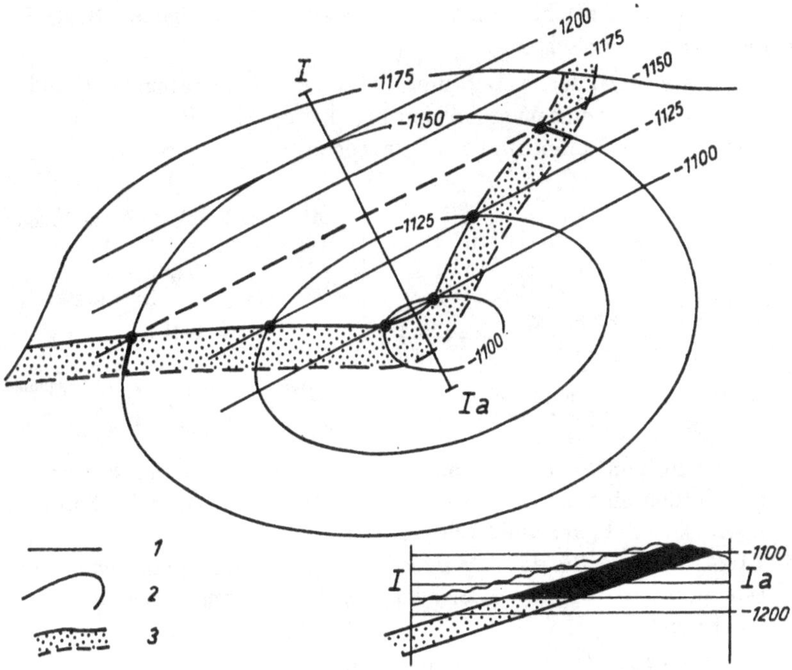

1 – Isohypsen der Schicht; 2 – Isohypsen der alten Reliefoberfläche; 3 – Schichtenausbiß an der Oberfläche

Abb. 82. Stratigraphisch abgeschirmtes Schichtlager am Ausbiß des alten Reliefs (nach I. O. Brod und E. F. Frolow)

Profils der Bohrungen, die auf keine Lager gestoßen sind, die Untersuchung direkter und indirekter Anzeichen, die Untersuchung der Sedimentationsverhältnisse und der Tektonik sind für die Wahl der Richtung der Suchbohrungen Hauptvoraussetzung.

Ein Sonderfall von stratigraphisch abgeschirmten Lagern sind die Suche und die Erkundung der von allen Seiten begrenzten Lager. Dazu gehören die Lager in Sandsteinlinsen. Diese Lager werden als schlauchförmige Lager oder als „shoe strings" bezeichnet. Die Sandlinsen haben eine Breite bis zu 1 200 m, eine Länge von einigen Dutzend Kilometern und sind von undurchlässigen Gesteinen eingeschlossen. Diese Linsen können infolge der Versandung von Flußbetten entstehen, oder sie stellen Strandbarren dar. Die Bestimmung des genetischen Typs der Falle ist bei der Suche und bei der Erkundung von großer Bedeutung.

Bass ist der Ansicht, daß für die Strandbarren folgende Besonderheiten charakteristisch sind:

1. Ein ausreichend flaches Bett und ein konvexer Scheitel sind vorhanden.
2. Die Hänge der einzelnen Ablagerungen sind vertikal.
3. Die einzelnen Linsen sind häufig etappenweise angeordnet.

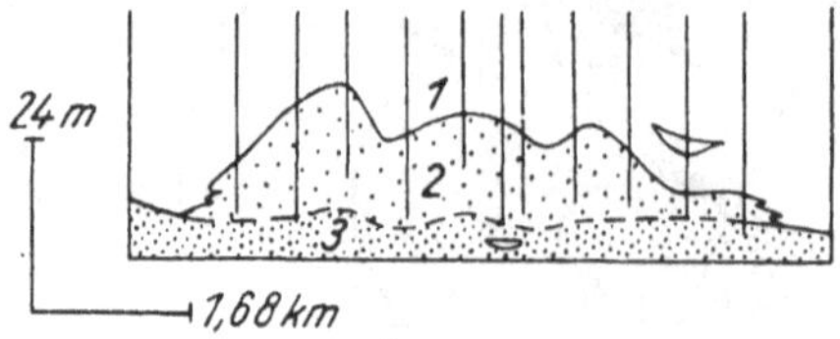

1 – Michigan-Formation; 2 – Stry-Sandstein; 3 – Marshall-Formation

Abb. 83. Profilschnitt der Lagerstätte Six-Lakes bei Mekosta und Mont Calm, Michigan (nach A. I. Levorsen)

Es sind das flache Liegende und das gewölbte Hangende des Stry-Sandsteins (Mississippi) zu erkennen, der die küstennahen Ablagerungen einer sandigen Barre charakterisiert.

4. Zwischen dem Sand und den Schiefern besteht auf der Meeresseite gewöhnlich eine scharfe Grenze, zum Strand hin geht der Sand allmählich in Schiefer und Tone über.
5. Die Abschnitte, die durch gleiche lithologische Eigenschaften gekennzeichnet sind, liegen parallel zu den Verbreitungsgrenzen der Ablagerungen.

Abb. 83 zeigt ein schematisches Profil des Gaslagers Six-Lakes, das an Ablagerungen von Sandbarren gebunden ist. Abb. 84 zeigt die Karte der „shoe strings" von Kansas. Kennzeichnend für die mit Sand oder Kies versandeten Flußbetten sind:

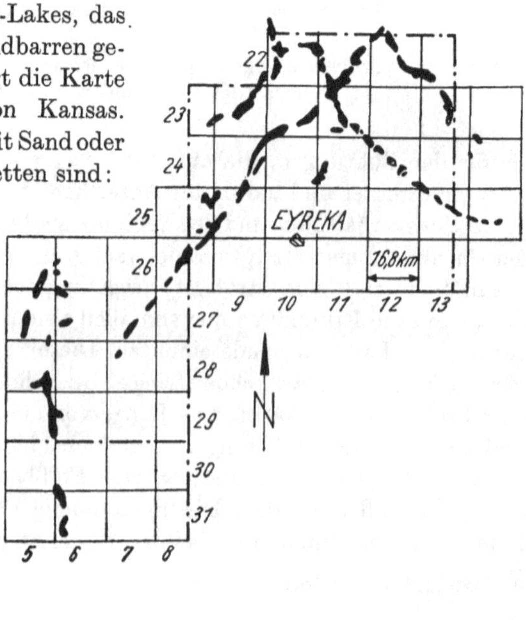

Abb. 84. Karte der schnurartigen sandigen Lager von Kansas (nach A. I. Levorsen)

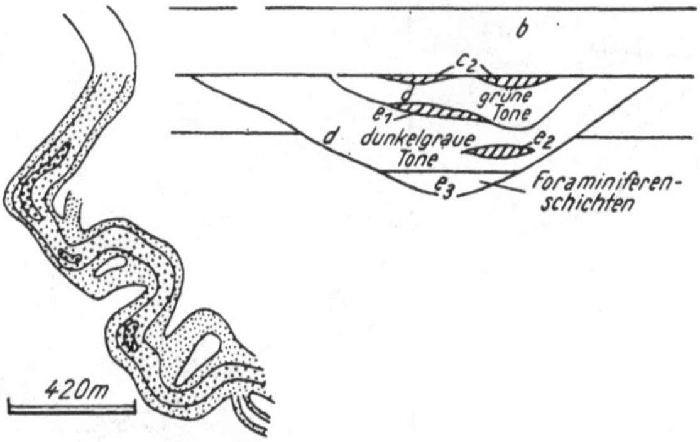

Abb. 85. Karte verdeckter sandiger Ablagerung im gewundenen Flußbett, die einen Teil des erdölführenden Gebietes Maikop (UdSSR) bildet, und ein typisches Profil des Flußbettes

Die sandige Schicht C_2 ist der hauptsächliche produktive Horizont dieser tertiären Ablagerungen.

1. das Vorhandensein eines ausgebauchten Bettes und des häufig flachen Hangenden;
2. die Variabilität der lithologischen Zusammensetzung und der Korngröße.

Während die Kontur der Barrensande im Grundriß verhältnismäßig geradlinig verläuft (Abb. 84), ist die Kontur der Flußbettsande häufig gewunden (Abb. 85).

Bei Suchbohrungen ist eine sorgfältige Untersuchung der Sande notwendig, da dies die Möglichkeit bietet, zwischen Barren- oder Flußbettsanden zu unterscheiden, was wiederum die Anordnung der Bohrungen bestimmt. Das Auftreten einer selbst unbedeutenden Sandschicht, die mit Erdöl durchtränkt ist, bildet bei günstigen paläogeographischen Verhältnissen die Grundlage für die Fortsetzung der Arbeiten. Trifft man solche Sande an, so muß ihre Verfolgung, nach Empfehlungen von I. M. Gubkin, schrittweise erfolgen. Abb. 86 zeigt das Schema der Anordnung von Bohrungen bei der Erkundung eines schlauchförmigen Lagers, dessen Erdölführung bereits festgestellt wurde. Das Ansetzen der Bohrungen erfolgt hintereinander in der Reihenfolge der Numerierung.

Auf Grund der Bohrergebnisse werden Karten angefertigt:

1. der Erosionsoberfläche des Liegenden des Bettes;
2. des Hangenden des Lagers;
3. Isopachenkarten;

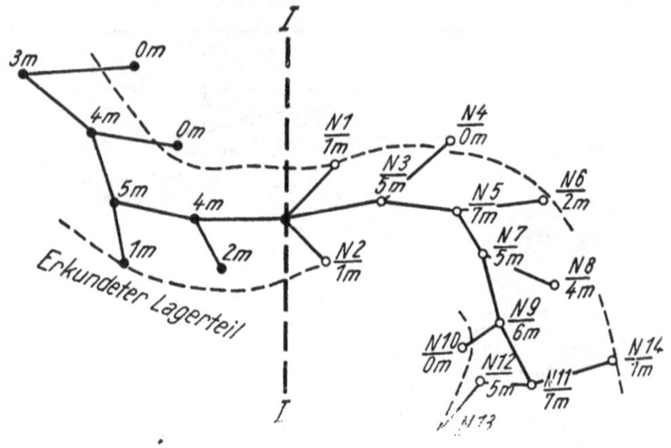

Abb. 86. Anordnung der Bohrungen bei der Erkundung eines schlauchförmigen Lagers (nach I. O. Brod)

Die Reihenfolge der Bohrlöcher entspricht der Numerierung der Bohrungen. Die gestrichelten Linien zeigen die Konturen des Lagers an.

4. Strukturkarten in zwei Varianten:
   a) die üblichen mit Isohypsen, bezogen auf den Meeresspiegel,
   b) spezielle, unter Berücksichtigung des regionalen Schichteinfallens.

Die schlauchförmigen Lager) „shoe strings") sind nur selten der einzige Lagertyp eines gegebenen Erkundungsgebiets. Die Entdeckung von Erdöl in Sandbarren oder in versandeten Flußbetten ist eine sichere Begründung für die Suche von Lagern, die mit anderen Fallentypen in Zusammenhang stehen. Meist sind solche Fallen an ältere Ablagerungen gebunden.

10.4.4. Massige Lager

Bekanntlich sind massige Lager an Strukturvorsprünge, Erosionsreste und biogene Massive gebunden. Ein allgemeines Kennzeichen dieser Lager ist die Bindung des Erdöls und Erdgases an Speichergesteine, die nicht durch undurchlässige Gesteine voneinander getrennt sind. Die Lage des Wasser-Erdöl-Kontakts befindet sich in gleicher Teufe, bezogen auf den Meeresspiegel. Kennzeichnend für viele massige Lager, die an Massive tektonischer Entstehung gebunden sind, ist der tektonische Zusammenhang des Massivs mit den Strukturformen der darüber lagernden Gesteine (Abb. 87). Die Suche solcher Lager und ihre Erkundung ähnelt der Suche und Erkundung von Scheitellagerstätten.

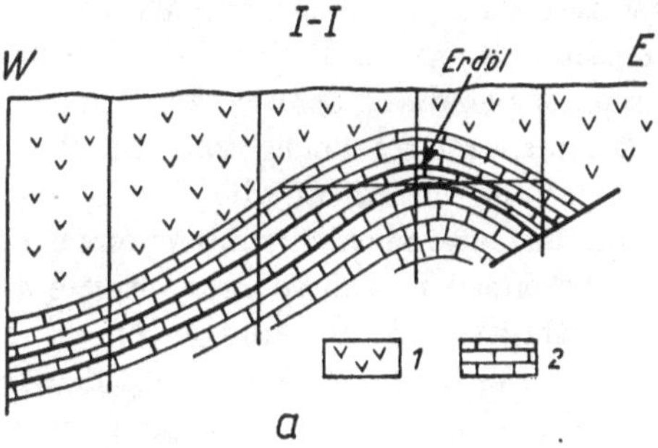

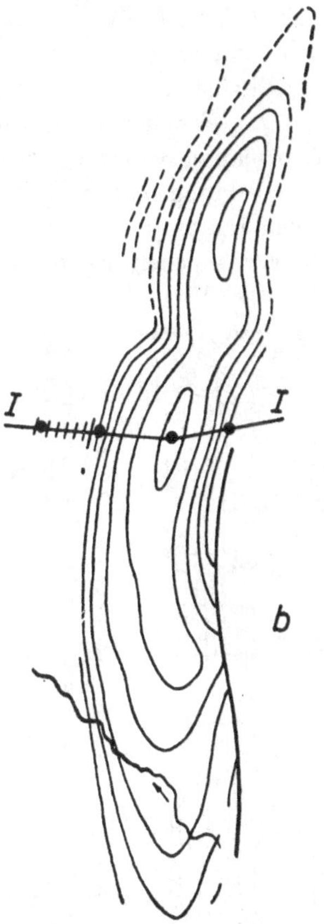

Abb. 87. Massiges Lager einer Strukturwölbung (Baschkirien) (nach I. O. Brod und E. F. Frolow)

a) Querprofil b) Strukturkarte
1 – chemogene Schichtenfolge (Salz, Anhydrit, Gips); 2 – Kalkstein verschiedenen Alters

Die Erkundung wird in dem Falle erschwert, wenn die Oberfläche des Massivs erodiert ist oder eine starke Zergliederung des Paläoreliefs vorliegt. Durch seismische Arbeiten kann die Oberfläche des Massivs ermittelt sowie festgestellt werden, ob neben dem Hauptmassiv noch abgetrennte Klippen vorhanden sind.

Massive des Paläoreliefs, die durch diskordant lagernde Gesteine überdeckt sind, brauchen sich in der Lagerung der überdeckenden Gesteine nicht anzudeuten. Häufig wird jedoch eine flache Verbiegung im Deckgebirge beobachtet. Es hat den Anschein, als ob die Gesteine um das Massiv herum absacken. Eine gewisse Verbiegung der Schichten kann infolge des Umfließens während der Sedimentation stattgefunden haben.

Die Lage begrabener Massive wird mit Hilfe von geophysikalischen Methoden (Gravimetrie, Seismik) bestimmt, und die Überprüfung ihrer Erdöl- und Erdgasführung erfolgt durch die Niederbringung von Bohrungen, die auf zwei sich kreuzenden Profilen angeordnet werden.

Zahlreiche große Erdöllagerstätten sind an organogene Massive und insbesondere an Riffe gebunden. Die organogenen Riffe haben die unterschiedlichsten Größen und Formen, sie sind seit dem Präkambrium bis in rezente Zeit bekannt und kommen relativ häufig vor. Durch die Erforschung rezenter organogener Riffe gelang es, die Bedingungen ihrer Bildung und ihrer Verteilung im Zusammenhang mit unterschiedlichen Faktoren im einzelnen zu erkennen und diese Erkenntnisse auf die vergangenen Epochen zu übertragen und zu verallgemeinern. Es gelingt nur selten, eingebettete Riffe nach Anzeichen an der Erdoberfläche zu bestimmen. Unter Umständen kann das Riff jedoch bei sonst gleichartiger Lagerung der Gesteine die Ursache einer Strukturanomalie sein. Durch geophysikalische Methoden und insbesondere durch die Seismik können häufig eingebettete Riffe entdeckt werden. Einzeln werden Riffe fast niemals angetroffen, sondern meistens in Gruppen. Ihre Verbreitung erinnert an die Verbreitung der Strandbarren und Sandbänke der ufernahen Zone. Wenn in einem Bezirk ein eingebettetes Riff ohne Erdöl oder Erdgas entdeckt wurde, so brauchen nicht andere eingebettete Riffe ohne Perspektive zu sein. In Gussowsk Gorodki (Uralvorland) wurde zufällig ein erdölführendes Riff entdeckt. Die darauf folgende Erkundung der eingebetteten Riffe, die in der Nähe des erdölführenden Riffs lagern, verlief erfolglos, aber südlich von Gussowsk Gorodki wurde die große Erdöllagerstätte Ischimbai entdeckt (Abb. 88). Die Suche von Lagern, die an Riffe gebunden sind, erfolgt bei langgestreckten Massiven durch Bohrungen mit Abständen, die gleich der Breite des Massivs sind. Bei kleinen Massiven wird eine Bohrung im Zentrum niedergebracht. Wenn im Riff keine Anzeichen von Erdöl

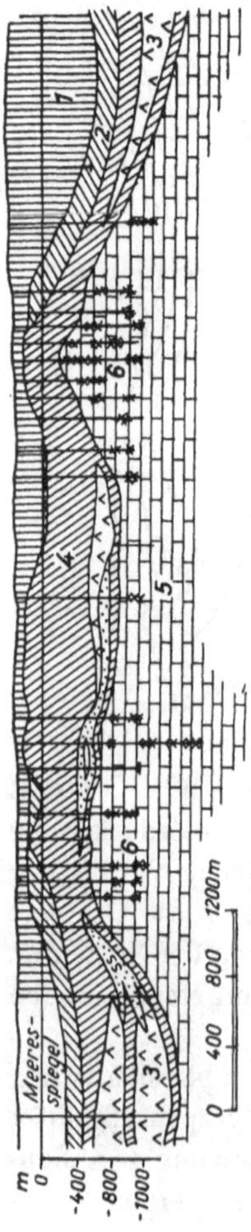

Abb. 88. Profil der Erdöllagerstätte Ischimbai, Baschkirische ASSR

Erdölaustritte im Gebiet der Lagerstätte sind aus dem Jahre 1768 bekannt. Als produktive Horizonte erscheinen Kalke und Dolomite der Artinsk-Stufe. Die erdölführenden Formationen sind reich an organischen Resten und werden als organogene Riffe angesehen.

1 – Ufa-Stufe; 2 – unterer Teil; 3 – Salz; 4 – Kungur-Stufe; 5 – Artinsk-Stufe; 6 – Erdöl

und Erdgas angetroffen wurden, muß bis zu einer gewissen Teufe weitergebohrt werden, da die Speichereigenschaften je nach Teufe ungleichartig sein können. Die Entdeckung von Erdöl und Erdgas in Riffen ist Grund für die Suche von Erdöl- und Erdgaslagern in anderen Fallentypen.

10.4.5. Offene Lager

In einigen erdöl- und erdgasführenden Provinzen streichen die erdöl- und erdgasführenden Schichten zutage aus. Trotzdem aber haben sich Lager im Einfallen der Schichten erhalten. Die Zonen der Erschöpfung, der Verwitterung und der Entgasung hängen von der Permeabilität der Schichten, den physikalischen Eigenschaften des Erdöls, vom Druck der Randwässer und vom Schichteinfallen ab.

Bei geringer Permeabilität oder bei einem erhöhten Teergehalt im Erdöl können Bohrungen, die unweit vom Schichtausstrich angesetzt werden, produktiv sein.

Bei einem hohen Druck der Randwässer sind die Erhaltungsbedingungen ungünstiger. Ungünstig sind auch die Erhaltungsbedingungen bei flach einfallenden Schichten. Die Zone der Verwitterung und der Entgasung des Erdöls wird nicht durch den Abstand vom Ausstrich der Schicht, sondern durch die Teufe in der Senkrechten bestimmt. Gewöhnlich wird die Tiefe der Verwitterung mit einigen hundert Metern gemessen.

K. P. Kalizky führt nachstehende Werte an: Im Wolgagebiet erreicht die Breite der Erschöpfungszone bei horizontaler Lage der Schichten maximale Werte (über 1,5 km). In den Erdöllagerstätten des Ferghanabeckens beträgt diese Zone bei einem Schichteinfallen von 30° nicht mehr als 200 m. In der Lagerstätte Tschatminsk (Grusinische SSR, am Fluß Gori) fallen die erdölführenden Schichten unter einem Winkel von 65° und mehr ein. Aus einer Teufe von 13 bis 42 m wird jedoch ein hochviskoses Erdöl gewonnen, d. h., hier liegt eine außergewöhnlich schmale Erschöpfungszone vor.

Auf der Halbinsel Apscheron sind bei Einfallwinkeln von 15–20° Erdöleruptionen aus 40 m Teufe bekannt. Bei ungefähr gleichem Schichteinfallen trat im Gebiet von Maikop aus 800 m Teufe eine Erdöleruption auf. In der zentralen Synklinalzone der Karpaten hat man aus Schichten, die mit 25°–40° einfallen, aus 130 m Teufe Eruptionen erhalten.

Die Erkundung offener Lager ist nur in dem Falle unzweckmäßig wenn alle Schichten mit Wasser gut durchwaschen sind und es kein direkten Anzeichen von Erdöl gibt. In diesem Falle haben wir es mit einer offenen Struktur zu tun, in der Erdöl und Erdgas nur bei einer Abschirmung erhalten geblieben sein könnten.

Offene Lager werden durch den Ansatz von Bohrungen auf einander kreuzenden Profilen erkundet. In Gebieten mit offenen Lagern sind die Aufschlußverhältnisse in der Regel gut, und die Wahl des Ansatzpunktes der Bohrungen bereitet keine Schwierigkeiten.

10.4.6. Lager, die an Synklinalen gebunden sind

Poröse, zerklüftete und permeable, in der Tiefe lagernde Sedimentgesteine, die kein Wasser enthalten, gibt es nicht. Wenn man berücksichtigt, daß das Erdöl in der Regel und das Erdgas immer leichter als Wasser ist, besteht kein Grund dafür, Erdöllager zu erwarten, in denen die Verteilung der Fluide im Gegensatz zur Schwerkraft steht. Es gibt keinen Grund, in großen Tiefen Erdöl zu erwarten, dessen spezifisches Gewicht größer als das des Wassers wäre.

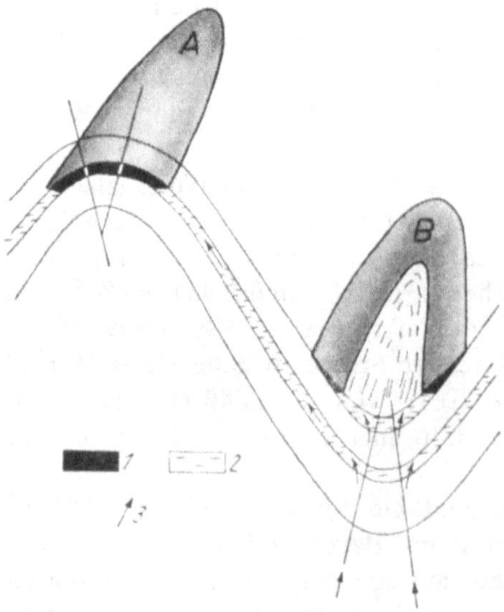

Abb. 89. Bildung eines Erdöllagers in einer Synklinale und in einer Antiklinale

A – Erdöllager in einer Antiklinale;
B – Erdöllager in einer Synklinale
1 – Erdöl; 2 – Gas; 3 – Migrationsrichtung

Trotzdem ist die Erkundung synklinaler Zonen von großem Interesse, da die Möglichkeit der Bildung von Sandlinsen, stratigraphischer und lithologischer Fallen in den Synklinalzonen und unter günstigen Bedingungen eine Erdöl- und Erdgasmigration sowie die Bildung von Lagern nicht ausgeschlossen sind. Abb. 89 zeigt das schematische Prinzip des einfachsten Falles, das Schema eines Lagers in einer Synklinale zwischen Antiklinalfalten. Die Verteilung des Erdöls und des Erdgases ist der Schwerkraft untergeordnet. Die Erdöllager in Synklinalen sind an Formen gebunden, deren Suche und

Erkundung große Schwierigkeiten bereitet und viele Suchbohrungen erfordert.

In den abgesunkenen alten Synklinalen können zweifelsohne Bedingungen für die Bildung lithologischer und stratigraphischer Fallen gegeben sein, und die Erkundung eines erdölführenden Territoriums ist nur dann abgeschlossen, wenn auch die Synklinalzonen untersucht sind. Die Erkundung dieses Fallentyps ähnelt der Erkundung abgeschirmter Lager.

10.4.7. Erdöllager, die an metamorphe und eruptive Gesteine gebunden sind

Erdöl- und Erdgaslager sind an Fallen gebunden, die durch poröse oder zerklüftete und permeable Gesteine vertreten sind. Als solche Gesteine kommen nicht nur Sedimentgesteine, sondern auch eruptive und metamorphe Gesteine in Frage. Unter günstigen geologischen Bedingungen können Erdöl und Erdgas aus den Sedimentgesteinen in Fallen migrieren, die z. B. in Eruptivgesteinen liegen. In eruptiven und metamorphen Gesteinen ist eine große Anzahl von Erdölanzeichen bekannt, aber die Anzahl der an sie gebundenen Erdöllagerstätten ist verhältnismäßig gering. Teilweise erklärt sich das daraus, daß der Untergrund sedimentärer Becken nur in wenigen erdöl- und erdgasführenden Provinzen erschlossen wurde. Außerdem ist es notwendig, daß der Untergrund speicherfähig ausgebildet und dadurch die Möglichkeit zur Bildung von Fallen vorhanden ist. Das Zusammenwirken bestimmter geologischer Verhältnisse ist zur Bildung von Lagern unbedingt erforderlich. Im gegebenen Falle müssen die eruptiven und metamorphen Gesteine kommunizierende Poren oder Klüfte besitzen, es müssen günstige Migrationswege und eine zuverlässige Isolierung der Fallen vorhanden sein.

Erdöllager in Gesteinen des Untergrundes der sedimentären Komplexe haben oft bedeutende Ausdehnung. Die Lagerstätte Edison (Kalifornien, USA) hat eine erdölführende Fläche von 800 ha, ihre Vorräte werden auf über 3 Millionen t geschätzt. Die Fördermengen der Bohrungen erreichen bis zu 2500 Tagestonnen. Die Erdöl- und Erdgaslager sind meist an Verwitterungsklüfte gebunden, was eine relativ kleine Zone der Erdölsättigung bedingt. Die Mächtigkeit der erdöl- und erdgasführenden Zone beträgt selten über 50 m. Aus demselben Grund kann die Erdölführung der Fläche ungleichmäßig sein.

Die meisten wirtschaftlichen Erdöl- und Erdgaslager dieser Art wurden in den USA entdeckt, wo z. B. im zentralen Kansas alle Lagerstätten mit der Verwitterungszone der präkambrischen Quarzite und Schiefer zusammenhängen.

Es steht fest, daß es nicht nur in den USA wirtschaftliche Erdöl- und Erdgaslager in eruptiven und metamorphen Gesteinen gibt. Die Entdeckung der Lager in den USA erklärt sich nur aus der Dichte des Bohrnetzes.

Die Anordnung der Suchbohrungen ähnelt der Bohrlochanordnung bei der Suche massiger Lager.

10.4.8. Lager kontinentaler Schelfe

Die Ozeanbecken unterscheiden sich in ihrem geologischen Bau von den Kontinenten. An die Kontinente schließt sich ein breiter submariner Streifen an, der eine Fortsetzung der Kontinente darstellt und in dessen Bereich die Sedimentation mit dem Festland zusammenhängt.

Die Ozeane teilt man nach der Tiefe in vier morphologische Elemente ein:

a) Schelf, mit Tiefen von 0 bis 200 m;
b) Kontinentalhang, mit Tiefen von 200 bis 2500 m;
c) Ozeanboden, mit Tiefen von 2500 bis 6000 m;
d) Tiefseesenken, mit Tiefen über 6000 m.

Die Fläche der Schelfe der Weltozeane beträgt 27,5 Millionen km^2. Die mittlere Breite der Schelfe ist gleich 68 km. Im Norden Europas und Asiens erreicht der Schelf eine Breite von 600 km. Die Schelfe der polaren Gebiete haben eine mittlere Breite von 160 km.

O. K. Leontjew teilt die Schelfe in drei genetische Typen ein (Abb. 90):

I. Transgressiver Schelf: charakteristisch sind Relikte eines kontinentalen Reliefs (überflutete Flußtäler, Wasserscheiden u. a.);

II. Akkumulativer Schelf: meistens in Zusammenhang mit der Sedimentation des Materials, das durch große Flüsse ins Meer transportiert wird;

III. Abrasionsschelf.

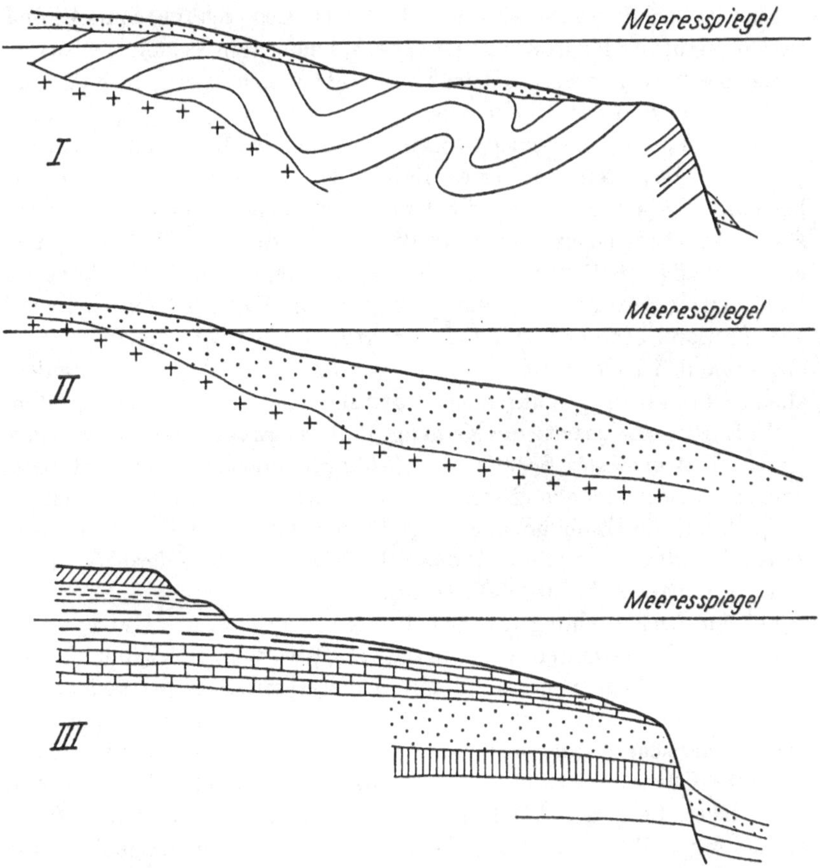

Abb. 90. Genetische Typen der Schelfe (nach O. K. LEONTJEW)
I – transgressiver Schelf; II – akkumulativer Schelf; III – Abrasionsschelf

Diese Klassifikation stützt sich auf die Untersuchungen der polaren Schelfe durch F. NANSEN.

F. SHIPARD unterscheidet vier Schelftypen:

I. Schelfe glazialer Gebiete (durch Gletscher überdeckt oder in jüngster Zeit vereist gewesen);

II. Schelfe vor der Mündung großer Flüsse;

III. Schelfe in Gebieten mit Korallenkolonien;

IV. Schelfe junger Gebirge.

Für alle Schelfe ist charakteristisch, daß sie sich nicht gleichmäßig und flach in Richtung der großen Tiefen senken, sondern ein recht kompliziertes Relief besitzen. Die Festlandstrukturen setzen sich in einigen Fällen im geologischen Bau der Schelfe fort.

Nach Meinung des sowjetischen Geologen M. R. Kalinko ist die Schelfzone bedeutend reicher an Erdöl- und Erdgaslagerstätten als das Festland. Er begründet das mit der Gesetzmäßigkeit der Verteilung der Erdöl- und Erdgaslager und ihrer Bindung an Senken. Die Schelfzonen bilden häufig die Peripherie großer Senken, in denen die Gesteine im Laufe langer Zeiträume regional geneigt waren. Die Schelfzonen, die auf dem Festland beginnen, stellen in struktureller Hinsicht die am tiefsten abgesunkenen Teile des Festlandes dar. Diese Teile der Senken sind in allen erdöl- und erdgasführenden Provinzen der Welt die produktivsten.

W. L. Russel vertritt die Meinung, daß die Erdöl- und Erdgaslagerstätten kontinentaler Schelfe aller Wahrscheinlichkeit nach mit Salzdomen im Zusammenhang stehen. Diese Vermutung stützt sich hauptsächlich auf die Untersuchungen der Flachwasserzone an der Golfküste. Zweifellos können im Bereich der Schelfe aber auch andere Fallen, in erster Linie abgeschirmte Fallen, auftreten.

Bei der Untersuchung der Schelfe können geologische Kartierungen und andere Feldarbeiten nicht durchgeführt werden. Die Untersuchung des Schelfs erfolgt vorwiegend mit geophysikalischen Methoden. Die zweckmäßigste Reihenfolge dabei ist offensichtlich folgende: Durch eine aeromagnetische Aufnahme werden der Schelf und die küstennahe Zone erforscht. Die günstigsten Abschnitte werden gravimetrisch untersucht. Die Vorbereitung der Flächen erfolgt durch elektrische Unterwassererkundung und durch seismische Methoden. Die Schwierigkeiten und der große Aufwand an gravimetrischen Arbeiten im Meer geben meist Anlaß, auf diese Untersuchungen zu verzichten.

Die Wahl der Ansatzpunkte für Suchbohrungen unterscheidet sich im Prinzip nicht von der Wahl der Ansatzpunkte auf dem Festland. Die Suchbohrungen werden gewöhnlich von schwimmenden Plattformen aus niedergebracht.

10.4.9. Besonderheiten der Erkundung von Erdgaslagern

Der andere Aggregatzustand und das geringere spezifische Gewicht des Erdgases gegenüber dem Erdöl bewirken, daß das Erdgas auch Speichergesteine füllen kann, die bedeutend weniger durchlässig sind als solche, die vom Erdöl durchdrungen werden können. Auch die Fallen können bedeutend flacher sein. Erdgas und Erdöl können an gleiche Fallenformen gebunden sein; insofern unterscheidet sich das Ansatzsystem für Suchbohrungen nach Erdöl oder Erdgas nicht.

Das wichtigste Moment bei der Suche und bei der Erkundung von Erdgaslagerstätten besteht darin, zu bestimmen, ob die entdeckte Lagerstätte nur erdgasführend oder ob sie gaskondensat- oder gas-erdölführend ist. Auf diese Frage kann nur eine sorgfältige Untersuchung der physikalischen Bedingungen, und zwar der Schichttemperaturen und Drücke, und die Niederbringung einer Bohrung Antwort geben. Die Beantwortung dieser Frage ist für die Wahl des Ausbeutungssystems unbedingt erforderlich.

Sehr häufig hat ein großes Erdgaslager einen Erdölsaum. Bei der Erkundung muß die Breite dieses Saumes bestimmt und müssen die Erdöl- und Erdgasvorräte getrennt berechnet werden. Erst danach kann die Frage entschieden werden, ob die Lagerstätte nur als Erdgaslagerstätte oder als Erdgas- und Erdöllagerstätte ausgebeutet werden muß.

Das Vordringen des Erdöls in den erdgasführenden Teil der Schicht ist von großem Nachteil, da eine bedeutende Menge an Erdöl infolge Haftung und anderer Erscheinungen in den trockenen erdgasführenden Sanden verlorengeht.

Ob das erschlossene Erdgaslager wirtschaftliche Bedeutung hat oder nicht, kann man erst nach den Ergebnissen der Bohrlochteste feststellen. Um aber zu entscheiden, ob es sich um eine reine Erdgaslagerstätte handelt, muß auf alle Fälle der Kontakt des Erdgases mit dem Wasser festgestellt werden. Hierfür ist es nicht erforderlich, das Lager zu umgrenzen, es genügt, den Kontakt in irgendeinem Teil der Falle zu ermitteln. Das Gas reiner Erdgaslagerstätten unterscheidet sich in der Zusammensetzung vom Gas der Erdgas- und Erdöllagerstätten. Die Zusammensetzung des Gases ist eines der sicheren Anzeichen für seine Herkunft. Schwieriger ist die Beantwortung der Frage, ob die erschlossene Lagerstätte eine Kondensatlagerstätte oder eine Kondensat-Erdöl-Lagerstätte ist. Leichte Kohlenwasserstoffe, die bei den üblichen Temperaturen und Drücken als Flüssigkeiten auftreten, können bei erhöhten Temperaturen und Drücken in Gasform vorkommen. Die retrograde Kondensation ist für ein Gemisch von Erdölgasen und leichten Kohlenwasserstoffen kennzeichnend. Wenn ein Gaskondensatlager erschlossen wurde, muß nachgewiesen werden, daß das Kondensat nicht von einem Erdölsaum umgeben ist, dessen Vorräte unter Umständen die

Größe des Kondensatlagers übertreffen können. Um eine falsche Einschätzung der Lagerstätte auszuschließen, ist es notwendig, das Lager bis zum Kontakt mit dem Wasser durch Bohrungen zu verfolgen.

10.5. Bewertung der wirtschaftlichen Bedeutung eines Lagers

Die Bewertung eines entdeckten Lagers stellt für den Erdölgeologen eines der wichtigsten Arbeitsmomente dar, da von dieser Bewertung der Umfang und die Richtung der weiteren Arbeiten abhängen.

In den erdöl- und erdgasführenden Provinzen, die ausgebeutet werden, sind die Anzeichen der Erdgaslager und der Erdgas-Erdöl-Lager meist gut erforscht. In der Regel enthält das Erdgas reiner Erdgaslagerstätten keine nachweisbaren Mengen von Kohlenwasserstoffen, die schwerer als Methan sind. Wenn einige Prozent Äthan, Propan usw. nachweisbar sind, so muß untersucht werden, ob die erschlossene Lagerstätte einen Erdölsaum hat, und bei Teufen von über 1500 m ist zu erforschen, ob es sich nicht um eine Gaskondensatlagerstätte handelt.

Alle diese Fragen gehören ihrem Wesen nach nicht zur Kompetenz eines Erkundungsgeologen, er muß sich aber über die Methoden der Bewertung der Lager unterschiedlichen Typs eine Vorstellung machen können. Zur unmittelbaren Kompetenz des Erkundungsgeologen gehört die Bewertung der wirtschaftlichen Bedeutung der durch die ersten Bohrungen erschlossenen Lager. Eine detaillierte Bewertung der Lagerstätte kann nur bei der detaillierten Erkundung während der Ausbeutung durchgeführt werden, aber man muß sich bereits nach den ersten Bohrungen über die Vorräte Vorstellungen machen können.

Meist erschließen die ersten Suchbohrungen die Lagerstätte nur in einzelnen Punkten einer Schicht; um so weniger erschließen sie alle potentiell produktiven Schichten, und die Bewertung einer entdeckten Lagerstätte wird durch eine allmähliche Näherung erreicht. Eine entdeckte Lagerstätte kann durch Vergleiche mit bereits erforschten und sich im Abbau befindenden Lagerstätten bewertet werden. Beim Bewerten nach der Analogiemethode ist jedoch Vorsicht geboten, da neben ähnlichen Zügen des geologischen Baues auch wesentliche Unterschiede auftreten können, die die Anzahl der erdölführenden Schichten und die Größe der Lager bestimmen. So gibt es beispielsweise wesentliche Unterschiede in der Erdölmenge, die auf 1 ha/m der erdölführenden Fläche der wichtigsten Lagerstätten der Apscheron-Halbinsel kommt.

Größere Fehler können auftreten bei der Bewertung der wirtschaftlichen Bedeutung nach Erdöl- und Erdgasanzeichen beim Bohrvorgang. Eruptionen haben immer eine äußerst optimistische Einschätzung zur Folge, die jedoch nicht immer gerechtfertigt ist. Im Bezirk Borislaw betrug auf einem längst im Abbau befindlichen Abschnitt die Fördermenge der Bohrungen einige hundert Liter Erdöl pro 24 Stunden. Um die restliche Erdölsättigung zu untersuchen, wurde zwischen den produzierenden Bohrungen, die im Netz mit etwa 100 m Abstand angeordnet waren, eine Bewertungsbohrung angesetzt. Bei der Erschließung der Schicht eruptierte die Bohrung. Die Eruption hing mit der außergewöhnlich schwachen Permeabilität der Schicht und folglich mit der Erhaltung von Erdölpfeilern zusammen, die unter erhöhtem Schichtdruck standen. Im Emba-Gebiet trat in der Lagerstätte Berekei eine der größten Erdöleruptionen auf, aber die Lagerstätte erwies sich als klein. In der ersten Erkundungsperiode der Lagerstätte Kala erhielt man aus verhältnismäßig geringen Teufen eine außerordentlich intensive Erdgaseruption, aber die Erdgasvorräte erwiesen sich als gering.

Eine objektive Bewertung der erschlossenen erdölführenden Schicht kann nur mit Hilfe von lang andauerndem Testen der Schicht an mehreren Punkten durchgeführt werden. Das Testen einer Schicht durch nur eine Bohrung liefert unsichere Ergebnisse. So können z. B. Bohrungen, die eine Schicht in der Nähe von Störungen erschließen, hohe Tagesdurchschnitte an Fördermengen aufweisen, aber auch sehr schnell verwässern. Zur Bewertung einer entdeckten Lagerstätte müssen die Speichereigenschaften der erdöl- und erdgasführenden Schichten, die Anzahl und die Mächtigkeit der Schichten bekannt sein. Die Lagerungsteufe der Schichten ist von großer Bedeutung. Eine Bohrung, die aus einer Teufe von 2000–2500 m eine Fördermenge von 20 Tagestonnen liefert, ist nicht immer besser als eine Bohrung, die aus einer Teufe von 200–250 m 2 Tagestonnen erbringt.

Bei der Bewertung einer Lagerstätte müssen die Förderbedingungen des Erdöls berücksichtigt werden. Liegt ein durch gelöstes Gas bedingtes Regime vor, so ist zu beachten, daß die eruptierende Arbeitsperiode der Schicht verhältnismäßig schnell zu Ende geht und die Förderung aus über 2000 m Teufe mit Tiefenpumpen mit großen technischen Schwierigkeiten und bedeutenden Kosten verbunden ist. Zweifelsohne kann man die Dauer der Eruption durch die Anwendung von Sekundärmethoden verlängern, aber über die Zweckmäßigkeit der Anwendung verschiedener Verfahren zur Aufrechterhaltung des Schichtdruckes kann nur nach einer ausführlichen Untersuchung der Tektonik, der Speichereigenschaften und des Regimes der Schicht entschieden werden. Bei der Erschließung von Erdöl- und Erdgasschichten erfolgt nicht immer ein intensives Ausströmen von Erdöl und Erdgas. Unter Umständen fehlt der unmittelbare Zufluß zum Bohrloch, und die Erdöl- und Erdgasführung der Schichten kann nur an den Bohrkernen und durch die Bohrlochgeophysik ermittelt werden. Ein ungünstiges Zusammentreffen schlechter Speichereigenschaften und schlechter Spülung kann zur Versetzung der Schicht führen, und ihre wirtschaftliche Bedeutung wird häufig erst nach einem lang andauernden Testen der Bohrung ermittelt.

Die Fragen der Erschließung von Schichten wurden in dem Werk „Die geologische Betreuung beim Bohren auf Erdöl- und Erdgas" eingehender behandelt.

10.5.1. Bestimmung der Lage des Erdöl- und Erdgaskontaktes

In einer Erdölschicht mit einer Gaskappe ist es wichtig, festzustellen, wo sich die Erdgas-Erdöl-Grenze befindet. Das kann durch die Niederbringung von Erkundungsbohrungen erreicht werden, aber für den Fall, daß eine von den Bohrungen in den Erdölteil und die andere in den erdgasführenden Teil der Schicht gelangt ist, kann die Lage des Kontaktes durch eine Berechnung annähernd bestimmt werden.

Abb. 91 zeigt das schematische Profil einer Erdölschicht mit Gaskappe. Der Sohlendruck der Bohrung Nr. 1, die im Bereich der Erdöl-

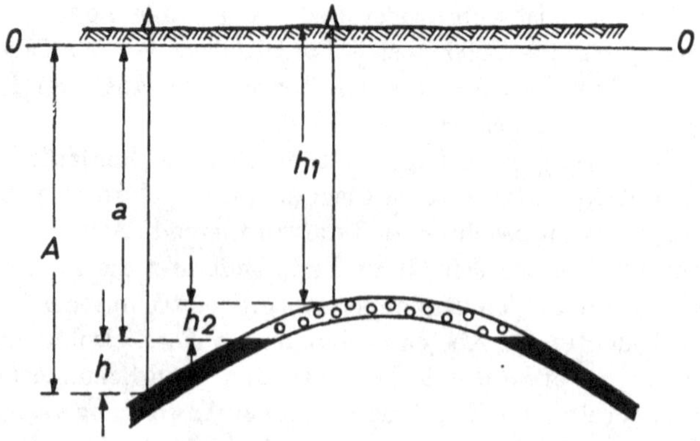

Abb. 91. Bestimmung des Gas-Erdöl-Kontaktes

führung steht, wird um die durch den Druck des Erdöls bedingte Größe höher sein als der Druck im Gasteil der Schicht:

$$\frac{h\,\gamma}{10}\,. \tag{1}$$

Hierbei bedeuten: h = Höhe der Erdölsäule in m;
γ = spezifisches Gewicht des Erdöls.

Der volle Druck an der Sohle der Bohrung Nr. 1 beträgt:

$$P_H = \frac{h\,\gamma}{10} + P_{Puff} + P + P_1\,. \tag{2}$$

Dabei bedeuten: P_H = Sohlendruck in der Bohrung, die in der erdölführenden Kontur steht, in atü;
P_{Puff} = Druck am Puffer in der Bohrung, die im Bereich der Gaskappe steht, in atü (bei geschlossener Bohrung);
P_1 = der Druck, der durch das Gewicht der Gassäule in der Gaskappe zwischen der Bohrlochsohle der Erdgasbohrung und dem Erdgas-Erdöl-Kontakt verursacht wird; er beträgt

$$\frac{h_2\,\gamma_1\,\gamma_2}{10}\,P_{1\,Puff}\,;$$

P = Druck an der Bohrlochsohle der Erdgasbohrung, der durch das Gewicht der Gassäule (bei Schichtdruck) verursacht wird; er beträgt:

$$P = \left(\frac{h_1\,\gamma_1\,\gamma_2}{10}\right) P_{1\,Puff}\,. \tag{3}$$

Hierbei bedeuten: h_1 = Teufe der Erdgasbohrung;
γ_1 = spezifisches Gewicht des Gases im Verhältnis zur Luft;
γ_2 = spezifisches Gewicht der Luft im Verhältnis zum Wasser;
$P_{1\,Puff}$ = Druck am Puffer bei einer geschlossenen Erdgasbohrung in atü.

Da die Höhe h_2 nicht bekannt ist, muß man die Größe des Druckes P_1 vernachlässigen. Der sich hierbei ergebende Fehler der Größe h_2 ist kleiner als 8°.

Wenn man den Sohlendruck der Bohrung, die im Bereich der Erdölführung steht, den Druck in der Gaskappe und den Einfallwinkel der Schicht kennt, so kann man aus der Formel (2) die Höhe der Erdöllagerstätte h_1 von der Sohle der Erdölbohrung bis zum Erdgas-Erdöl-Kontakt bestimmen:

$$h = \frac{10\,[P_H - (P_{Puff} + P)]}{\gamma} \tag{4}$$

oder

$$h = \frac{10\,(P_H - P_r)}{\gamma}. \tag{5}$$

Der Unterschied zwischen der Teufe der Schicht in der Erdölbohrung (bezogen auf NN) und h ist die gesuchte Teufe des Erdgas-Erdöl-Kontaktes:

$$a = A - h. \tag{6}$$

Hierin bedeutet: A = Teufe der Schicht im Punkt ihrer Erschließung durch die Bohrung.

Wenn man den Erdgas-Erdöl-Kontakt horizontal annimmt (was nicht immer statthaft ist), so kann man die Kontur der Gaskappe bestimmen.

10.5.2. Bestimmung der Kontur der Erdgasführung

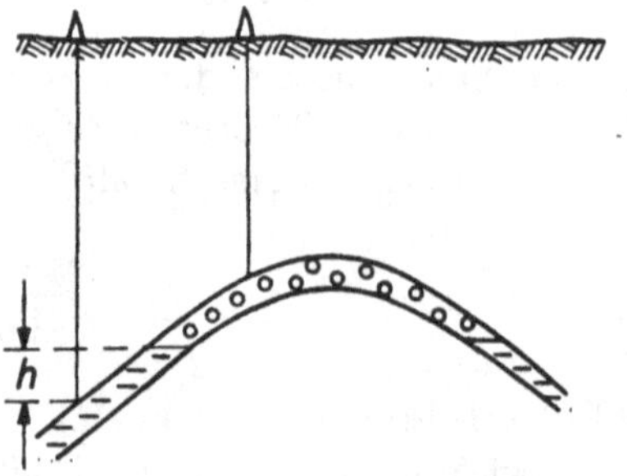

Abb. 92. Bestimmung des Gas-Wasser-Kontaktes

In einer erdgasführenden Schicht kann die Lage der Kontur oder, mit anderen Worten, der Erdgas-Wasser-Kontakt nach der Formel (5) (Abschnitt 10.5.1.) bestimmt werden, wenn eine der Suchbohrungen Erdgas erschlossen hat und die andere in den wasserführenden Teil der Schicht gelangt ist (Abb. 92):

$$h = \frac{(P_g - P_{gas})\,10}{\gamma_g}.$$

Hier bedeuten: γ_g = spezifisches Gewicht des Schichtwassers;
P_g = Sohlendruck der Wasserbohrung;
P_{gas} = Sohlendruck der Erdgasbohrung;
h = vertikaler Abstand vom Hangenden der Wasserbohrung bis zum Erdgas-Wasser-Kontakt in m.

10.5.3. Bestimmung der Kontur der Erdölführung

Wenn der Druck an der Kontur der Erdölführung gleich dem hydrostatischen Druck ist oder, mit anderen Worten, die Erdölschicht nicht geschlossen ist, so besteht die Möglichkeit, nach der ersten Fundbohrung die Lage der Kontur der Erdölführung durch die Bestimmung der Höhe des Erdöllagers zu ermitteln.

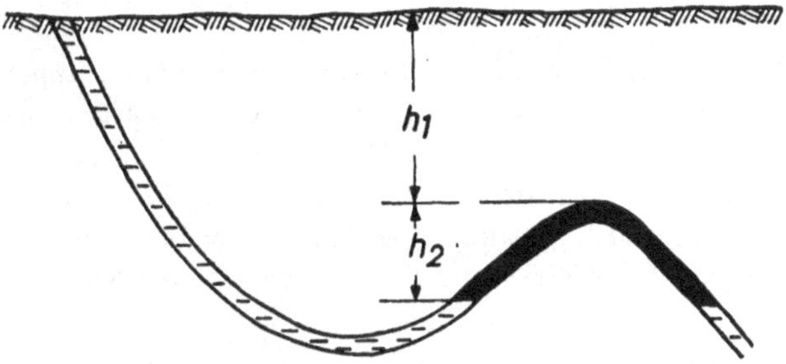

Abb. 93. Bestimmung der Höhe des Erdöllagers

Abb. 93 zeigt das Schema eines Erdöllagers, das die Höhe h_2 hat. Der hydrostatische Druck im Scheitel des Lagers beträgt:

$$P_{hydrostat.} = \frac{h_1 \gamma_g}{10}. \tag{1}$$

Hierin bedeutet: γ_g = spezifisches Gewicht des Schichtwassers.

Der Druck an der Kontur der Erdölführung beträgt:

$$P_{hydrostat.} = \frac{(h_1 + h_2) \gamma_g}{10}. \tag{2}$$

Der Druck ist im Scheitelteil der Struktur um die Größe des Gewichts der Säule h_2 geringer als der Druck an der Kontur. Der Druck der Erdölsäule mit einer Höhe von h_2 beträgt:

$$\frac{h_2 \gamma_{öl}}{10}.$$

Hierin bedeutet: $\gamma_{öl}$ = spezifisches Gewicht des Erdöls unter Schichtverhältnissen.

Folglich beträgt der Schichtdruck im Scheitel des Erdöllagers

$$P_{Scheitel} = \frac{(h_1 + h_2)\,\gamma_g}{10} - \frac{h_2\,\gamma_{öl}}{10}. \quad (3)$$

Wenn das spezifische Gewicht des Erdöls und des Wassers unter Schichtverhältnissen und der Sohlendruck bekannt sind, so kann man nach der Formel (3) die Höhe des Erdöllagers h_2 in Annäherung bestimmen:

$$h_2 = \frac{10_p - h_1\,\gamma_g}{\gamma_g - \gamma_{öl}}.$$

Hierin bedeutet: h_2 = Höhe des Erdöllagers vom Hangenden der Schicht, die durch die Bohrung erschlossen wurde, bis zur Kontur der Erdölführung.

Wenn der Einfallwinkel der Schicht bekannt ist, kann auch die Lage der Kontur im Grundriß bestimmt werden. Bei der Berechnung kann das spezifische Gewicht des Wassers gleich eins gesetzt werden.

11. Vorbereitung einer Lagerstätte zur Ausbeutung

Nachdem man einen wirtschaftlichen Zufluß an Erdöl oder Erdgas erhalten hat, beginnt man mit der Vorbereitung der Lagerstätte zur industriellen Ausbeutung. Diese Vorbereitung besteht in der Untersuchung der Erdöl- und Erdgasführung mit Hilfe von Erkundungsbohrungen, um nach Möglichkeit alle erdöl- und erdgasführenden Schichten zu erschließen, die erprobten Schichten zu konturieren und die Schichten durch eine Probeförderung zu untersuchen.

Während der Probeförderung werden alle zur Anfertigung eines Abbauprojektes erforderlichen Parameter untersucht, wie z. B. die Fördermengen der Bohrungen, die Produktivitätskoeffizienten, das Regime des Reservoirs usw.

In manchen Ländern beginnt man mit der Ausbeutung der Lagerstätten sofort, nachdem in den Suchbohrungen ein wirtschaftlicher Zufluß an Erdöl oder Erdgas festgestellt wurde. Das ist bei einer Planwirtschaft unzulässig. Die Ausbeutung einzelner Erdöl- und Erdgaslager und der Lagerstätte im ganzen muß unter Berücksichtigung der Besonderheiten des geologischen Baues, der Speichereigenschaften der Schichten, der physikalischen Eigenschaften der Lager und der Energieressourcen des Reservoirs durchgeführt und die effektivste Ausnutzung der Kapitalanlage vorgesehen werden. Alle diese Fragen auf Grund von ein bis zwei Bohrungen, die einen Erdölzufluß ergaben, zu beantworten, ist nicht möglich.

Während der Vorbereitung einer Lagerstätte zur Ausbeutung soll nach Möglichkeit nicht mit der Förderung aus Such- und Erkundungsbohrungen, die einen Erdölzufluß ergaben, begonnen werden. Wie wir weiter unten sehen werden, ist die Förderung aus solchen Bohrungen nur mit dem Ziel zulässig, die Charakteristik der Schicht festzustellen.

Die Dauer der Probeförderung muß begrenzt sein. Die Zusammenlegung der Enderkundung mit der Förderung führt in der Regel zum unzweckmäßigen Verbrauch der Schichtenergie und zu einer ganzen Reihe anderer Erscheinungen und setzt in der Endkonsequenz die Gesamtausbeute der Schicht herab.

Andererseits wäre es ein grober Fehler, anzunehmen, eine Lagerstätte erst dann zur Ausbeutung vorbereitet zu haben, wenn alle erdöl- und erdgasführenden Schichten erschlossen und konturiert sind. Eine solche Vorbereitung würde lange Zeit dauern und erhebliche Mittel erfordern und ist auch überflüssig.

Die Vorbereitung einer Lagerstätte zur Ausbeutung besteht im Sammeln einer Mindestmenge von Angaben, die das System der Ausbeutung bestimmen; die Dauer einer solchen Vorbereitung muß begrenzt sein.

Dieser Abschnitt wurde in Übereinstimmung mit den vorläufigen Vorschriften für die Ausbeutung von Erdöl- und Erdgaslagerstätten dargestellt, die in der UdSSR gültig sind.

11.1. Plan der Vorbereitung einer Lagerstätte zur Ausbeutung

Die Vorbereitung einer Lagerstätte zur Ausbeutung wird nach einem speziellen Plan (Projekt) durchgeführt, der die Fragen der Enderkundung der Lagerstätte und einer erstrangigen Ausstattung der Erkundung einschließt. Das Projekt der Enderkundung einer Lagerstätte muß die geologischen Erwägungen über die Wirtschaftlichkeit der Lagerstätte enthalten, die nachstehende Angaben erfordern:

a) eine kurze Analyse der bereits durchgeführten geologischen und geophysikalischen Untersuchungen;
b) eine Beschreibung des geologischen Profils und der Tektonik;
c) die Ergebnisse des Testens der Schichten (Fördermenge, Abfalltempo der Fördermenge, Größe des Schichtdruckes, Produktivitätskoeffizient, Charakter der Veränderung des Gasfaktors, Schichtenregime usw.);
d) Beschreibung der geologisch-technischen Bedingungen der Niederbringung der Bohrungen;
e) Beschreibung der Speichereigenschaften der produktiven Schichten, ihre Veränderung im Bereich der erforschten Fläche;
f) Erwägungen über die erdöl- und erdgasführende Fläche und über die Gesetzmäßigkeiten der Verteilung von Erdöl, Erdgas und Wasser;
g) Hinweise auf die stratigraphische Lage der entdeckten Erdöl- und Erdgaslager und Vergleiche der Erdöl- und Erdgasführung mit in Ausbeutung befindlichen Lagerstätten;

h) Erwägungen über mögliche, noch nicht entdeckte erdöl- und erdgasführende Abschnitte sowohl getesteter als auch nichtgetesteter Schichten und über die Möglichkeit, neue Schichten zu entdecken;
i) Charakteristik des Erdöls, des Erdgases und des Wassers.

Der Plan der Enderkundung der Lagerstätte und der Konturierung erprobter erdöl- und erdgasführender Schichten muß Konturierungs- und Erkundungsbohrungen vorsehen. Die Konturierungsbohrungen werden in jenen Abschnitten angesetzt, die als erste ausgebeutet werden sollen. Erkundungsbohrungen werden sowohl mit dem Ziel der Erkundung von neuen Abschnitten produktiver Schichten als auch mit dem Ziel der Erkundung neuer Schichten projektiert. Bei der Wahl des Ansatzpunktes von Konturierungsbohrungen und, soweit möglich, auch von Erkundungsbohrungen muß die Möglichkeit einer gleichzeitigen Erkundung der darüber lagernden Schichten durch die Bohrlochgeophysik und gleichzeitig die wahrscheinliche Anordnung der kommenden Produktionsbohrungen berücksichtigt werden. Für jede Konturierungs- und Erkundungsbohrung ist die Aufgabe exakt zu bestimmen, die während des Abteufens der Bohrung gelöst werden muß. Der Plan muß die Beobachtungen und Untersuchungen beim Bohren, die projektierten Teufen und die Reihenfolge des Bohrbeginns aller Konturierungs- und Erkundungsbohrungen enthalten. Zum Projekt der Enderkundung gehört auch der Plan des Testens der erdöl- und erdgasführenden Schichten und der Plan der Probeförderung.

Das Projekt der Enderkundung muß außer dem Textteil folgende Anlagen enthalten:

a) eine topographische Karte des Bezirks und eine topographische Karte der Erkundungsfläche im größeren Maßstab;
b) eine geologische Karte der Fläche;
c) Strukturkarten;
d) Material der geophysikalischen Untersuchungen;
e) Profilschnitte zur Kennzeichnung des geologischen Baues der Fläche;
f) Pläne der Anordnung der Konturierungs- und Erkundungsbohrungen. Diese Pläne zeichnet man am besten auf eine Strukturkarte, in der alle bereits niedergebrachten Bohrungen eingetragen sind;
g) Profile mit den projektierten Bohrungen;
h) ein zusammengefaßtes geologisches Profil;
i) die geologischen Bohrlochprofile und die Bohrlochmeßkurven.

Für jede vorgesehene Bohrung muß ein geologisch-technisches Projekt aufgestellt werden, in dem auf die Bedingungen der Niederbringung der Bohrung hingewiesen wird; in ihm wird auch der Umfang der geologischen und geophysikalischen Untersuchungen festgelegt usw.

Das Projekt der Enderkundung stellt seinem Inhalt nach einen kurzen Bericht der durchgeführten Arbeiten dar und begründet die Empfehlungen für die weitere Untersuchung der erdöl- bzw. erdgasführenden Fläche mit dem Ziel der Vorbereitung der Lagerstätte zur Ausbeutung.

11.2. Das Testen von Erkundungsbohrungen

Beim Niederbringen der Such- und Erkundungsbohrungen ist streng darauf zu achten, daß alle zu erschließenden erdöl- und erdgasführenden Schichten getestet werden können. Das Abteufen von Such- und Erkundungsbohrungen ohne Einbau der Leitrohrtour bis zu einer Teufe, die die Gewähr für die erfolgreiche Bekämpfung von möglichen Komplikationen in Form von offener Eruption bietet, und das Testen der angetroffenen erdöl- und erdgasführenden Schichten ohne Einbau einer Rohrtour sind nicht zulässig. Das Nichteinbauen dieser Leitrohrtour führt häufig zu komplizierten Havariearbeiten, zum Verlust der Bohrungen und zur Verletzung der Vorschriften über den Schutz der Lagerstätten. Der Einbau der Leitrohrtour gestattet, das Testen der durch Suchbohrungen erschlossenen Schichten mit Hilfe von Schichtenprüfern im Verlauf des Abteufens durchzuführen. Meist beginnt man mit dem Testen erst nach dem Einbau und nach der Zementation der Verrohrung.

Das Testen der Konturierungsbohrungen wird nur nach dem Einbau und der Zementation der Produktionsrohrtour vorgenommen, und nur in dem Falle, wenn durch die Konturierungsbohrung eine erdöl- oder erdgasführende Schicht außerhalb der Kontur der Erdöl- und Erdgasführung der zu konturierenden Schicht und außerhalb der Kontur aller darüber lagernden Schichten erschlossen wird, ist das Testen mit Hilfe von Testgeräten ohne Einbau der Verrohrung zugelassen.

Die Frage, ob es zweckmäßig ist, eine Rohrtour in eine Bohrung einzubauen, die in den Teil der Schicht außerhalb der Kontur gelangt ist, muß für jede Bohrung ausführlich erörtert werden. Die in den außerhalb der Kontur liegenden Teil gelangten Bohrungen sind bei der Ausbeutung der Lagerstätte als piezometrische Bohrungen oder als Einpreßbohrungen für Wasser außerhalb der Kontur erforderlich; infolgedessen kann man nur wenige Such- und Konturierungsbohrungen, die in den außerhalb der Kontur liegenden Teil gelangten, ohne den Einbau und die Zementation der Verrohrung verfüllen. Der Einbau und die Zementation der Verrohrung gestattet das Testen aller erschlossenen Erdöl- und Erdgasschichten von unten nach oben. Bei der Untersuchung einer Schicht muß Nachstehendes gewährleistet sein: die Bestimmung der Fördermengen an Erdöl, Kondensat, Erdgas und Wasser, die Messung der Schicht- und Sohlendrücke, die Entnahme von Erdölproben an der Bohrlochsohle und die Entnahme von Erdöl- und Erdgasproben an der Oberfläche, die Messung des Gasfaktors und andere Untersuchungen mehr.

Die Untersuchungsarbeiten in eruptierenden Bohrungen werden erst nach Ablauf einer gewissen Zeit durchgeführt, und zwar wenn die Gewißheit vorhanden ist, daß sich die Schicht von der in sie eingedrungenen Spülflüssigkeit gereinigt hat und die Fördermenge die zu testende Schicht kennzeichnen kann. Dieser Zeitpunkt tritt dann ein, wenn die Verschmutzung des aus der Bohrung kommenden Erdöls durch Sand und Wasser konstant bleibt.

Ist im Erdöl oder Erdgas Wasser enthalten, so muß man die Fördermenge des Wassers in 24 Stunden und den Prozentgehalt an Wasser im Erdöl bzw. Erdgas bestimmen. Zur chemischen Analyse wird eine Wasserprobe entnommen. Es kann sein, daß die ersten Wasserproben die zu testende Schicht nicht kennzeichnen und daß sie durch das auch aus der Spülflüssigkeit abfilternde Wasser verunreinigt sind. Die Entnahme von Wasserproben und ihre chemische Analyse müssen so lange fortgesetzt werden, bis ihre chemische Zusammensetzung konstant bleibt.

In einigen Fällen wird Wasserzufluß durch eine schlechte Abdichtung der Bohrung verursacht. Jeden Wasserzufluß in einer Erdöl- oder Erdgasschicht muß man sorgfältig untersuchen. Gegebenenfalls müssen Isolationsarbeiten durchgeführt werden. Die Entnahme von Tiefenproben sowie die Messung der Sohlen- und Schichtdrücke müssen bei den ersten Bohrungen vorgenommen werden.

11.3. Probeförderung

Eine Probeförderung aus Erdöl- und Erdgasbohrungen wird durchgeführt, um das optimale Förderregime und die geologischen Eigenschaften und physikalischen Parameter der Schichten festzustellen sowie das Verhalten der Schichten während der Förderung zu untersuchen. Die

Probeförderung aus einem Erdöl-, Kondensat- oder Erdgaslager muß so vonstatten gehen, daß der Lagerstätte keinerlei Schaden zugefügt wird. Eine Probeförderung darf nicht in eine Ausbeutung der Schicht ausarten. Die Dauer dieser Förderung muß vom Geologen festgesetzt werden, dem die Erkundung unterstellt ist. Um die Fragen des optimalen Förderregimes und andere oben bereits angeführte Fragen zu untersuchen, werden die Arbeiten nach folgendem Plan durchgeführt:

A. Untersuchung der physikalisch-geologischen Parameter der Schicht:

a) Einschätzung des geologischen und hydrogeologischen Milieus des Gebietes, in dem die Erkundung erfolgt, und des Zusammenhanges zwischen den Schichten und dem Regime des gespannten Wassers. Im Ergebnis dieser Einschätzung muß eine Charakteristik des hydrogeologischen Systems der erdölführenden Schicht und des Bezirks im ganzen ausgearbeitet werden, die über das Einzugsgebiet, die Ausdehnung, das Regime und die tektonische Charakteristik des Systems zu urteilen gestattet;
b) Untersuchung des geologischen Baues der Schicht im Bereich der Erdöllager;
c) Untersuchung der Speichereigenschaften und der lithologischen Charakteristik der Schicht, der Schichtmächtigkeit und der undurchlässigen Abschnitte der Schicht;
d) Untersuchung des Schichtregimes mit obligatorischer Bestimmung des Gehaltes an Haftwasser in der Schicht, der Viskosität des Erdöls und des Wassers unter Schichtverhältnissen, des Elastizitätsvolumens der Schicht und des Sättigungsdruckes.

B. An Hand der geologischen Parameter der Erdöllagerstätte wird die Dynamik des Schichtdruckes bestimmt und die Änderung des Gasfaktors untersucht. Die Untersuchung und das Testen der Schicht bei der Probeförderung wird mit Hilfe von Messungen der Fördermengen und der Entnahme von Proben durchgeführt.

Die Messung der Fördermengen der Bohrungen darf nicht seltener als in Abständen von drei Tagen vorgenommen werden. Bei der Untersuchung des Arbeitsregimes eruptierender Bohrungen durch den Wechsel der Stutzen darf man den Wechsel der Stutzen nicht häufiger als alle drei Arbeitstage durchführen.

Messungen der Schichtdrücke sind in allen Bohrungen mindestens einmal in drei Monaten durchzuführen, wobei die in allen Bohrungen vorzunehmenden Messungen mit dem geringsten Zeitverlust auszuführen sind. Von den außerhalb der Kontur der Erdölführung stehenden Such- und Erkundungsbohrungen muß eine als Piezometerbohrung ausgestattet werden, um die Veränderung des Druckes außerhalb der Kontur der Erdölführung, die durch die Probeförderung verursacht wird, ununterbrochen beobachten zu können. Um die physikalischen Eigenschaften der Schicht, das Arbeitsregime der Bohrung, die Veränderung der Eigenschaften des Erdöls in der Schicht, die durch die Förderung verursacht wird, zu erforschen und die Erdöl- und Erdgasvorräte der Schicht zu bewerten, müssen bei der Probeförderung periodisch Proben der Schichtflüssigkeit entnommen werden. Es ist zweckmäßig, die Proben in allen Bohrungen ungefähr gleichzeitig und mindestens einmal in einem halben Jahr zu entnehmen. Proben sind sowohl in produzierenden als auch in ruhenden Bohrungen zu entnehmen. In den letzteren erfolgt die Probenahme nach einer kurzfristigen Produktion. Auf Grund einer Analyse der mit Erdgas gesättigten Erdölproben werden Kurven der Veränderung des Erdölvolumens bei unterschiedlichen Drücken konstruiert.

Bei der Probeförderung von Erdgaslagerstätten werden das Regime des Reservoirs und der Schichtdruck bestimmt und eine genaue Messung der Erdgasfördermenge durchgeführt. Bei einer Probeförderung der Erdgaslagerstätten taucht häufig die Frage über den Verbleib des Gases auf, da es meist in der Nähe neuerschlossener Erdgaslagerstätten keine Gasleitungen gibt. In einem solchen Falle kann man das Gas in gasführende Schichten mit geringerem Schichtdruck überströmen lassen. Dabei muß berücksichtigt werden, daß der Druck in der Schicht mit geringerem Druck den hydrostatischen Druck nicht wesentlich überschreiten darf. Bei der Probeförderung müssen der Charakter und die Menge der Gesteinsteilchen, die bei unterschiedlichen Arbeitsregimen der Bohrung durch den Gasstrom aus der Schicht mit hinausgetragen werden, die wechselseitige Beeinflussung der Bohrungen und der Wasserzufluß beobachtet werden.

In den Abschnitten 11.2. und 11.3. wurden nur einige Fragen der Untersuchungen bei der Erprobung von Bohrungen und ihrer Probeförderung erwähnt. Das Problem des Sammelns der Unterlagen zur Berechnung der Erdöl- und Erdgasvorräte wurde vollständig umgangen, da die Berechnung der Vorräte besonderen Vorschriften unterliegt.

11.4. Übergabe der Lagerstätte zur Ausbeutung

Durch die Übergabe einer Lagerstätte zur Ausbeutung wird die Periode der industriellen Erkundung abgeschlossen, die ihrem Wesen nach jedoch noch nicht beendet ist. Die weitere Erkundung erfolgt bei der Ausbeutung.

Eine Lagerstätte wird als vorbereitet angesehen, wenn nachstehende Bedingungen erfüllt sind:

a) Die Lagerstätte ist hinreichend erkundet.
b) Der Ergebnisbericht über die Erkundungsbohrungen ist zusammengestellt.
c) Die Probeförderung und die Untersuchung der erdölführenden Schichten und der Bohrungen sind durchgeführt.
d) Die Erdöl- und Erdgasvorräte sind berechnet und bestätigt.
e) Das Projekt der Ausbeutung ist ausgearbeitet und bestätigt.
f) Die wirtschaftlichen und organisatorischen Fragen sind gelöst.

Die Frage der ausreichenden Erkundung einer Lagerstätte ist recht kompliziert. Vom wirtschaftlichen Standpunkt kann eine Lagerstätte als vorbereitet angesehen werden, wenn ihre nachfolgende Ausbeutung rentabel ist. Die Fragen der Rentabilität der Ausbeutung werden jedoch nicht nur durch die Berechnung der Kapitalanlagen für die Erkundung und Ausbeutung und auch nicht nur durch die Berechnung der Gewinne bei den jeweils bestehenden Preisen für Erdöl und Erdgas gelöst. In geologisch-technischer Hinsicht kann die Vorbereitung zur Ausbeutung als abgeschlossen angesehen werden, wenn eine der produktiven Schichten (oder auch nur ein Teil einer Schicht) erkundet ist und wenn die wirtschaftliche Bedeutung der anderen Schichten in nicht weniger als einer Bohrung in jeder produktiven Schicht festgestellt wurde. Diese Folgerung darf nicht verallgemeinert werden.

Vorsicht bei der Einschätzung der wirtschaftlichen Perspektiven der Schichten unterhalb einer erkundeten Schicht ist in dem Falle geboten, wenn die Strukturformen der erkundeten Schicht mit den Strukturformen der ermittelten oder vermuteten Schichten nicht übereinstimmen, wenn die erkundeten Schichten mit leichten Anlagen abgebohrt wurden, während für die Erschließung der tiefer lagernden Schichten schwere Bohranlagen benötigt werden, und schließlich dann, wenn die erkundeten Schichten ohne Komplikationen abgebohrt werden, während das Abbohren der darunter lagernden Schichten unter schwierigen geologisch-technischen Bedingungen erfolgt.

Eine unbedingte Voraussetzung für die Vorbereitung der Lagerstätte zur Ausbeutung ist die Ermittlung, ob es sich um eine gas-, eine gaskondensat- oder eine erdölführende Lagerstätte handelt.

Der Grad der Vorbereitung wird durch den Typ der Lager und durch das projektierte Ausbeutesystem bestimmt. So kann z. B. im Falle einer Anordnung der Produktionsbohrungen in Reihen (bei monoklinaler Lagerung der Schicht) die Fläche als vorbereitet angesehen werden, wenn die innere Kontur der Erdölführung festgestellt ist. Im Falle der Anordnung der Bohrungen nach einem gleichmäßigen Netz gilt die Schicht als vorbereitet, wenn sie teilweise konturiert ist. Hierbei gilt jedoch der Vorbehalt, daß mindestens die Hälfte der erdölführenden Fläche oder zumindest eine solche Teilfläche erkundet wurde, die den Ansatz von 20–30 Bohrungen gewährleistet, und daß der Wasser-Erdöl-Kontakt bestimmt ist.

Nachstehend wird der Plan des Berichtes über die Ergebnisse der Erkundungsarbeiten und die Ergebnisse der Probeförderung wiedergegeben:

1. Einleitung;
2. Geschichte der Untersuchung der Fläche;
3. technisch-ökonomische Charakteristik der Fläche;
4. Umfang der durchgeführten Erkundungsarbeiten und deren hauptsächliche Ergebnisse;
5. Stratigraphie;
6. Tektonik mit einer Charakteristik der Strukturverhältnisse in den unterschiedlichen Etagen;
7. Erdöl- und Erdgasführung, produktive Folgen, Anzahl der Schichten, die Mächtigkeit und die Gesetzmäßigkeit der Mächtigkeitsveränderung der Schichten, Höhe der Lager;
8. hydrogeologische Charakteristik der Lagerstätte;
9. physikalisch-petrographische Charakteristik der Speichergesteine;
10. physikalisch-chemische Charakteristik des Erdöls, des Erdgases und des Schichtwassers;
11. wirtschaftliche Charakteristik der Schichten, die zur Ausbeutung vorbereitet sind: Größe der Lager und Lage der Kontur der Erdölführung (Erdgasführung), Anfangsfördermengen, Schichtdrücke, Gasfaktoren der erdölführenden Schichten, Produktivitätskoeffizienten und ihre Veränderung bei der Probeförderung, Interferenz der Bohrungen und Koeffizienten der Piezoleitfähigkeit;

12. Erdöl- und Erdgasvorräte der erdölführenden Schichten und Erdgasvorräte der erdgasführenden Schichten nach Kategorien;
13. geologisch-technische Bohrbedingungen;
14. Folgerungen über die Möglichkeit der Übergabe der Lagerstätte zur Ausbeutung;
15. Einschätzung der möglichen Erdöl- und Erdgasführung in den umgebenden Flächen;
16. andere nutzbare Bodenschätze des erkundeten Bezirks.

Dem Bericht wird folgendes kartographisches Material beigefügt:

1. Übersichtskarte des erkundeten Bezirks mit Eintragung der gefundenen Strukturen;
2. Karte des Standes der geologischen Erforschung des Gebietes durch unterschiedliche Arten der geologischen, geophysikalischen und topographischen Arbeiten mit Eintragung der Lage der Basis-, Kartierungs-, Struktur- und Erkundungsbohrungen;
3. eine topographische Karte des Bezirks und eine topographische Karte der Fläche;
4. eine geologische Karte des Bezirks auf einer entsprechenden topographischen Basis;
5. eine Karte der nutzbaren Bodenschätze, insbesondere der für die Zubereitung der Spülung geeigneten Tone und der Quellen;
6. Strukturkarten einzelner Schichten;
7. Strukturkarten des Hangenden und des Liegenden der erdöl- oder erdgasführenden Schichten mit Eintragung der Konturen der Erdöl-, Erdgas- und Wasserführung;
8. ein zusammengefaßtes geologisch-stratigraphisches Profil der Lagerstätte mit Bohrlochmeßkurven, Bohrfortschrittskurven und mit Angabe der erdgas-, erdöl- und wasserführenden Schichten, mit Hinweisen auf ihre Charakteristik (Schichtdrücke und spezifisches Gewicht);
9. geologische Profile der Lagerstätte;
10. ausführliche lithologisch-petrographische Profile der produktiven Folge mit Kurven der Porosität und Permeabilität der Speichergesteine;
11. Karten der Veränderung der Mächtigkeiten der Speichergesteine produktiver Schichten;
12. Karten der Veränderung der Speichereigenschaften (Porosität, Permeabilität, Tongehalt, Karbonatgehalt, Zerklüftung);

13. ausgewertete Diagramme der Bohrlochgeophysik für alle niedergebrachten Bohrungen;
14. Bohrlochmeßkurven;
15. Isobarenkarten für unterschiedliche Zeitpunkte;
16. Kurven der laufenden Erdöl-, Erdgas- und Wasserförderung für die Dauer der Probeförderung, der gesamten Förderung, des mittleren Schichtdruckes und der Sohlendrücke, Angaben über die durchschnittlichen Fördermengen und über die Gasfaktoren.

Dem Bericht werden Tabellen beigefügt, nach denen die Kurven (16) aufgebaut wurden, sowie Tabellen der Erdöl-, Erdgas- und Wasseranalysen.

Zusammenfassung

Im vorliegenden Buch wurde ein Komplex von Fragen behandelt, die mit der Suche und der Erkundung von Erdöl- und Erdgaslagerstätten, beginnend mit der allgemeinen Einschätzung der Erdöl- und Erdgashöffigkeit und endend mit der Übergabe der entdeckten Lagerstätte zur Ausbeutung, in Zusammenhang stehen.

Unter Berücksichtigung des geringen Umfanges des Buches wurden viele Fragen nur schematisch behandelt, ein Teil der Fragen wurde absichtlich vernachlässigt und nur eine Auswahl von Beispielen angeführt.

Vielleicht wäre es richtiger, dieses Buch „Grundlagen der Suche nach Erdöl und Erdgas" zu nennen, da ein Teil der mit der Technik und der Methodik der Such- und Erkundungsarbeiten zusammenhängenden Fragen auf den Seiten dieses Buches keine Widerspiegelung gefunden hat. Die Suche und die Erkundung zählen zu den schwierigsten Untersuchungen, und diese Schwierigkeiten nehmen, abgesehen von der Vervollkommnung der Methodik und der technischen Mittel, ununterbrochen zu, was hauptsächlich durch den Abschluß der Erkundung von einfachen Lagerstätten und durch die Notwendigkeit der Suche von komplizierten Fallen in großen Tiefen bedingt ist. Ununterbrochen steigen auch die Kosten der Such- und Erkundungsarbeiten. Zugleich vervollkommnen sich unsere Vorstellungen über die Gesetzmäßigkeiten der Verteilung der nutzbaren Bodenschätze in der Erdkruste immer mehr, was die Wahl der Richtung und der Methodik der Such- und Erkundungsarbeiten erleichtert.

Die Bildung von Lagerstätten nutzbarer Bodenschätze, ihre Ausdehnung und ihre Lagerungsbedingungen darf man nicht isoliert von der allgemeinen Entwicklung der Erdkruste behandeln. Viele, wenn nicht die meisten Fragen, die das Problem der Bildung und Verteilung von Erdöl- und Erdgaslagerstätten betreffen, sind hinreichend bekannt. Die langwierigen, kostspieligen und oft fehlgeschlagenen Such- und Erkundungsarbeiten stehen meist nicht mit falschen Konzeptionen der Erdölgeologie als Wissenschaft, sondern mit der Unterbewertung der

Wissenschaft und mit der unzureichenden einleitenden Untersuchung vor Beginn der Such- und Erkundungsarbeiten in Zusammenhang.

Bei zunehmenden Teufen und bei zunehmender Kompliziertheit der Lagerungsbedingungen unentdeckter Erdöl- und Erdgaslagerstätten bestimmt bis zur Entwicklung von direkten Methoden zum Nachweis von Lagerstätten eine gute einleitende geologische Arbeit den Erfolg der Such- und Erkundungsarbeiten. Ein hoher Prozentsatz der fehlgeschlagenen Such- und Erkundungsbohrungen und die zufällig entdeckten Erdöl- und Erdgaslagerstättten sind meist das Ergebnis einer lückenhaften Vorbereitung.

Wenn man die jeder Begründung entbehrenden oder auf Grund von zweifelhaften Unterlagen niedergebrachten Bohrungen unberücksichtigt läßt, so sieht die Reihenfolge der Such- und Erkundungsarbeiten die Durchführung eines bestimmten Untersuchungskomplexes zum Ansetzen der ersten Suchbohrung vor. Diese Reihenfolge ist teilweise durch die hohen Bohrkosten bedingt. Der Komplex geologischer, geophysikalischer, geochemischer und hydrogeologischer Untersuchungen kann bei unterschiedlichen geologischen Bedingungen verschieden sein. Bei der Erkundung von in großen Teufen lagernden Lagerstätten muß er unbedingt die Niederbringung von Basis- und stratigraphischen Bohrungen mit enthalten.

Der Erdölgeologe verfügt heute über eine große Auswahl von Untersuchungsmethoden, und von der Richtigkeit der Einschätzung der geologischen Bedingungen für die Anwendung dieser oder jener Methode hängen die Zeitdauer, der Erfolg und der Kostenaufwand der Such- und Erkundungsarbeiten ab.

Ungeachtet der zunehmenden Kompliziertheit und des wachsenden Kostenaufwands der Suche und der Erkundung wird die Erdöl- und Erdgasindustrie, besonders unter den Bedingungen einer Planwirtschaft, von Jahr zu Jahr rentabler, was vor allem durch die Zunahme der erkundeten Erdöl- und Erdgasvorräte bedingt ist.

Es besteht aller Grund zur Annahme, daß die noch nicht entdeckten Erdöl- und Erdgaslagerstätten solche Vorräte enthalten, daß sie die bereits gewonnenen und erkundeten um ein Vielfaches übertreffen. Man beginnt gerade erst mit den Such- und Erkundungsarbeiten auf umfangreichen Territorien, die man früher als unhöffig oder schwach höffig ansah und auf denen in letzter Zeit wirtschaftliche Erdöl- und Erdgaslagerstätten entdeckt wurden. Für viele Gebiete änderte sich in letzter Zeit die Einschätzung der Perspektiven. Im Grunde genommen sind die

Tiefen großer Sedimentationsbecken vollkommen unerforscht. In diesen Stockwerken sind zweifellos Fallen und Lagerstätten unterschiedlichster Art vorhanden. Große Aussichten hinsichtlich der Entdeckung von Erdöl- und Erdgaslagerstätten bestehen auch bei der Erschließung der Schelfe.

Die Erdöl- und Erdgasvorräte der Erdkruste sind vorerst nur ungenügend erforscht. Der Verfasser dieses Buches schätzt die Zukunft der Erdöl- und Erdgasindustrie optimistisch ein und ist der Meinung, daß der Beruf eines Erdölgeologen einer der schönsten und interessantesten Berufe ist.

Literaturverzeichnis

In das Literaturverzeichnis wurden nur die Arbeiten aufgenommen, die vom Verfasser beim Aufbau des Buches benutzt wurden. Mit Fragen der Suche und Erkundung von Erdöl- und Erdgaslagerstätten beschäftigen sich sehr viele Arbeiten, die in vielen Sprachen in Periodica veröffentlicht wurden. Auf diese Artikel über die Methodik und Technik der Suche und Erkundung macht der Verfasser die Leser aufmerksam, die den Wunsch haben, ihre Kenntnisse zu vertiefen.

ABRAMOWITSCH, M. W.: Suchen und Erkunden von Erdöl- und Erdgaslagerstätten. – Moskau 1948.

BLUMER, E.: Erdöllagerstätten (Grundlagen der Erdölgeologie). – Stuttgart 1922.

BROD, I. O.: Erdöl- und Erdgaslagerstätten. – Moskau 1951.

BROD, I. O., & E. F. FROLOW: Suche und Erkundung von Erdöl- und Erdgaslagerstätten. – Moskau 1950.

BROD, I. O., & N. A. JEREMENKO: Grundlagen der Erdöl- und Erdgasgeologie. – Moskau 1957.

CLAPP, F. G.: Role of Geology Structure in the Accumulation of Petroleum. In: Structure of Typical American Oil Fields. – Am. APG, 1929.

GUBKIN, I. M.: Die Lehre vom Erdöl. – Moskau 1937.

GUTTAN, M.: Erkundung von Erdöllagerstätten. – Baku 1933.

HAIN, W. E.: Geotektonische Grundlagen der Erdölförderung. – Baku 1954.

HÄRTIG, H., & R. SCHMIDT: Kohle, Erdöl und Erdgas. – Halle/Saale 1957.

HÖFER, H.: Erdöl und seine Derivate. – Moskau 1908.

JEREMENKO, N. A.: Erdölgeologie (Nachschlagewerk). Bd. I. – Moskau 1960.

JEREMENKO, N. A., & S. P. MAKSIMOW: Untersuchungen der natürlichen Erdöl- und Erdgasvorkommen. – Moskau 1953.

KALIZKY, K. P.: Wissenschaftliche Grundlagen der Suche von Erdöl. – Leningrad 1944.

– Untertägige Kartierung. – Moskau 1933.

KARZEW, A. A., SUBBOTA, M. I., TABASORANSKI, S. M., & G. A. MOGILEWSKI: Geochemische Methoden der Suche und der Erkundung von Erdöl- und Erdgaslagerstätten. – Moskau 1954.

KOWALEWSKI, S. A.: Schlammvulkane des Südkaspi-Gebietes. – Moskau 1940.

KREJCI-GRAF, K.: Grundlagen der Erdölgeologie. – Moskau 1934.

– Erdöl. – Berlin/Göttingen/Heidelberg 1955.

LEVORSEN, A. I.: Geology of Petroleum. – San Francisco 1956.

LILEJ, Ä.: Erdölgeologie. – 1938.

MEINHOLD, R.: Der geologische Bau und die Erdöl- und Erdgasführung der Deutschen Demokratischen Republik und der angrenzenden Gebiete des Norddeutschen Flachlandes. – Geologie, **9**, 27/1960.

RUSSEL, W. L.: Principles of Petroleum Geology. – 1951.
SHDANOW, M. A.: Methoden zur Einschätzung der perspektivischen Erdöl- und Erdgasvorräte. – Moskau 1959.
SNARSKIJ, A. N.: Suche und Erkundung von Erdöl- und Erdgaslagerstätten. – Baku 1940.
– Geologische Betreuung bei der Niederbringung von Erdöl- und Erdgasbohrungen. – Im Druck.
SOKOLOW, W. L.: Moderne Methoden der Erdöl- und Erdgasaufnahme. – Moskau 1945.
– Direkte geochemische Methoden zur Suche von Erdöl. – Moskau 1945.
STUTZER, O.: Erdöl. – Berlin 1931.
SULIN, W. A.: Physikalisch-chemische Methoden der Erkundung. – Moskau 1948.
WIEBE, W. A. VER.: How Oil is Found. – 1955.
WASSOJEWITSCH, N. B.: Bildungsbedingungen des Flysch. – Moskau 1951.
WYSOZKY, J. W.: Grundlagen der Geologie des Naturgases. – Moskau 1954.

BERICHTIGUNG

Innentitel: statt 72 Tabellen lies 27 Tabellen

IV/2/14 2082/7 SNARSKIJ „Suche und Erkundung"

FSC
www.fsc.org
MIX
Papier | Fördert
gute Waldnutzung
FSC® C083411

Kolibri 360 GmbH
Ferdinand-Jühlke-Straße 7
99095 Erfurt, Deutschland
produktsicherheit@kolibri360.de